本书为江南大学产品创意与文化研究中心资助项目

"为转型而设计"青年学术论丛

"Design for Transition": Academic Series from Young Scholars

城市化视野下的中国景观教育三十年

Thirty-year Chinese Landscape Architecture Education from the Perspective of Urbanization

周 林 著

中国建筑工业出版社

图书在版编目（CIP）数据

城市化视野下的中国景观教育三十年 / 周林著. —北京：中国建筑工业出版社，2018.12
“为转型而设计”青年学术论丛
ISBN 978-7-112-23122-5

Ⅰ. ①城… Ⅱ. ①周… Ⅲ. ①景观—园林设计—教学研究 Ⅳ. ① TU986.2-42

中国版本图书馆CIP数据核字（2018）第293372号

责任编辑：吴 绫 贺 伟 李东禧
责任校对：李美娜

“为转型而设计”青年学术论丛
城市化视野下的中国景观教育三十年
周 林 著
*
中国建筑工业出版社出版、发行（北京海淀三里河路9号）
各地新华书店、建筑书店经销
北京点击世代文化传媒有限公司制版
北京君升印刷有限公司印刷
*
开本：787×1092毫米 1/16 印张：12½ 字数：250千字
2018年12月第一版 2018年12月第一次印刷
定价：42.00元
ISBN 978-7-112-23122-5
（33203）

序

设计学的研究在近十年中由于与新科技、新经济、新社会与新人文的不断融合而拓展了其新的边界与内涵。无论是设计驱动重新定义原来由技术或市场主导的创新概念，或是设计在社会转型中积极寻找介入的机会，来重新构思整个生活方式和发展的设施，还是以新的交叉研究视角来重新审视原有的学术领域以重构知识体系，这些都意味着设计学科的知识范畴与教育体系面对转型的新背景与新问题，无疑应具备高度的主动精神、拓展设计视野、关注新兴领域、坚守育人的根本，并且其学术研究的视野也需要更宽广且更具深度。

面对“为转型而设计”的全球性命题，中国设计院校应具有自己的角色，特别是改革开放四十年之际，已具备了设计理论体系的初步构建与设计实践的基础，更应有其中国设计学术建构的使命与责任。而设计学领域的青年博士作为学术思想最活跃的群体，在设计研究范式转型与重塑的当下，聚焦特定学术领域，在其学术成果的产出中常显露出探索的锋芒与先锋的声音。

江南大学设计学院自1960年由无锡轻工业学院造型系创建、发展以来，如今已成为以轻工为特色，在国内外具有重要影响的高水平设计学科、最具国际活跃度的国际化学院、业界卓越设计人才培养的示范基地。在近60年建设与发展的历程中，不断以持续改革来回应不同时代的机遇与挑战，四次国家教学成果奖集中展示了不同时期的设计教育与学术研究的转型。今天，设计学院又提出要以培养适应未来行业领域的、有社会责任感和受尊重的新型设计师与设计领导者，适应新时代、新经济、新社会的转型挑战为办学使命，并以全球性的问题挑战与产业趋势为引领，推动研究型教学与有使命感的主动学习。

这其中，青年教师的学术研究是我们学科塑造持续的学术优势与影响力的关键之一。因此，我们联合中国建筑工业出版社的优势资源，在江苏高校优势学科建设工程三期项目的支持下优先支持青年教师的学术探索，特别是将其近年来有关前沿学术课题的系统研究结集出版。并鼓励其以持续聚焦“为转型而设计”的前沿交叉领域，不断推出新的学术观点以影响设计界。

青年兴则学科兴，青年强则学科强。通过该系列学术论丛的出版，希望推动学院青年教师积极致力于新时代发展的使命，支持其通过学术成果发出自己的学术声音，一起协同将学院努力发展成为全球视野中国设计思考的产生地、国际设计教育变革与实践的示范区，持续推动中国设计教育与学术研究的探索。

张凌浩
江南大学设计学院院长、教授、博士生导师
教育部高等学校机械类专业教学
指导委员会工业设计专业教学指导分委员会副主任委员
中国工业设计协会副会长

前言

本书尝试系统勾画我国进入城市化发展阶段以来，景观教育多元并存格局的形成路径。具体以教育活动、学科思潮、专业演变等时间线索为纵轴;院系建制、学科设置、专业分布等教育现状为横轴，统筹研究我国景观教育在1978~2008年三十年间的发展全貌。

全书通过多种渠道广泛获取了全国景观教育资源的第一手资料。以此为依据，从学校、院系、学科、专业四个层面分析了景观教育现状。通过对现状的全面了解，得以明确景观教育的发展定位，从而为解决学科与专业范畴争议提供了事实依据。此外，本书还对景观艺术设计教育的规模和现状进行了深入调查，丰富了景观教育研究体系。

以宏观社会背景视角对我国景观教育发展历程进行回顾和总结是本书的研究基础。全书因循了景观教育现状研究的体会，并通过对历史材料的理解对景观教育三十年作了阶段划分，阐述了教育现象背后的历史规律。研究表明，我国多元并存景观教育格局的成因是国家教育体制改革的直接结果，深层根源于国家经济结构转型，充分体现了社会经济发展对景观教育的需求变化。

自改革开放以来，我国景观学科内涵在各种学说流派西学东渐的影响下始终未能统一。为此本研究对改革开放30年来景观学科思潮更迭的现象进行了分析，追溯了各思潮流派产生的渊源。研究认为，我国独特的园林文化及学者们各自不同的学术立场，造成了对国际景观学科体系的认识差异，是当前风景园林学、景观建筑学和景观设计学等学科分歧产生的原因。

与此同时，我国景观专业也在国家三次专业目录调整的影响下逐渐分化，名称多次更替。这些名称是政治意识形态的体现，也受到各方利益博弈的影响。本研究对景观专业的形成、发展及演化过程进行了详细阐述，指出在现行教育体制下，专业分化的局面仍将维持。

目录

第1章 绪 论

1.1 引言

对于景观教育的最初了解，来自硕士论文对美国城市景观艺术设计发展历程的研究，其中有部分内容涉及美国景观教育的特征分析。进入博士研究生学习阶段，有较多机会阅读、思考并与导师探讨我国景观教育类研究专著和文章，以及其他相关学科的教育文献，开始对我国景观教育的发展有了一个较为全面和深入的认识。在此期间，还先后参与了导师的相关课题研究，对当前国内外景观教育的现状具有了一定了解[1][2][3]。随着研究进展的深入，笔者越来越认识到景观教育这一课题具有较高的研究价值。

通过文献研究，笔者发现改革开放以来我国景观教育发展脉络中明显存在一个由衰至兴的演变过程，处于该阶段的景观教育，其无论是学科定义、专业设置，还是培养目标、课程体系，都存在较大差异。尤其是进入21世纪以来的景观教育，较为集中地体现了景观学科是如何对中国最近几十年社会、经济、政治环境的变化进行回应的。我国近三十年(1978—2008年)的景观教育,几乎浓缩了相关领域中最主要的研究成果。除了强烈地贴近时政，景观教育研究还具有明显的跨学科特质，如要达到一定的研究深度和广度，必须对相关教育学、社会学、园林学、建筑学、地理学、设计学等学科要有充分的积累和深度的研究。这说明景观教育研究不但对于当前教育理论研究十分重要，其本身就构成了一个复杂、丰富的知识体系。

1. 作为时代主题的“城市化”对景观行业及教育的影响日益凸显

我国城市化对全球的影响已被公认为21世纪最大问题之一。在过去十年时间（1998~2008年）中，中国城市化率从1990年的18.9%上升至2002年的37.7%，中国城市化已经进入加速发展期。目前2008年全国总人口为132802万人，城镇人口突破60000万人，城镇化率达到45.7%，达到了世界发展中国家的平均水平。随着城市经济发展和区域市场化的深入，我国的人地关系将面临更加紧张的状态。因此，和谐的人居环境设计是我国目前迫切需要解决的问题，也是未来近几十年的主题之一（吴良镛2002、周干峙2002）。而景观学科作为一门在不同尺度上进行人地关系设计、以人与自然和谐共生为宗旨的综合性学科（Newton，1971；Simonds，2000），无论在当代还是未来都具有广阔的应用前景[4][5]。

近年来我国促进城市的可持续发展，大力改善城市生态，广泛推动了“园林城市”建设，优化人居环境。国务院2001年下发《关于加强城市绿化建设的通知》，极大提高了各级政府对城市景观设计工作的重视程度。政府相关部门将直接用于大型公共景观建设资金由2001年的163亿元提高至2005年的411亿元，人均公共绿地面积由4.56平方米上升到7.89平方米。到2006年底，江苏省城市绿化覆盖面积高达22.7万公顷，人均公共绿地达10.8平方米[6]。政府的政策导向和民众的广泛参与，使我国城市景观建设步入了新的历史发展时期。

随着人们生活水平的不断提高，旅游业开始呈现出良好的发展势头。根据国家旅游局统计数据显示，在2006年春节黄金周时期，共接待游客人数高达9220万人次，比上年同期增长了17.7%，当年旅游行业总收入达到了8935万元，同比增长了16.3%。由于城市居民消费需求的不断提升，公共基础设施的完善保证了旅游活动的舒适性和便捷性，我国的旅游消费日益成为全国消费结构中最具活力的板块。巨大的发展潜力势必对城市景观和旅游景点建设发展提出更高要求。

广阔的市场前景培育了一大批城市景观设计企业。在这一时期，全国城市景观行业发展的数量和规模的增长速度都前所未有地加快。根据近几年全国及地方国民经济和社会发展统计公报显示，2006年度房地产开发总投资达19382亿元，比2005年增长21.8%，商品房竣工面积为53019万平方米[6]。随着房地产开发层次不断提升，对景观市场的需求量进一步扩大。据住房和城乡建设部统计显示，我国当前景观企业的数量总计已多达15000家，其中持城市景观绿化二级以上资质的景观企业超过了2000家。

在上述诸因素共同推动下，我国的景观教育迎来了大好的发展时机。自1993年以来，我国开设景观学科本科专业的普通高校数量年均增长速率约为13.9%，2000年至2006年期间景观学科本科专业点数量年均增长率为18.7%左右，远超其他同类专业。由此可见景观行业的持续发展带动了景观教育的高速增长。尽管如此，我国目前的景观教育规模仍然无法完全满足行业空前增长的需求。景观行业一线从业人员在2005年时已达560万人，但其中接受过高等教育的仅占3.5%，不足20万人，尤其是硕士及以上层次人才比例更低（表1-1）[7]。全国各类高校近年来加大了对景观专业学科建设的力度，这为缓解景观专业人才的需求压力起到了重要作用。但随着招生规模的不断扩大，各院校景观专业在专业定位、学生实践能力、师资队伍等方面都面临巨大挑战。探索景观专业人才新形式培养模式，将成为高等景观教育一个不可回避的现实问题。

2005年我国景观相关领域从业人员统计表　　表1-1

领域	从业人员数量（万人）	其中大学生数量（万人）
一、园林植物应用	303	8
1. 花卉与观赏树木	293	7
2. 草坪	10	1
二、城市园林绿地系统规划、建设与管理（含城市景观设计，景观建筑规划设计、建设与管理，古典园林的规划设计、建设、保护与管理等）	180	7
三、风景资源规划、保护、建设与管理	22.5	3.3
1. 风景名胜区	12	2
2. 森林公园	7	0.7
3. 自然保护区	3.5	0.6
四、生态区域规划设计、建设（含绿色廊道、防护林网、大地绿化、生态示范区）	60	1.2
合　计	565.5	19.5

注：根据参考文献① 整理而成。

行业是学科的基础，专业教育反映了学科意识，学科理论则凸显行业的发展状态。教育在为行业和学科提供服务的同时，也是行业和学科未来发展的方向。改革开放三十年景观教育的人才培养方式，几乎影响了我国未来几个世纪景观行业和学科的发展。可见，教育、行业、学科三者紧密联系，这也是本研究的基本出发点。

2. 整合或分化——景观教育发展趋势的困惑

在本书资料整理及撰写过程中，笔者发现在对景观学科的认识上学术界似乎正逐渐趋于模糊，景观教育的分化近年来已成为景观行业、学术界包括教育主管部门的共识；另一方面，主张对现有景观教育资源进行整合的呼声愈加强烈，社会各界也期待将我国目前分散的景观学科、专业及教育资源统一起来。这一困惑影响了笔者在论文过程中对景观教育历史过程的理解，以及对研究材料的取舍。

自改革开放以来，我国景观学科名称多样化持续并存，引发诸多争议。四年前（2004年）笔者对整个学科名称的演变过程开始产生浓厚兴趣，进而对中国近现代尤其是改革开放以来大学教育概况作了相关了解，对本学科演化、溯源的同类文献作了收集整理。研究认为，这些学科名称的形成是各种制度和关系博弈的结果，其原因错综复杂。一方面有学者提出用景观设计学替代风景园林学，作为新时期的学科发展阶段名称[8]；另一方面农林类院校则坚持现有的风景园林学科名称，并希望成为独立的一级学科，以此摆脱建筑学的影响[9]。与此同时，以艺术设计专业（环境艺术设计方向、

① 国务院学位委员会《风景园林硕士专业学位设置方案》及其说明，2005年3月。引自:欧百钢，郑国生，贾黎明. 对我国风景园林学科建设与发展问题的思考[J]. 中国园林，2006，22（2）: 3-8.

景观艺术设计方向）为代表的艺术类院校毕业生人数和就业率比重的逐年上升，日趋成为景观教育及行业的生力军。因此对多元化景观教育人才培养模式的研究成为学界的现实课题。

多元化并存的教育格局虽然为我国景观行业发展起了积极推动作用，培养了大量多层次的专业人才，但也一定程度造成了社会对景观教育认识上的模糊。因此，有必要对景观学科与专业演化过程进行梳理，以便于人们更好地了解造成目前我国景观学科专业多元化的历史原因。

此外，景观艺术设计教育作为景观教育的重要组成部分，其学科定位、课程设置、培养方式仍处在分散的实验、探索阶段，至今未有统一的教材和培养计划。景观艺术设计教育的模式需要在学科理论和实践基础及相关学科发展情况等基础上进行综合考量，而不是从其他学科简单移植。它涉及设计学一级学科的设立、国家和省市区以及部委重点学科的评选，还涉及我国景观学科研究和教育领域划分等基本问题，是各高校重要的学科建设工作。学科人才培养的导向、基本内涵的认识直接影响具体的学科课程计划，因此有着重要的应用价值。可见，景观艺术设计教育领域的研究对我国景观学科与教育的整体性发展都有着深远的影响。

3. 多重视角下景观教育研究的失真

20 世纪 80 年代中后期，我国教育界、学术界开始关注和景观教育相关的问题，相继介绍和引进了同时代西方国家相关理论热点。尤其是进入 21 世纪，学界对景观教育的研究不再局限于具体教育模式的介绍，在学科理论体系的实践上也出现了许多思潮。期间笔者展开了对国内外一些知名景观院校教育发展状况的史料收集以及相关文献的检索工作，其中有不少文献从自身学科的视角对当前纷繁复杂的景观教育局面进行了阐释。遗憾的是，由于学者们各自的学科背景和知识结构的差异，造成当前景观学界的分歧集中反映在学者发表的各类文章上。

据笔者粗略统计，从 1983 年陈植先生发表在南京林业大学学报（自然科学版）《造园与园林正名论》[10] 到 2006 年北京大学俞孔坚教授发表《生存的艺术：定位当代景观设计学》[11]，仅标题可以明示的，直接讨论或争议学科名称的文章就多达 30 余篇，其中不乏硕士论文通篇加以阐述的 [12]。间接涉及关于学科正名的文章则不胜枚举。2004 年俞孔坚教授在《中国园林》期刊发起景观学科完整定义的讨论，更引发了“景观设计”是否应代替“风景园林”的争论（表 1-2）。更有学者为了回避此类问题，索性统称为“Landscape Architecture”学科，这无疑影响了学科良性发展。此类争议大多出于辩护学科权威性和维持自身学科地位的目的，缺乏客观、冷静的思考与梳理，难以对我国景观学科与专业演化的全貌加以宏观把握。

关于景观学科完整定义的讨论 表 1-2

作者	文章	期刊	年 / 期
俞孔坚，李迪华	《景观设计：专业学科与教育导读》	中国园林	2004，(5)：7-8
孙筱祥	《关于“景观设计：专业学科与教育导读”一文的审稿意见》	中国园林	2004，(5)：9-13
俞孔坚	《还土地和景观以完整的意义：再论“景观设计学”之于“风景园林”》	中国园林	2004，(7)：37-41
刘家麒，王秉洛，李嘉乐	《对“还土地和景观以完整的意义：再论‘景观设计学’之于‘风景园林’”一文的审稿意见》	中国园林	2004，(7)：41-44

注：根据相关参考文献整理而成。

我国的教育体制意义上的景观教育，是以美国城市公园建设而产生 Landscape Architecture 学科和以日本风致园艺思想为基础的造园学发展而来的，两者都是西学东渐进而融入我国教育体制的产物，其发展轨迹与国内大多数学科的发展历程是一致的。从 1952 年我国第一个景观专业“造园专业”的成立至“文化大革命”前夕，景观教育体系都相对完整，学科发展脉络较为清晰，相关学术著述也非常丰富。“文化大革命”期间，受政治意识形态的影响，景观教育发展停滞。直到改革开放之后，景观教育才逐渐恢复并步入了多样化历程。这一转变历经三十余载，至今少有学者加以整理，并以硕博学位论文的形式出现①，造成了我国景观教育研究体系的断层。

景观教育研究是一个动态、开放的系统。由于是动态的，要求学科能够判断新现象并制定可行的对策；是开放的，则需要不断交流，相关学科的理论的引入也极为必要。故此，通过对改革开放三十年景观学科与专业教育发展的阶段性研究，可以还原我国景观教育发展问题的真实性与客观性，无论对探究多元化景观教育格局的形成机制，还是延续我国景观教育研究体系都十分必要。

因此，本书旨在研究 1978—2008 年期间我国景观教育、学科和专业设置的沿革、现状和发展方向，需要具体完成以下工作：

（1）界定景观学科与专业范畴，明确景观教育定位；（2）普查景观教育现状，认定景观高校资格，了解并分析景观院系的规模、学科设置及专业名称变更情况；（3）梳理景观教育三十年间的教育活动、重大事件和历史人物，分析政治、经济等因素对景观教育发展的影响，总结景观教育格局的形成机制；（4）厘清改革开放以来景观学科的思潮脉络；（5）探讨景观专业的起源、发展与演变历程；（6）判断景观教育的发展趋势，提出景观教育改革建议。

① 笔者目前所查阅到的涉及景观（风景园林）教育历史的博士论文中，唯有北京林业大学林广思的《中国风景园林学科和专业设置的研究》一文涉及改革开放以后的景观教育发展。全文深入地研究论述了 1951 年至 2006 年全国风景园林学科的学科与专业设置情况。

据此，本书研究主体涵盖以下内容：以改革开放30年景观教育的发展历程为纵轴（时间轴），以景观教育的现状为横轴（空间轴），构建系统性研究框架。纵轴具体指自1978年景观学科正式扩散，开始多学科参与以及专业名称多样性历程，至2008年景观教育多元化局面的基本形成，30年内涌现出的教育活动、学科思潮、专业演变等具体内容；横轴具体指我国景观教育规模、学科和专业发展现状等客观事实。通过对这一历史过程的回顾和总结，为我国当代景观教育实践和未来发展方向提供有益借鉴。由于篇幅和精力所限，本书研究内容涵盖以下方面：

（1）将研究时间段限定在1978—2008年。1978年召开的党的十一届三中全会被认为是中国当代历史上一个重要的时间节点，它是我国对外开放政策以及经济体制全面改革的开端，标识了各行业在“文化大革命”十年停滞期之后的重新启动。对于景观教育而言，1978年也是一个重要的转折点。从这一年开始，我国景观教育事业进入了恢复、持续增长时期，各大院校的办学理念、专业设置、教学方式等出现了许多新的尝试（图1-1）。此外，中国景观学科与学科名称多样性历程是从1978年开始的。2008年时逢改革开放30年，同时也是景观教育创办57周年，引人回顾既往，前瞻未来。选择2008年为本次课题研究的结点可以较为完整地回顾改革开放三十年我国景观教育的发展历程。

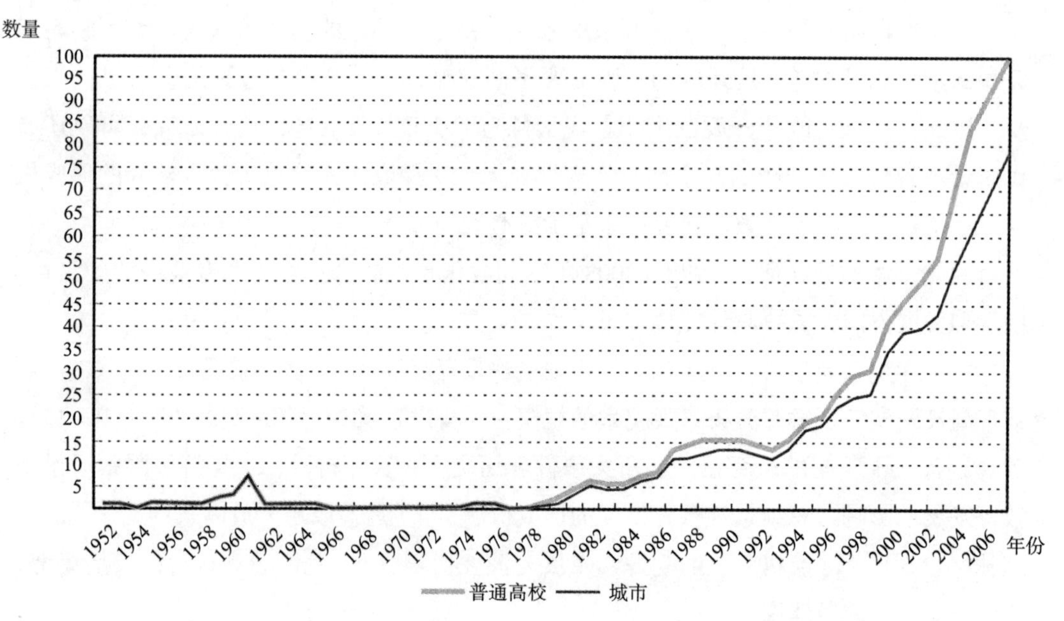

图1-1　1951—2006年招生L.A.专业的普通高校以及城市变化图[①]

① 图片来源：林广思.中国风景园林学科的教育发展概述与阶段划分[J].风景园林，2005，（2）：92-93；林广思.1951—2006年中国内地风景园林学科与专业设置情况普查与分析[J].中国园林，2007，（05）：10.

（2）本书空间对象就研究地域而言，文中如没有特别说明，“中国”和“我国”特指中国大陆地区。如涉及我国香港、澳门特别行政区和台湾地区，一般会加以注明。

（3）本书选择广义上的景观教育作为研究范畴。实际上，我国目前尚未形成统一的景观教育格局，培养目标的不明确、专业名称的混乱、学科定位的模糊已成为学界普遍认同的问题，关于此问题讨论的相关研究文献也较多。设计学艺术设计专业（环境艺术设计方向、景观艺术设计方向）是由室内设计专业发展而来，1988 年至 1998 年间称为环境艺术设计专业，同时在 1990 年至 1997 年间设立了环境艺术二级学科。该专业与国际上的 Landscape Architecture 专业属于不同的学科体系。考虑到其研究领域和培养模式与国内景观教育和专业非常接近，毕业生的市场需求量也逐年上升，成为广义景观教育的一个重要组成部分。因此，本书把艺术设计专业（环境艺术设计方向、景观艺术设计方向）作为景观教育的一部分，是基于我国景观学科特定的发展过程及统一当前分散的景观教育资源的愿望。

通过本书的内容介绍，有助于了解我国景观教育的现状。我国景观教育涉及学科门类众多。2008 年我国研究生层面的景观专业分布在 3 个学科门类：（1）农学门类下林学一级学科，园林植物与观赏园艺二级学科，共 5 个博士单位、23 个硕士单位；（2）工学门类下建筑学一级学科，城市规划与设计（含：风景园林规划与设计）二级学科，共 8 个博士单位、26 个硕士单位；（3）文学门类下艺术学一级学科，设计艺术学二级学科，5 个博士单位、75 个硕士单位[83]。本科层面的学科与专业设置情况则更为复杂，目前为止缺乏具体的统计数据。因此，全面了解我国景观学科与专业的设置情况是一个基础性的工作。这将有利于了解目前我国景观教育现状，从而有针对性的解决其中具体问题。

其次，有助于建构系统性景观教育研究体系。目前国内对于 20 世纪中后期的景观教育研究还缺少系统的研究成果。同时，对于这一时期的景观教育做系统地梳理和评价也正是学界的研究方向之一。故本课题拟采用的多学科研究视角，可以对工学、农学、理学、文学的景观学科起到串联作用，为系统构建景观教育研究体系奠定基础。

再者，有助于促进景观行业的良性发展。现有研究资料表明，目前我国景观行业还处于缺乏理论体系支撑的局面。在全球化的背景下，无疑容易造成缺乏本土文化根基的“欧陆风”盛行。在城市中处处可见与当今社会环境不相协调，甚至照搬西方国家落后设计理念的作品。因此对景观教育培养方式进行深入研究，可以提高景观人才的设计素质，从而推动景观行业的良性发展。

最后，有助于扩展和深入后期研究。在立足史料研究的基础上，客观描述和分析我国景观教育、学科和专业的发展变化，梳理这三十年我国景观教育发展的成果，能够为探索景观教育未来发展方向提供有益参考，也有助于推动新时期景观教育研究工作的开展。

本书所采用的技术路径如图 1-2 所示。

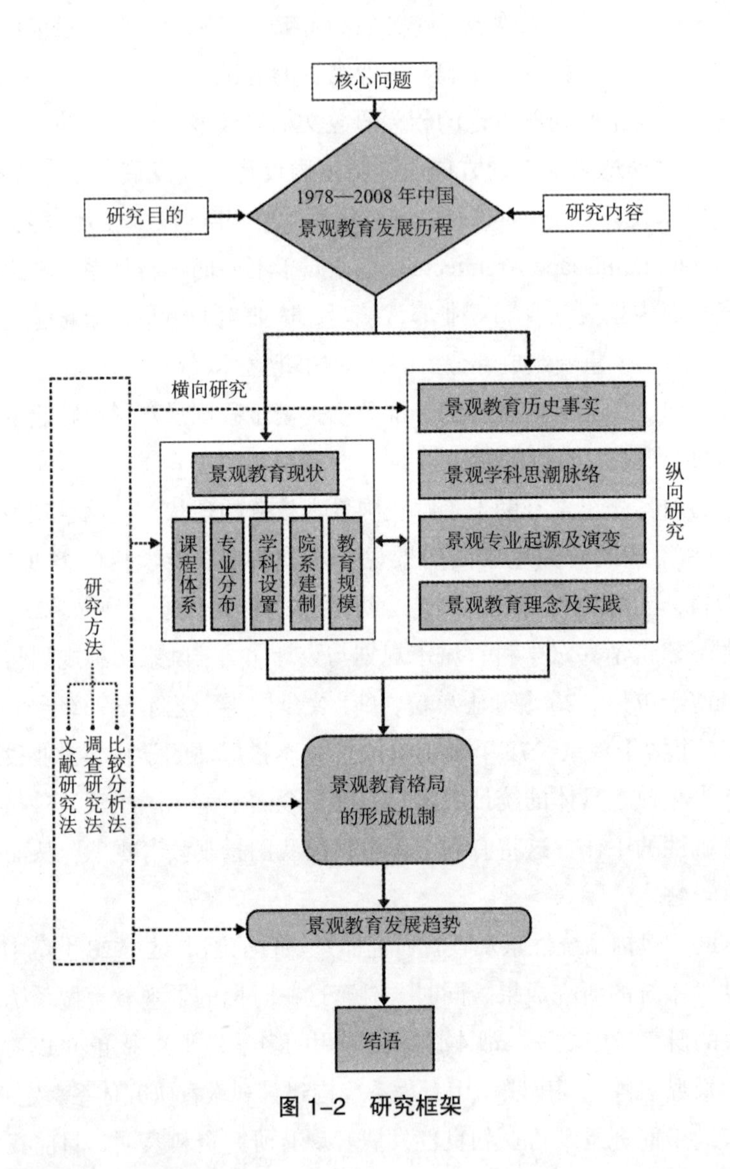

图 1–2 研究框架

1.2 既有研究与缺位

1. 景观教育的本体研究——学科与专业的正名问题讨论

“Landscape Architecture”（简称：L.A.）通常被认为是景观学科和专业的国际通用名称，然而这一专业也存在“Landscape Gardening”“Landscape Planning”“Landscape Design”等名称。国际组织、学会机构也分别有“American Society of Landscape Architects”（美国景观设计师协会，简称：ASLA）和“International Society for

Horticulture Science”（国际园艺学会，简称：ISHS）等不同名称（王绍增，1999）。国内 L.A. 专业的中文译名也长期存在争议，学科内涵始终未能统一。L.A. 专业的本体研究是学科讨论的前提，也是学术界争论的焦点（表 1-3）。这一问题包含四个方面的内容：

“L.A.”学科与专业在国内期刊中出现的不同名称① **表 1-3**

编号	文章标题	文献出处	时间	作者	使用名称
1	对我国造园教育的商榷	陈植造园文集	1956	陈植	造园学
2	造园与园林正名论	南京林业大学学报（自然科学版）	1983	陈植	造园学
3	“园林”名词溯源	中国园林	1985	朱有玠	园林
4	园林·园林学科·园林教育	中国园林	1986	李铮生	园林
5	论景观概念及其研究的发展	北京林业大学学报	1987	俞孔坚	景观
6	“造园”词义的阐述	陈植造园文集	1988	陈植	造园学
7	风景建筑学——专业定义	中国园林	1991	刘家麒	风景建筑学
8	几个中英园林名词的解释	中国园林	1993	余树勋	风景建造学 / 园林建造学
9	论 L. A. 的中译名问题	中国园林	1994	王绍增	景观营造 / 风景营造
10	哈佛大学景观规划设计专业教学体系	建筑学报	1998	俞孔坚	景观规划设计 / 景观设计学
11	必也正名乎——再论 L.A. 的中译名问题	中国园林	1999	王绍增	景观营造 / 风景营造
12	中国风景园林学科的回顾与展望	中国园林	1999	李嘉乐 刘家麒 王秉洛	风景园林
13	L.A. 是“景观 / 风景建筑学”吗？	中国园林	1999	王晓俊	园林 / 风景园林
14	略论 Landscape 一词释义与翻译	世界林业研究	1999	黄清平 王晓俊	园林
15	景观的含义	时代建筑	2002	俞孔坚	景观 / 景观设计
16	从造园术、造园艺术、风景造园——到风景园林、地球表层规划	中国园林	2002	孙筱祥	风景园林学
17	中国地景建筑理论的研究	中国园林	2003	佟裕哲 刘晖	地景建筑

① “Landscape Architecture”学科自近代在我国传播以来，与之相对应的中文名称用过许多，如造园学、园林学、景观建筑学、风景园林等，由于英汉翻译的原因，加之学者的学科背景以及专业发展的不同轨迹等的原因，引起诸多的学科名称之争，这在多种期刊文献中都有所反映。

续表

编号	文章标题	文献出处	时间	作者	使用名称
18	景观设计：专业、学科与教育	中国建筑 工业出版社	2003	俞孔坚 李迪华	景观设计学
19	Landscape Architecture 译名探讨	中国园林	2004	刘家麒	风景园林
20	关于 landscape architecture 的中译名	中国园林	2004	王绍增	景观营建
21	“景观”一词的翻译与解释	科技术语研究	2004	肖笃宁	景观
22	人居环境科学与景观学的教育	中国园林	2004	吴良镛	地景
23	《景观设计：专业、学科与教育》导读	中国园林	2004	俞孔坚 李迪华	景观设计学
24	还土地和景观以完整的意义：再论“景观设计学”之于“风景园林”	中国园林	2004	俞孔坚	景观设计学
25	景观学学科发展战略研究	风景园林	2005	刘滨谊	景观学
26	第一谈：国际现代 Landscape Architecture 和 Landscape Planning 学科与专业“正名”	风景园林	2005	孙筱祥	风景园林
27	景观词义的演变与辨析（1）（2）	中国园林	2006	林广思	景观
28	关于 Landscape Architecture 一词的演变与翻译	中国园林	2006	杨滨章	风景园林／风景建筑
29	论风景园林的学科体系	中国园林	2006	王绍增	风景园林
30	对 Landscape 的释义及其理解的探讨和研究	南京林业大学 硕士论文	2006	吴静娴	景观
31	生存的艺术：定位当代景观设计学	建筑学报	2006	俞孔坚	景观设计学
32	培养面向未来发展的中国景观学专业人才——同济大学景观学专业教育引论	风景园林	2006	刘滨谊	景观学
33	何谓风景园林（一）（二）（三）	风景园林	2007	金柏苓	风景园林
34	“景观”溯源	第三届全国风景园林教育 学术年会论文集	2008	翁经方	景观
35	论“景观”的本质——从概念分裂到内涵统一	中国园林	2009	黄昕珮	景观

注：根据相关参考文献整理而成。

（1）风景园林专业（农学、工学）自身的分歧。

风景园林专业是我国最早的 L.A. 专业中文译名，该专业由 1952 年造园专业发展而来。20 世纪 80 年代，在旅游事业蓬勃发展的背景下，北京林业大学在城市园林专业中分设园林规划设计专门化，后来形成风景园林专业，并将之对应国际上的 L.A. 专业。对此，金柏苓先生认为，“风景园林”二字适当的位置关系表达了以自然为核心要素的学科特征，以及园林学从传统的“Garden”到近现代“Landscape”的传承[13]。但也有学者认为“风景”在“园林”前缀是多余的，比如王绍增先生认为风景和园林有某种含义上的重复[14]（1999），或者余树勋先生认为风景就是园林[15]（1993），又或者陈有民先生认为园林肯定是有优美的风景[16]（2002）。

（2）风景园林专业（农学、工学）与景观建筑学专业（工学）的分歧。

景观建筑学专业设立之初，许多学者对此也存有异议。2002年清华大学建筑学院提交关于在清华大学建筑学院设立景观建筑学系（Department of Landscape Architecture）的报告时，受到了吴良镛、周干峙两位院士的反对[17]（秦佑国，2009）。金柏苓先生认为拓展学术领域不是图新潮，学科名称不能随意地变换（2004）。吴良镛先生在《人居环境科学导论》中提出L.A.最恰当的翻译是"地景学"，周干峙先生也不主张景观建筑学的提法。诸位学者之所以认为L.A.译为"景观建筑学"不合适，原因有三点：

其一，景观建筑学容易被误读为建筑学专业的分支。"Architecture"译为"建筑"容易给人造成L.A.是建筑学分支学科的印象[18]（王晓俊，1999），而国际上L.A.的专业地位与建筑学、城市规划地位一致[19，20]（俞孔坚，1998；刘滨谊，2005），并非建筑学的从属学科。"Landscape"一词与地理学科的景观概念关联不大，只是在L.A.学科中所占比例很小且重要程度不大的部分（孙筱祥，2005），反而与风景的影响有很大关系。余树勋先生也曾明确指出，"Landscape"在与"Architecture"连用形成专有名词时，"Architecture"不能理解为"建筑"，因为这里的建筑应是指广泛意义上的营建之意（程世抚，1994①；吴良镛，2001；王绍增，1999；王晓俊，1999），建议L.A.译为"风景建造"或"园林建造"[15]（余树勋，1993）。

景观建筑学之所以很难被农林学科学者认可的主要原因，除了传统园林的历史地位之外，就是对于L.A.中的"Architecture"的见解不同[21]（王绍增，1999）。"Architect"在古希腊语中有匠师、总匠之意，而"Architecture"就是总匠的营建和建造活动。梁思成先生主张将"Architecture"翻译成"营建"（清华大学建筑系在1952年以前一度被称为"营建学系"）。王绍增先生更倾向于使用"营造"，并认为"景观"比"风景"的范畴更广，更能突出人类活动的意义，并且为学科的发展留下了较大的余地（王绍增，1999），L.A.宜译作"景观营造"最为准确。

其二，景观建筑学不具备完整的专业定义。无论是"景观建筑学""地景建筑"还是"地景设计"，这些译名都无法从名称上涵盖L.A.专业的核心组成：大地规划、城市园林绿地生态系统工程、植物造景、土地利用规划、自然资源经营管理、城镇与大都会规划以及大地生态平衡等[22，23]（孙筱祥，2005），从而不具备完整的学科及专业名称定义。

① 王绍增先生曾提到过，程世抚先生内心不赞成将"Architecture"译为建筑，只不过为了顺应社会实际以减少阻力。——程绪珂，张祖刚．程世抚[K]//中国科学技术协会．中国科学技术专家传略．工学编．土木建筑卷1.北京：中国科学技术出版社，1994：246-257.

最后，地景学之于景观建筑学更为准确。吴良镛先生认为上述的 L.A. 专业名称有一定的历史依据，但作为新时期的综合型专业，地景学更为言简意赅。地景学包含有“Land”与“Scape”的相互关系，突破了尺度的局限，是对学科意义上广泛的公共空间（Open Space）的设计。地景学不仅能体现自然的、风景的内容，还能体现出美学、地学的内容[24]（吴良镛，2001）。秦佑国先生认可了其中关于该专业发展的论述，但同时认为 Landscape 译为“地景”和之前的“风景”相比略显直接，而且“地”和“景”都意指客观对象——“物”，有重复之嫌[17]（秦佑国，2009）。

主张使用景观建筑学作为 L.A. 专业名称的学者认为，Landscape 译为“景观”更好。“景”是客观的物，容易作为对象而得到扩展，从传统的园林扩展到更宽广的学科领域；“观”是人的主观行为，引申为思想和体验。而“风景”一词含义偏窄，只能指代“景”的含义而不具有“观”的内容，不能适应学科、专业发展的主流。中文的“建筑”对应着英文 3 个词①，但就学术界及行业而言，建筑学是指“Architecture”不应该产生歧义。L.A. 专业名称应该从世界范围内寻求共性，寻找可以反映出时代面貌的学科特质。国内 L.A. 专业不能再围着“Garden（园）”字做文章，必须跳出农林学科，纳入吴良镛先生倡导的广义建筑学范畴②（秦佑国，2009）。

由此可见，L.A. 专业译为景观建筑学似无不可，也可使用景观学，但后者容易与地理学的“景观学（Landscape Science）”相混淆。就 L.A. 专业的发展趋势看，建筑学、地理学两大学科的研究对象和实践领域的共性越来越多（秦佑国，2009）。

（3）风景园林专业（农学、工学）与景观设计学专业（地理学）的分歧。

景观设计学专业是北京大学 2005 年在地理学一级学科下自主设立的理学研究生专业，从办学层次上看还没有涉及本科教育层面。景观设计学专业依据世界上第一个 L.A. 专业——哈佛大学 4 年制理学专业而设立。俞孔坚先生强调景观设计学专业必须注重土地设计，是关于景观的设计、保护和恢复的科学艺术，包含景观规划（Landscape Planning）和景观设计（Landscape Design）两个专业方向[25]。他将景观设计学专业的核心概括为“天地（土地与自然）、人（人文关怀）、神（对待文化、历史和土地的尊重）

---

① “Architecture”“Building”和“Construction”。

② 这一观点最难被风景园林学者认同。孙筱祥先生认为：（1）“我国有些人提出了‘大建筑学’和‘广义建筑学’的观点，建筑学是不可以包涵大自然生态系统的保护规划的，这种学术观点是不能与国际接轨的。”——见：孙筱祥 . 第四谈：关于建立与国际接轨的 Landscape Architecture（大地与风景园林规划设计学）学科，并从速发展而建立“Earthscape Planning”（地球表层规划）的新学科的教学新体制的建议 [J]. 风景园林，2006，2（2）：10-13.（2）“建筑学（Architecture）是用无生命的材料来进行设计的艺术和科学的综合学科，风景园林学（Landscape Architecture）是用有生命的材料和与植物群落自然生态系统有关的材料进行设计的艺术和科学的综合学科，两者显然是不能互相替代的。”——见：孙筱祥 . 风景园林（LANDSCAPE ARCHITECTURE）从造园术、造园艺术、风景造园：到风景园林、地球表层规划 [J]. 中国园林，2002，18（4）：7-12.

的和谐统一”①；主张摆脱“小农意识”，将专业视野定位于整体人类生态系统；并提出“反规划”空间规划途径[26-28]。

风景园林专业与景观设计学专业的分歧主要有以下两个方面：

其一，风景园林与景观设计学孰的专业意义更为完整？景观设计学学者指出，国内风景园林专业及职业范围受到了唯审美论和唯艺术论限制，自认为等同于国际L.A.专业，缺乏对设计的认识。不能一厢情愿地强迫社会接受L.A.即风景园林的解释，相比而言，景观设计学更具有完整意义（俞孔坚，2004）。

风景园林学者认为风景园林是包含游憩、生态、审美的综合性学科，不是唯审美论、唯艺术论所能概括的。不能用景观的完整的意义取代风景园林的完整含义（李嘉乐，刘家麒，王秉洛，2004），将风景园林易名只是文字游戏和概念倒退，既没有体现专业传统的园林地位，也没有体现大地规划思想（孙筱祥，2005）②。

其二，风景园林是否过时？景观设计学学者提倡用历史发展的角度来看待L.A.专业：L.A.的过去叫“园林”或“风景园林”，现在叫“景观设计学”，未来是“土地设计学”[29]（俞孔坚，2004）。风景园林学者则反驳，风景园林专业早期的发展阶段是后续阶段理论与实践的基础，彼此不应当相互抵触或排斥，更不是替代关系（李嘉乐，刘家麒，王秉洛，2004）。

（4）景观设计学专业（地理学）与艺术设计景观设计方向（设计学）的混淆。

且不论L.A.专业与景观设计学专业对应是否恰当，仅就翻译而言“景观设计学”一词也不能是“Landscape Architecture”，反而“Landscape Design”（简称：L.D.）更准确。但如此一来，不仅容易被误解为地理学的分支（杨至德，2009），更容易造成其是设计学（Art and Design）分支的误解。目前设计教育界对此并没有明确回应，反而利用该“新名词”所带有明显视觉效果等意味，为设计学以景观的名义进入L.A.学科找到途径，开设景观艺术设计专业方向及相关课程。“景观设计（Landscape Design）”“景观艺术（Landscape Art）”“室外环境设计（Surroundings Design）”等词在设计学频频出现，无疑加深了景观专业的复杂性。

由于设计教育在我国开展较为普遍，且规模庞大，设计学景观艺术设计专业的毕

① 对此孙筱祥先生认为：（1）“俞教授的这篇文章如果是用英文写的，本人的意见会少一些。至于文中提出的‘神’的观念，和对‘神’的最新解释，是十分有害的。”——见：孙筱祥.对“《景观设计：专业学科与教育》导读”一文的审稿意见[J].中国园林，2004，（5）：12.（2）“如果一个人，既不会园林建筑设计，又不会植物造景，而又想成名成家或发财致富，那么就只好谈‘风水’，树‘天、地、神’怪旗，或编创出谁也不懂的‘新名词’”。——见：孙筱祥.第一谈：国际现代Landscape Architecture和Landscape Planning学科与专业“正名”问题[J].风景园林，2005，（3）：12-14.

② “景观设计”的名称是18世纪英文Landscape Design的中文译名，如果用“景观设计”翻译Landscape Architecture，不仅是对这一学科名称的误译，而且使其含义倒退到18世纪了。——见：孙筱祥.第一谈：国际现代Landscape Architecture和Landscape Planning学科与专业“正名”问题[J].风景园林，2005，（3）：12-14.

业生逐年递增，甚至出现景观行业风景园林专业、景观建筑学专业（取代城市规划：含风景园林规划与设计专业）、景观艺术设计专业三分天下的格局。在繁荣的就业前景之后，是对景观艺术设计教育研究的缺失。据笔者了解，许多专著、文章，甚至教材都没有从专业角度明确界定究竟何为景观艺术设计？与风景园林、景观建筑学、景观设计学有何异同？与环境艺术设计（Environment Art and Design）有何异同？这些都是设计教育界必须面对和亟待解决的问题。

笔者认为目前有两条途径可供选择：其一，从国情角度考虑，在设计教育环境下开展的景观设计专业方向，应该尽可能规范为“景观艺术设计（Landscape Art and Design）”专业方向。以景观学科三大支撑：游憩、生态、美学中的“美学”为主要研究领域（刘滨谊，2002），强化专业优势①，明确自身的学科定位与专业特色，细化人才培养目标。其二，或可从与国际 L.A. 专业接轨的角度，积极寻求在多学科融合的前提下，尝试将本专业融入广义上 L.A. 专业。

2. 景观教育发展历程综述性研究——文献、传记与史志类

这类研究的文献数量较多，其主要内容是对我国景观学科及专业的发展历程，进行一个以时间为基本轴线的完整的梳理，主要的关注点是其发展历程的阶段划分和各阶段的主要特点。其中，有些研究并不专门以这种历程的综述为最主要的议题，但对历程的考察是其展开研究主题的重要分析路径。在这些综述性的研究中，对于国内景观学科及专业的演变历程，大体能够达成这样一种共识，即：以农林学科为主导的园林教育——向农、工结合的风景园林教育转型——向多学科参与的景观教育方向发展。

（1）庭园学课程与造园学思想研究。

我国景观专业最早萌发于农学领域，早期景观（造园）教育思想的形成可以通过几位先驱教育家的著作得以窥见：章守玉先生（1897—1985）最早提出“庭院学（Landscape Gardening）”概念，他将近代园艺学的范畴拓展至瓜果蔬菜、树木观赏等领域，所著《花卉园艺学》是研究我国早期景观（园艺）专业设置与分类的著作；范肖岩先生（？—1940）1930 年出版的《造园法》是研究近代私人庭院营造的工程设计书籍，其中对于“造园”的理解可以成为研究造园思想的蓝本；陈植先生（1899—1989）所著《造园学概论》是中华人民共和国成立前重要的造园论著；童玉民先生（1897—？）关于园艺学的划分影响了 20 世纪 30 年代国内高校同类科目的分类设置。

1933 年国民政府发布《中央大学建筑工程系课程标准》成为研究工学门类开设景观专业的史料依据，其中记载了中央大学在四年级开设有庭园学科目[30]。此外，《金

① 俞孔坚先生曾比较过景观设计学与环境艺术设计专业的区别，认为前者依靠科学理性的分析流程解决问题，而不是依赖个人的艺术灵感。——见：俞孔坚，李迪华 .《景观设计：专业 学科与教育》导读 [J]. 中国园林，2004，20（5）：7-8.

陵大学校刊》(1946)、《复旦农学院通讯》(1950)、《中国农业百科全书·观赏园艺》(1996)中所涉及的金陵大学、复旦大学开设“观赏园艺教研组”以及浙江大学的“森林造园教研组”的教学实践活动是研究近代景观教育组织机构的历史文献。

(2)中华人民共和国成立初期我国园林教育整体发展研究。

关于这一历史时期的研究主要依据查阅当时开设造园专业院校的校史文献(部分史料可能追溯到中华人民共和国成立前),从中可以了解到我国景观教育事业的初创与发展脉络(表1-4)。通过对园林专业设置与发展和园林建制从系到院的成长过程,总结自中华人民共和国成立以来所历道路中的经验与教训[31](陈俊愉,2002)。柳尚华的《中国风景园林当代五十年1949—1999》(1999)、林广思的《1949—2009风景园林60年大事记》(2009)以及教育部历年的《中国教育年鉴》(1949~2008)都具有很高的学术参考价值[32,33]。

本书对20世纪40~50年代国内6所院校史志类文献参阅情况一览表　　表1-4

序号	高校	文献
01	北京农业大学	1. 北京农业大学校史资料征集小组.北京农业大学校史1905-1949[M].北京:北京农业大学出版社,1990.
02	北京林业大学	1. 北京林业大学校史编辑部.北京林业大学校史1952- 2002[M].北京:中国林业出版社,2002. 2. 蒋顺福,马履一.北京林业大学研究生教育50年[M].北京:中国环境科学出版社,2002:1-250.
03	复旦大学	1. 洪绂曾.复旦农学院史话[M].北京:中国农业出版社,1995. 2. 园艺系.解放后概况[J].复旦农学院通讯,1950(7):9. 3. 园艺系.改革课程的前途[J].复旦农学院通讯,1950(4):7. 4. 复旦大学农学院园艺系.1951年3月3日由系务委员会重行修订的各学年课程表[J].复旦农学院通讯,1951(7):9. 5. 园艺学系.园艺学系1951年度第一学期教学工作总结[J].复旦农学院通讯,1951(12):4-5.
04	南京大学	1. 王德滋.南京大学百年史[M].南京:南京大学出版社,2002. 2. 张宪文.金陵大学史[M].南京:南京大学出版社,2002:331. 3. 曹慧灵,陈伯超.20世纪30年代初期中央大学建筑工程系史料[A].张复合.中国近代建筑研究与保护四[C].北京:清华大学出版社,2004. 4. 园艺系[N].金陵大学校刊第351期.1945-09-16(7). 5. 园艺系[N].金陵大学校刊第354期.1945-12-16(4). 6. 园艺系[N].金陵大学校刊第355期.1946-01-16(4). 7. 园艺系[N].金陵大学校刊第356期.1946-02-16(4).
05	浙江大学	1. 国立浙江大学要览:二十三年度[R].杭州:国立浙江大学,1935:72-76. 2. 吴耕民.浙大农学院园艺系在湄潭[A].贵州省遵义地区地方志编纂委员会.浙江大学在遵义[C].杭州:浙江大学出版社,1990.
06	沈阳农业大学	1. 沈阳农业大学校史编委会.沈阳农业大学校史1907-2002[M].沈阳:辽宁人民出版社,2002. 2. 王缺.沈阳农业大学园林绿化专业办学情况回顾[J].中国园林,2003(10):29-30.

注:根据相关参考文献整理而成。

（3）造园组时期造园专业与学科发展研究。

1951 年造园组的成立标志着我国第一个景观专业——“造园专业”（1952）开始建立。关于这一时期发展历程的综述性研究主要有两类：第一类是基于历史学研究视角的史志类文献。主要有：北京农业大学校史资料征集小组编著的《北京农业大学校史：1949—1987》（1995）、北京林业大学校史编辑部的《北京林业大学校史：1952—2002》（2002）、陈有民的《纪念造园组（园林专业）创建五十周年》（2002）、陈俊愉的《从城市及居民区绿化系到园林学院——本校高等园林教育的历程》（2002）等著作、文献都有关于造园组创立的记载[34，35]；第二类是事件亲历者、教育家的传记、访谈类，如：吴良镛的《追记中国第一个园林专业的创办——缅怀汪菊渊先生》（2006）等[36]。

（4）改革开放后国内知名景观高校办学情况回顾研究。

各类高校对自身景观教育办学历程的回顾以及对未来发展方向的研究类文献的数量最多，涉及的学科门类也最多样，研究视角更是千差万别。它们是在各种不同的研究主题中，或多或少地对“景观教育”这一概念的内涵以及其在学科、专业等方面的具体内容进行了探讨。其中很多研究不直接以景观教育本身为议题，而是在某些方面对景观教育有所涉及。主要成果有：北京大学建筑与景观设计学院编著的《北大设计学十三年》（2010）、郭婧的《北京大学景观设计学研究院十年探索的回顾与展望》（2008）等[37，38]。

同济大学是较建筑院校早开设景观专业的高校之一，要研究同济建筑系的景观专业办学及学术特色，应该从其办学历史、师资队伍的组成及学术思想等方面分析（董鉴泓，1993）。其他同类研究还有董鉴泓的《同济建筑系的源与流》（1993），李德华、董鉴泓的《城市规划专业 45 年轨迹》（1997）以及《四十五年精粹：同济大学城市规划专业纪念专集》（1997）、刘滨谊的《景观学学科的三大领域与方向——同济景观学学科专业发展回顾与展望》（2006）等。

（5）其他非景观相关专业领域，内容或名称与景观教育直接关联的文献不多见，然而其相同或相似的研究方法仍值得借鉴。包括：赵纪军的《新中国园林政策与建设 60 年回眸（1-5）》（2009）、邹德侬的《中国建筑 60 年（1949—2009）：历史纵览》（2009）、华揽洪的《重建中国——城市规划三十年（1949—1979）》（2006）、牛凤瑞的《中国城市发展 30 年（1978—2008）》（2009）、袁熙旸的《中国艺术设计教育发展历程研究》（2003）等[39-41]。

3. 景观教育的现状研究——调查与比较分析类

国内这方面的学术成果，从出版书籍和近 10 年的博士学位论文的选题来看，将系统研究方法与景观教育直接关联起来的成果数量很少。但不可否认的是，虽然在标题上未直接触及景观教育这一对词语，也不能排除在有些书籍或博士论文中附带性地或间接地讨论过。

（1）国外及我国港台地区景观教育体系的梳理、分析与比较研究。

美国是现代景观教育的发祥地，经过一百多年的发展，已经形成了较为成熟的教育体系，目前大约有60余所大学设有L.A.学科的系或专业。国内投身于景观设计理论研究和实践领域的中坚力量大多与美国景观设计理论体系和流派有着直接或间接的关系，这就使得美国对中国景观教育方面的影响与其他西方发达国家的影响相比显得更为突出。

从已有文献来看，美国学者对景观教育研究多关注学科某一领域，且甚少直接以“景观教育”命题，因此从题目即可直接反映美国景观教育信息的文献数量较为有限。主要有哈佛大学设计学研究院教授卡尔·斯坦尼兹（Carl Steinitz）的景观生态学教育研究文献[42-44]；哈佛大学约翰·弗里德曼（John Friedmann）的《北美百年规划教育》；佐佐木英夫（Sasaki H.）的《关于景观设计学教育的思考》[45]（1950）；耐尔·科克伍德（Nial G. Kirkwood）的《塑造21世纪——哈佛设计学院的风景园林方向》（2005），伊凡·马鲁斯科（Ivan Marusic）的《21世纪景观教育观察》[46]等；反观国内学者研究美国景观教育的文献较多，视角较为多样。如探讨关于教育研究的方法（王淑芹，2001）、介绍教育先驱人物[47]（王欣，2001；孟雅丹，2003；文桦，2007等）、概述专业评估体系（刘海龙、2007）及回顾美国现代景观建筑学发展（唐军，2001等）和生态思想在美国景观设计发展中的演进（侯晓蕾，2008）等。

总体而言，此类研究多集中于对以哈佛大学景观教育体系为主体的美国景观教育发展历程的梳理和介绍[48，49]。如从学科教育历史的角度简述哈佛大学学科体系、课程设置与教学方式（孟亚凡，2003），或从简史、学位体系及课程体系三方面系统地介绍哈佛景观教学体系（俞孔坚，1998），以及探讨哈佛景观学科发展和硕士学位教学情况的分析（刘晓明，2006）。

此外，还有对其他高校如康奈尔大学景观系的跨学院设置的特色分析（陈弘志，2006等），以及对密西根州立大学景观专业课程设置和教学资源介绍（汪辉，2009等）等文章。

另一类论述则是通过综述美国景观设计专业的历史、代表人物及其思想、景观设计师所从事的职业范围等内容（俞孔坚，1999等），厘清景观专业从艺术为中心到重视自然、注重人类与环境的和谐的发展脉络（孟亚凡，2003），并通过全面论述美国景观设计发展及演变过程，剖析影响景观教育发展的各种社会和文化思潮、著名景观设计师所起的作用等因素[50]（陈晓彤，2005）。

另外有学者试图通过中美景观学科教育、理论体系和专业实践的比较，寻求适合国情的教育模式。主要有学科发展的比较（张晓瑞，2009）、本科教育现状比较（祁素萍，

2005 等）、研究生教育现状的比较（王永盛，1997 等）以及学校之间教学方法、目标等方面的比较（杨吟兵，2008）等。

欧洲的景观教育研究较为强调研究与实践相结合、多学科交叉和系统性。以英国为例，虽然各高校所强调的教学理念不尽相同，在专业名称上也划分较细，但是学科内涵还是在与英国景观学会的合作中得以统一[51，52]。研究范畴涵盖景观设计、管理和科学，主要涉及对本国景观设计学历史和教育的梳理（Maggie Roe，2007）、对景观行业现状（Kathryn Moore，2005）、学生实践情况的调查（邓位，2006）及景观教育体系的探讨等（邓位、申诚，2006）[53]。如对英国伯明翰艺术设计学院景观学科的教育情况的分析（Kathryn Moore，2005；Russell Good，2005）以及对谢菲尔德大学景观系本科（黄妍，2000）、硕士阶段景观设计课程情况的汇总（Anna Jorgensen，2006）等。

法国皮埃尔教授（Jean Pierre Le Dantec，2008）从景观设计教育的定义及特性的角度比较了中法景观设计教育情况，他认为不同的社会需求决定了中国和法国景观设计教育方法的不同[54]；亨利·巴瓦（Henri Bava，2007）和米歇尔（Michel Corajoud，2007）梳理了法国景观设计与教育的发展方向和演变过程；朱建宁（2004）则重点探讨了法国现代景观设计教育理念及根源。

德国学者阿诺·施密特（Arno Sighart Schimid，2005）介绍了 2003 年和 2005 年德国景观奖的各个作品，汉斯·凯米斯特（Hans Kiemstedt）反映了德国景观行业与教育领域的新动态[55]；杜安、林广思（2008）通过对俄罗斯景观专业教育 70 多年来的历史脉络的梳理，以及对当前的教育制度、教学规模的分析，尤其是专家文凭层面的教学计划的介绍，系统说明了俄罗斯景观专业教育的基本概况。这些调查对中俄景观教育的比较研究提供了基础数据[56]。其他欧洲国家景观教育研究还有阿奎拉（Inmaculada Aguilar Civera，2008）的景观现代性研究和斯洛文尼亚卢布尔亚纳大学达沃林教授（Davorin Gazvoda，2002）关于现代景观设计学特点及其教育的研究等[57]。

日本的景观教育是东亚景观教育体系的重要组成，也是我国近代景观教育思想的主要来源国之一。在对日本景观教育研究的学者中，蓑茂寿太郎（Toshi Toro，2003）对日本东京农业大学地域环境科学系的教学、科研体制作了较为详细的分析，并对课程设置和最新研究进展作了介绍[58]。

国内学者章俊华（2006）考查了日本景观专业的大学及研究室的设置状况、大学教育方向及现状，并主要针对千叶大学园艺学部的本科、硕士、博士课程的授课方法、内容、课时安排等进行了调查[59]；李树华（2008）研究了日本景观教育体系与学会组织的运作情况，并指出了我国景观教育现状与学会组织目前存在的问题[60]。

我国港台地区的景观教育研究以关注行业发展动态与务实性为特色。陈弘志（2009）探讨了如何保证香港景观专业教育中的课程设置和教学模式，既务实，又能实现景观学科在学术和知识体系上的进步。该文以香港大学园境学硕士课程设计为例，重点介绍了香港大学求实与创新并举的教学方针；王小璘检视了景观教育与教学制度，并对50年来台湾景观教育作了回顾;此外还有台湾景观学教育的评述（史作亚，2005）、大陆与台湾的景观教育的比较（潘宏，2008等）等。

（2）国内景观教育现状研究及景观教育家传记、访谈。

根据已有文献，涉及我国景观教育现状的研究包括：梁辉（1998）对景观学科体系建设进行了探讨;吴飞（2007）分析了现行景观本科专业人才培养模式;钟国庆（2008）对景观高校本科阶段课程体系设置进行了研究；具体的还有对北京林业大学园林学院（林广思，2006;欧百钢，2007等）、南京林业大学（王浩，2006等）、同济大学（刘滨谊，2006）、东南大学（唐军，2006）等高校景观教育教学体系的研究。

北京林业大学林广思的博士论文《中国风景园林学科和专业设置的研究》（2007）及另一篇专文《1951—2006年中国内地风景园林学科与专业设置情况普查与分析》（2007）较为完整全面地研究了我国风景园林学科与专业发展的历史与现状，从这两点上看与本书研究的角度和对象有一定的相似之处。

通过对我国著名景观教育家回忆录、访谈录的整理，可以从中收获其教育思想，成为研究某一历史时期景观教育现状的资料。主要有：陈植（王季卿，2004等；娄承浩，2006）、汪菊渊（吴良镛，2006）、孙筱祥（王绍增，2007等）、孟兆祯（泰格，2000）、俞孔坚（李有为，2008）、朱育帆（冯纾苨，2008）等。

（3）特定主题的景观教育会议与论文集。

我国近年来景观教育领域的研究动态主要集中在两次景观教育研讨会的召开和相关成果的汇编[61, 62]。全国高等学校景观学（暂）专业教学指导委员会（筹）编著《景观教育的发展与创新——2005国际景观教育大会论文集》一书于2006年由中国建筑工业出版社出版，本书收录87篇国内外的论文，探讨了景观学体系的发展与创新、景观学与风景园林、景观学课程体系和教学研究等多方面的问题。

中国风景园林学会教育研究分会，同济大学建筑与城市规划学院（筹）编著出版《第三届全国风景园林教育学术年会论文集——风景园林教育的规范性、多样性和职业性》，该书分为"学科发展与人才培养""专业课程教学理论与方法""设计课教学体系与方法"等几个部分，收录了"论风景园林与景观学专业教育的培养目标""景观生态理论教学中的实践环节""中国风景园林专业生态教育的规范化研究"等内容。

4. 研究的缺位

在对以上文献的检索与阅读之后，笔者认为除了上述研究在视角、方法等方面的不同之外，景观教育研究在兼容并蓄中体现了其研究理念的共性与个性的统一。表现在:（1）研究者学科背景多元化，他们不同程度地表现出自己对于景观教育研究的兴趣，并从各自的学科视角出发,进行了富有启发意义的研究;(2)研究阶段和内容的深层次、多维度;(3)学科定位与专业范畴仍然存在分异。

目前关于我国景观教育的研究主要存在如下几个方面的不足:

(1)对于我国景观教育的研究目前尚没有综合性、系统性的研究成果。回顾近三十年的研究发现，目前我国对改革开放以来的景观教育发展研究基本上呈零星分散的状态，缺乏整体连续的总体研究，从学科与专业的演变和教育思潮更迭角度所进行的研究更为鲜见。

此外，对于我国景观教育研究方法往往提及较多的是外部广泛性、普遍性、历时性的因素(如经济、社会、政治等)影响，而对于它们是通过什么渠道、以怎样的面貌内化到自身演变过程中的，缺乏相关研究。

(2)研究方向过于偏重应用性，缺乏一个理论与应用相结合的研究框架，导致对景观教育理论体系的贡献不足(表1-5)。

1978～2008年景观教育类期刊论文发表情况调查表 **表1-5**

关键词	1978~2008年中国期刊全文数据库期刊论文		1998~2008年中国博士学位论文全文数据库	1998~2008年中国优秀硕士学位论文全文数据库
	全部期刊	核心期刊		
景观设计教育	7	0	0	0
艺术设计教育	670	54	0	2
建筑设计教育	2	1	0	1
风景园林教育	10	0	0	0
景观	16489	3051	24	1708
设计	614289	159536	472	52082
教育	661044	126013	2	6675
设计教育	1572	161	0	17
景观设计	2929	248	0	64
景观教育	9	2	0	0
园林	17544	1410	0	224
园林设计	498	28	0	3
园林教育	31	1	0	0
建筑	119450	20514	22	4496
建筑设计	7557	1396	0	165
建筑教育	334	112	0	2

注:根据相关参考文献整理而成。

笔者在文献检索过程中，发现与“景观教育”研究相关的文章主要集中在2002—2008年这一时间段，而2002年之前国内现有的相关研究都是与“园林”或“风景园林”有关的，这反映出景观学科目前所处的位置。

从调查内容上看，“景观”“设计”“园林”“建筑”等拥有庞大的文献基数，但大多偏重于应用技术，与这些领域的学科教育相关的文章数量非常之少，发表在核心期刊的几乎为零，从中不难看出景观教育与实践脱节。另一方面，纯粹的“教育”理论研究文献的基数也非常多，但与应用科学结合的比较少。因此学科间缺少交叉研究也将成为阻碍景观教育良性发展的重要因素。

此外，笔者在对PQDD（Pro Quest Digital Dissertations）的博士论文数据库（江南大学镜像站）进行学位论文搜索后，并未发现相关的博硕士论文。

（3）研究视角单一，且多采用诠释性的研究方法，而评论性的方法鲜见。目前研究多集中在院校同类专业介绍、与其他国家和地区专业教育比较，以及课程教学等方面，对景观教育现状的评论研究相对较少。

1.3 核心概念的界定

1. 景观词义的演进

我国古代就已经开始使用“景象”“景气”等景字组合的表现光景的词汇，但始终没有出现“景观”一词。目前关于这一词组的起源有两种意见，一种观点认为景观出自清代皇家园林[63]，另一种观点认为景观是个外来词，严格来讲应为日语汉字词语[9][64]。

“景观”一词由汉字的“景”与“观”组成。“景”，可拆解成上部的“日”和下部的“京”构成。“日”有日光之意①，下部的“京”含高岗之意②。据此推断，“景”指日上高岗，有高升的太阳，因日光而生的形象，延伸为风光，景象之意③。故此《说文》指出“景”本意是光：“景，光也，从日，京声。”段玉裁注解道：“光所在之处，物皆有阴。……景，明也。……后人名阳曰光，名光中之阴曰影，别制一字。”而现代汉语中有“影”“景”两个字，先秦时只有“景”字，同时包涵“景”“影”两种含义；“观”为看，细看之意④。“观”的本意是看，观瞻，进而又派生出他人注视的意思。转变为名词的“观”，

① 《后汉书·竇宪传》有：玄甲耀日。

② 《尔雅·释丘》：绝高谓之京。

③ 景：指高升的太阳，引申为景象，风光之意。南朝·谢灵运《文选·拟魏太子邺中集诗序》载有：“天下良辰美景，赏心乐事，四者难并。”

④ 观：为看，细看之意。《论语·为政》有：“视其所以，观其所由，察其所安，人焉廋哉。”

首先是外貌、外表、容貌的意思。其次可解释为两种建筑物，一种是可以远眺的“观台”。据《左传·僖五年》记载：“公既视朔，遂登观台以望。”《注》：“台上构屋，可以远观者也。”另一种是让人家看的“观”。《尔雅·释宫》：“观谓之阙”。《疏》：“雉门之旁，名观，又名阙”。《白虎通》：“上悬法象，其状巍巍然，高大，谓之象魏，使人观之，谓之观也。”在此可对“景”与“观”分析如下[64]（图1-3）：

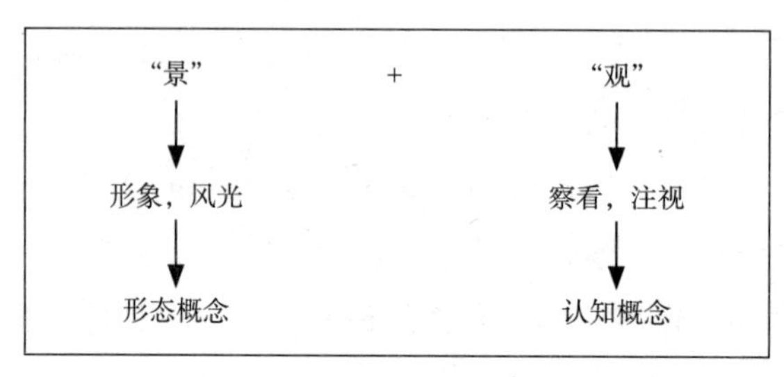

图1-3 “景观”解字①

虽然“景”和“观”都是很古老的文字，但是“景观”这个词在中国历史上出现却很晚。同济大学建筑与城市规划学院副教授翁经方先生经过考证，该词首见于乾隆《御制诗》卷五十七《随安室得句》：“福海中蓬岛，早吟册景观，拎斯有别室，亦久号随安。”居中的蓬岛瑶台为圆明园四十景之一，其中设有皇帝的书室，名为“随安室”，其取“随遇而安”之义。从乾隆这首诗句的字里行间来看，“景观”大概可以指代某一类型模式化的风光景致。另有学者李树华（2004）、林广思（2006）等认为“景观”这一词应为对德语“Landschaft”的译语的日语词语。从语义上看，“Landschaft”与英语的“Landscape”类似。这一词语最早由日本学者三好学于1902年前后提出[65]，随后辻村太郎将这一概念引入地理学领域，后有学者又将它引入都市社会学领域[66]。

“景观”词组在我国近代出现，见于陈植先生于1928年所著的《观赏树木》[67]，该书参考书目部分中列有三好学的《日文植物景观》。这时的景观已具有“景物”“景色”的含义。20世纪30年代，辻村太郎的《景观地理学》被翻译出版，其中归纳了地理学界对景观的各种理解[68]。自此，我国学界开始熟悉景观一词，该词在当时语境下体现出极大的包容性[69]。后来景观词组甚少出现在日常用语中，但还是获得了视觉以及地理学术语的含义。

中华人民共和国成立后，受到苏联景观地理学思想传播逐渐为地理学界所熟悉，“景观”成为中国地理学的重要习语。当时景观被认为是“建立在生物地理学和土壤学”

① 图片来源：李树华.景观十年、风景百年、风土千年：从景观、风景与风土的关系探讨我国园林发展的大方向[J].2004，20（12）：30.

的基础上的学科。1979 年《辞海》正式使用“景观”词组，由此形成地理学分支“景观学（Landscape Science）”[70]。

自20世纪80年代以来，国家主管部门及学术界开展了风景名胜资源的评价等工作。这时期国内很多学者通过风景资源评价逐渐了解国外景观学科的最新研究动态。这些研究和实践推动了学界对景观全面的了解和关注。当时学术界对景观的基本认识可以理解为风景区研究中的一个基本概念。

随着“景观”一词为国家主管部门和环境设计领域学者们所熟悉，景观规划、景观设计等名称和概念也先后出现，它们渐而成为城市规划界的一个常用词。从词义来说，已经非常广泛，包含有“景色”“风景”“景物”的含义。1985 年凡登堡（Maritz Vandenberg）的《城市硬质景观设计》出版，在该书中已出现有“城市景观”“景观设计”等词语；西蒙兹（John Ormsbee Simonds）的《大地景观规划：环境规划指南》经由程里尧先生翻译于 1990 年出版[5]；同期麦克哈格（Ian L. Mc Harg）的《设计结合自然》在 1992 年由中国建筑工业出版社翻译出版[71]。此后，中国地理、园林和城市规划界得以全面接触国际景观设计的理论与案例，城市建设部门也开始有意识地引进景观设计理论。

1999 年版的《辞海》与 20 年前的版本相比增列了“风光景色”的意义，这说明“景观”已经获得了普遍意义的自然、人文地理的含义以及视觉上的意义[72]。当《建筑园林城市规划名词》在 1996 年审定时，已有专家提出用“景观”代替“园林”作为“Landscape Architecture”学科中译名称了[73]。

2. 景观教育、学科及专业

1900 年，小奥姆斯特德（Frederick l. Olmsted，Jr）与舍克里夫（A. Shurcliff）、查尔斯・艾略特（Charles Elliot）在哈佛大学劳伦斯科学学院设立了美国第一个景观理学学士学位（Bachelor of Science of Degree in Landscape Architecture，缩写为：BSLA）[74]。如果把该专业的诞生作为世界现代景观教育的起点，也就预设了三个前提条件。第一个前提是该学科必须具备开设一系列课程的条件而不只是一门课程；第二个前提是必须在现代意义上的综合型大学中培养，而不是其他的高等教育培训机构；第三，由于 1899 年成立的美国景观设计师协会（American Society of Landscape Architects，缩写为：ASLA）成立之后，“Landscape Architecture”一词在社会上得到了广泛的认同，成为景观职业的国际通用名称，因此景观教育、学科与专业的英文名只能是“Landscape Architecture”，而不是其他的文字词组[75]。

学科作为划分不同门类知识体系的单位，包含学问分支、学术组织和教学课目三层含义，因此具有广泛意义的概念[76-78]。广义的学科通常指学问分支或学术组织，狭义的学科指高校以学问划分的方式来组织高校教学及研究工作，以实现发展科学、培养人才、服务社会职能的单位[79]。完整的学科必须包括理论体系、制度体系、组织体系、课程体系四个方面的内容[9]。基于上述体会，文中所提到的景观学科是一个较为宽泛的概念，具有两个方面的意义：一是教育建制下的学科概念，指国家设立的一级、二级学科，它涵盖了自 1951 年造园组成立以来所衍生的学科和学说，包括造园学、园林学、风景园林学、景观建筑学等，也包括持不同学术意见设立的景观设计学、景观生态学、景观艺术设计学等学科；二是研究意义上的概念，这一概念不受教育层次（高专、本科、研究生）的限制，便于统一协调各教育资源探讨特定主题的学术问题。

景观专业创立一个多世纪以来，以其在社会、生态、人文领域中的巨大影响取得了显著的社会效益，尤其是在后城市化加快发展的时代，景观专业的发展更为迅猛，目前全世界大约近 200 所大学开设景观专业。我国目前的专业概念是相对独立的资源使用单位，是由相同专业的学生集体，与专业同名的教研组织等实体组成[80]。在高等教育工作的基本指导性文件——《普通高等学校本科专业目录》（1998 年颁布）中，所谓的专业即相当于本科的二级学科[81]。由于国家教育改革的原因，我国景观专业的内涵不断拓展，景观专业名称变更的复杂程度远远超出其他同类专业。据了解，全国符合上述判定依据的专业共有 48 个，4072 个专业点，分属专科、本科及研究生三个层次。由于我国当前的高职高专教育规模已经非常庞大，并且设置了相类似的专业，因此实在有必要把研究生、本科和高职高专三个层面的景观专业资源相互统一。

3. 城市、城市化及其影响

城市是集约人口、经济与文化的综合性空间地域系统，也是迄今为止最为复杂的人类作品。城市最为直观的表现形式为一定的地理区域，被空间学科的研究学者所关注。工业革命以来，城市功能由贸易和生产逐渐转为人类经济文化生活的功能综合体，因此城市又具有重要的功能指向和文化内涵，体现出鲜明的社会学和经济学特征。此外，人口学将人口规模和居住密度视为城市的评价标志；地理学认为城市是一种与乡村有着本质区别的空间聚落；管理学上的城市定义具有行政和政治的双重意义；经济学则将城市视为集聚经济的产物。可见对城市的研究涵盖政治、经济和文化等多个领域，历来是一个多学科的研究课题，具有多维属性。

城市化是对人类生产和生活方式由农村型向城市型转化历史过程的动态描述，也是经济社会发展的高级阶段，这一过程从四个层面得以体现：第一，城市化带来了人类地域活动范围的持续扩大；第二，大量农村人口转化为城市人口；第三，城市化促使人类对于自然的依附程度逐渐降低，造成产业结构转向第二、三产业；第四，城市化还带来生活方式的变化和社会文明的传播[82]。发轫于 1978 年的改革开放是我国历史上的一个重要转折，三十年来我国城市化建设取得了巨大进展，其发展历程大致可分为农村改革推动阶段（1978 ~ 1984 年）、城市改革推动阶段（1985 ~ 1992 年）、市场化改革推进阶段（1993～2003年）和统筹城乡发展阶段（2003年以后）四个阶段[41]（图1-4）。这一阶段划分与改革开放以来我国景观教育发展的三个时期大体吻合。可见，城市化是分析和诠释社会变革的重要主线，是透视我国景观教育发展历程的一个有益视角。

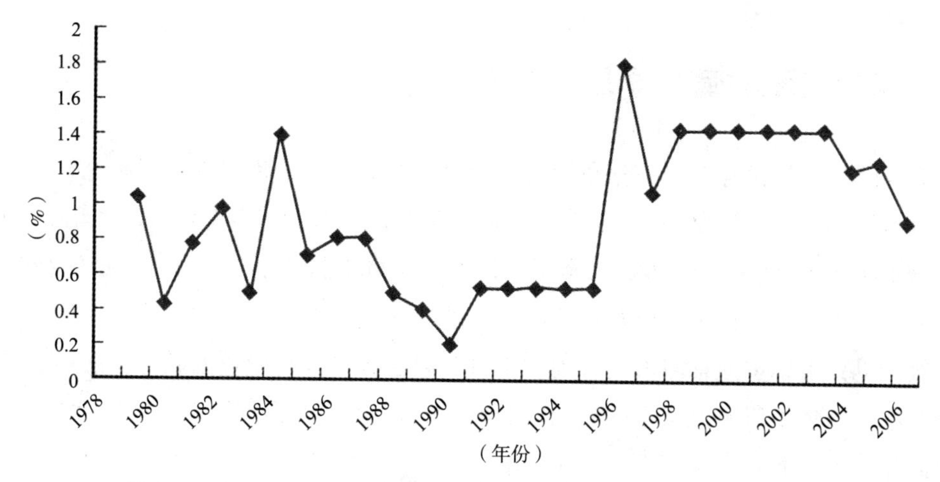

图1-4 1978～2006年中国城市化率与上年相比增长百分点变化图①

① 图片来源：牛凤瑞，潘家华，刘治彦．中国城市发展30年(1978-2008)[M]. 北京：社会科学文献出版社，2009：3.

第 2 章　全国景观教育现状调查及分析

2.1　我国景观教育办学层次

对我国景观学科与专业的分布情况进行全方位的了解，是景观教育研究的基础工作。我国的“学科”作为高等学校划分不同门类知识体系的基本单位，包含教学课目、学问分支和学术组织三个层面，通常用于组织高校的教学研究工作[9，79]。而在 1997 年颁布的《授予博士、硕士学位和培养研究生的学科、专业目录》中，研究生的专业限于二级学科，人们也通常习惯简称为“学科”以区分与本科专业的教育层次。因此景观学科除了指理论研究意义上的概念以及高校的教学、科研组织单位的含义之外，还包括研究生教育上的一级、二级学科概念[84]。

我国的“专业”概念更多是指相对独立的资源使用单位，是由相同专业的学生集体，与专业同名的教研组织，与教研组织相连的科研经费、教学设施、仪器设备，以及书刊资料等实体组成[85，86]。专业合并或调整时，专业背后的实体也都会随之调整，现行的专业管理规定反映和强化了这种认识[80]。2008 年国务院学位委员会、教育部颁布的学科目录中直接以“景观”作为专业名称的有 13 个，52 个专业点，大部分为高校自主设立专业（表 2-1）。

全国 13 个以“景观”作为专业名称的学科与专业目录　　表 2-1

办学层次	学科门类	类别 / 学科	专业	专业代码	数量
专科	艺术设计传媒大类	艺术设计类	景观设计	670130	6
本科	工学	土建类	景观建筑设计 *	080708W	16
本科	工学	土建类	景观学 *	080713S	19
研究生	理学	地理学	景观设计学 *	070524	1
研究生	理学	生态学	景观生态学 *	0713Z2	1
研究生	工学	土木工程	景观工程 *	081421	1
研究生	工学	土木工程	工程环境与景观 *	0814Z1	1
研究生	工学	水利工程	生态水利与景观艺术 *	0815Z2	1
研究生	农学	园艺学	景观园艺学 *	090221	2
研究生	农学	园艺学	花卉与景观园艺 *	0902Z1	1

续表

办学层次	学科门类	类别 / 学科	专业	专业代码	数量
研究生	农学	园艺学	景观园艺学 *	0902Z2	1
研究生	农学	农业资源利用	生态景观恢复与设计 *	0903Z2	1
研究生	农学	草学	草地景观植物与绿地规划 *	0909Z1	1

注：本目录中专业后加 * 表示该专业为该招生单位自设专业。

由于国家教育改革等原因，我国景观学科与专业的内涵不断拓展，景观专业名称变更的复杂程度远远超出其他同类专业。因此上述专业远不能真实反映我国景观专业的规模和现状。判断一个专业是否属于景观专业，不能仅从名称上判断，应当依据该专业的形成渊源及演化过程，结合其培养方式、课程体系、学位授予标准、专业与景观学科的依附程度、景观行业的认同度以及毕业生的就业范畴统筹认定。目前全国符合条件的相关或近似专业共有 48 个，4072 个专业点，分属专科、本科及研究生三个层次。

1. 专科层次

2008 年全国共有专科层面景观专业 12 个，792 个专业点，涉及农林牧渔、土建、艺术设计传媒、资源开发与测绘 4 个门类，农业技术、林业技术、建筑设计、艺术设计、测绘 5 个类别。这其中以环境艺术设计（560105）专业点的数量最多。2009 年新增了城镇艺术设计（560107）等 44 个专业，但该专业很快被撤销。另外到 2008 年为止笔者没有查询到开设设施园艺工程专业（510116）的院校数量情况，故无法统计。

2. 本科层次

由于我国在《中国普通高等学校本科专业设置大全》历年的专业目录中没有设置统一的本科“景观专业”，因此本研究只能统计景观相关本科专业的分布设置情况①[85]。从 2008 年国内学科群设置情况来看，园林、景观建筑设计、景观学、风景园林、艺术设计、资源环境与城乡规划管理等 15 个专业与景观学科的关系较为密切。这 15 个本科专业关联程度不一，涉及农学、工学、理学、文学、管理学 5 个学科门类，植物生产类、土建类、地理科学类、艺术类等 7 个二级类学科。其中农学门类有 4 个、工学门类有 6 个，占总数量的 2/3。这与景观专业是由 1951 年清华大学与北京农业大学合办的造园专业发展而来，在专业设立的初始就具有农、工学科结合的历史特点有关。

根据国务院学位委员会、教育部颁布的《学位授予和人才培养学科目录（2011 年版）》，景观专业所涉及的一级学科发生了变化（表 2-2）。最为显著的变化是工学门类土建类风景园林专业上升为风景园林学一级学科（0834，可授工学、农学学位）；艺术

① 主要参考中华人民共和国教育部高等教育司 . 中国普通高等学校本科专业设置大全 [M]. 北京：高等教育出版社，1994 年版、1999 年版、2001 年版、2003 年版及 2005 年版。

学上升为学科门类，设计学成为一级学科（1305，可授艺术学、工学学位）。这两个变化反映出我国风景园林学、设计学学科的逐渐成熟，由专业方向发展为独立的一级学科，同时体现出国家对于同类专业的整合趋势。

《学位授予和人才培养学科目录（2011 年版）》关于学科门类和一级学科的调整　　表 2-2

学科门类	教育学（04）	理学（07）	工学（08）	农学（09）	管理学（12）	艺术学（13）
一级学科	教育学 （0401）	地理学 （0705） 生态学 （0713）	建筑学 （0813） 土木工程 （0814） 城乡规划学 （0833） 风景园林学 （0834）	园艺学 （0902） 农业资源与环境 （0903） 林学 （0907）	工商管理 （1202）	设计学 （1305）

注：本表中学科门类和一级学科的代码分别为两位和四位阿拉伯数字。

作为我国景观专业的起源专业之一，园艺专业（0902）规模庞大（有 98 个专业点），通常在园艺学院中独立设置。教育主管部门一再强调园艺专业宽口径培养人才，但由于培养过程中教育资源分配的不平衡，各地院校仍然是有选择性地确立培养方向，如北京林业大学园林学院于 2001 年所增设的园艺专业，就更偏重于观赏园艺（090220）。因此在拥有园林植物与观赏园艺（090706）学科硕士或博士授予权的情况下设置园艺本科专业很有必要，否则园艺专业有可能在新一轮的专业目录修订中被更名。

2008 年全国共有本科景观专业点 2617 个，其中以艺术设计专业最多，达 696 个。在当前艺术设计专业过于庞杂的背景下，环境艺术设计方向成为一种重要方向。笔者将其中与景观专业联系较为紧密的环境艺术设计方向、景观设计方向进行了单独统计。在去除与景观专业相关度不高的专业方向后，总计环艺专业点为 535 所，依然位居其他景观相关专业之首。以本科专业在农林院校的设置情况调查来看，艺术设计专业占有比较重要的地位。艺术设计专业可以弥补农学院校园艺（090102）、园林（090401）等专业缺少艺术学的不足，对农林院校景观教学水平起到了改进和提高的作用。长远来看艺术设计专业环境艺术设计方向在农林学院的设立是一个趋势，环艺方向应当更侧重于室外环境的营造，强调运用自然材料而非硬质材料造景以适应这一趋势。

教育部对资源环境与城乡规划管理专业（070702）的描述中，一再强调其与景观学科群的紧密关系，但并未被大多数的景观专业院校所重视。从园林专业（090401）的培养目标和主要课程设置来看，难以实现汪菊渊院士构建的风景园林学科第三个层次——大地景观规划，而资源环境与城乡规划管理专业则为实现大地景观规划的目标提供了一个平台。只有资源环境与城乡规划管理专业得到充分发展，景观学科与专业的完整性才能真正得以实现。

旅游管理是一个涉及设计学科与管理学科两大领域的综合性专业，在国内开展较为广泛（全国有 446 个专业点）。事实上旅游管理专业（110206）侧重于利用旅游资源，而不是管理旅游资源。同济大学刘滨谊教授主张将景观学专业（080713S）和旅游产业相结合形成设计策划管理体系，这一构想为旅游管理专业与其他景观专业的进一步结合提供了参考。此外国家在 2002 年底设立景观建筑设计专业（080708W）后，又分别于 2006 年设立景观学专业（080713S），同时恢复风景园林专业（080714S）。再加上 1955 年就已设立的城市规划专业（080702），目前共有 4 个相似程度非常高的专业设置于工学门类下。

一般而言景观行业的门槛较低，只要具备风景园林设计、城市规划与设计、艺术设计以及建筑设计等方面背景的人都能够参与进来。我国目前的行业存在现状以及教育布局都充分证明了这点。但在景观专业的构建层面，我国目前的各类院校景观专业的学科构建和师资力量与欧美各国相比都很薄弱。

针对空间规划设计而言，城市规划、景观建筑设计、景观学、风景园林，以及艺术设计等专业存在紧密关系，资源环境与城乡规划管理、旅游管理专业的紧密度也逐渐提高；对于植物栽培养护而言，园林、园艺专业的紧密度最高，这些都被视为是景观专业的主干。

鉴于艺术设计以及旅游管理专业的不断发展，在景观学院中设置艺术设计和旅游管理专业，有利于改善目前景观专业学科设置较为单一的现状。此外汪菊渊院士的风景园林学科理论所提出的第二层次是城市园林绿化学，它与城市规划与设计专业关系密切，所以有加强设置城市规划与设计专业的必要。最后，景观专业要形成完整的景观专业体系还必须加强对资源环境与城乡规划管理专业的设置。

我国本科层面景观专业现状充分体现出国家专业改革的痕迹。1998 年专业目录调整时，风景园林和观赏园艺专业分别并到城市规划专业和园艺专业；环境艺术设计专业并到艺术设计专业，证实了国家对相关专业的趋同度的判断。

3. 研究生层次

在我国《授予博士、硕士学位和培养研究生的学科、专业目录（2008 年）》的研究生招生目录中，研究生层面的景观专业（二级学科）有 21 个，专业点 663 个，其中自主设置专业 12 个（表 2-3）。这些专业涉及 5 个学科门类、11 个一级学科、1 个专业硕士学科。这些专业以农学门类所占比重最大，有 10 个专业。由于果树学（090201）、蔬菜学（090202）、茶学（090203）专业以及三个自设专业观赏园艺学（090220）、景观园艺学（090221）、花卉学（090222）已经从越来越强调“设计”、偏向工学的景观专业中分离开来，成为景观另外一个重要领域——“植物”的主要专业群，这一分离导致了“植物”专业群的细化。

2008 年我国学科和专业目录所涉及的景观相关学科与专业 表 2-3

高职高专专业		本科专业		研究生学科	
大类二级类	专业名称（专业代码）	一级门类二级类	专业名称（专业代码）	学科门类一级学科	二级学科名称（学科代码）
农林牧渔大类农业技术类	观光农业（510104）	文学门类艺术类	艺术设计（050408）	文学门类艺术学	设计艺术学（050404）
农林牧渔大类农业技术类	园艺技术（510105）	理学门类地理科学类	资源环境与城乡规划管理（070702）	理学门类地理学	地图学与地理信息系统（070503）
农林牧渔大类农业技术类	都市园艺（510115）	理学门类地理科学类	地理信息系统（070703）	理学门类地理学	景观设计学 *（070524）
农林牧渔大类农业技术类	设施园艺工程（510116）	理学门类地理科学类	生态学（071402）	理学门类生态学	生态学（0713Z1）
农林牧渔大类林业技术类	园林技术（510202）	工学门类土建类	建筑学（080701）	理学门类生态学	景观生态学 *（0713Z2）
农林牧渔大类林业技术类	商品花卉（510211）	工学门类土建类	城市规划（080702）	工学门类建筑学	城市规划与设计（含：风景园林规划与设计）(081303）
农林牧渔大类林业技术类	城市园林（510213）	工学门类土建类	景观建筑设计（080708W）	工学门类土木工程	景观工程 *（081421）
农林牧渔大类林业技术类	园林建筑（510217）	工学门类土建类	景观学（080713S）	工学门类土木工程	工程环境与景观 *（0814Z1）
资源开发与测绘大类测绘类	地理信息系统与地图制图技术（540605）	工学门类土建类	风景园林（080714S）	工学门类水利工程	生态水利与景观艺术 *（0815Z2）
土建大类建筑设计类	环境艺术设计（560105）	工学门类土建类	土木工程（080703）	农学门类园艺学	果树学（090201）
土建大类建筑设计类	园林工程技术（560106）	农学门类森林资源类	森林资源保护与游憩(090302）	农学门类园艺学	蔬菜学（090202）
艺术设计传媒大类艺术设计类	景观设计（670130）	农学门类森林资源类	野生动物与自然保护区管理（090303）	农学门类园艺学	茶学（090203）
		农学门类植物生产类	园艺（090102）	农学门类园艺学	观赏园艺学 *（090220）
		农学门类环境生态类	园林（090401）	农学门类园艺学	花卉学 *（090222）
		管理学门类工商管理类	旅游管理（110206）	农学门类园艺学	花卉与景观园艺 *（0902Z1）
				农学门类园艺学	景观园艺学 *（0902Z2）
				农学门类农业资源利用	生态景观恢复与设计 *（0903Z2）
				农学门类林学	园林植物与观赏园艺（090706）
				农学门类草学	草地景观植物与绿地规划 *（0909Z1）
				农学门类风景园林★	风景园林硕士（095300）
				管理学门类工商管理	旅游管理（120203）

注：本目录中学科带“(含：)”，括号中的内容是对二级学科所包含内容的强调或补充，其学位授权和研究生培养除医学门类中有关学科按括号中的内容进行外，其他学科均按二级学科进行；专业代码后标有“★”为专业硕士；标有“W”系原目录外专业；标有“S”系少数高校试点的目录外专业；标有“Y”“Z”系短线专业；标有“*”系该招生单位自设专业。

研究生层面的景观专业中将近一半是高校自主设立专业，以农学门类居多。虽然从数量上看规模不大，只有 15 个专业点，但影响广泛，如北京大学深圳研究生院 2005 年设立的景观设计学专业（070524）、中央民族大学生命与环境科学学院的景观生态学专业（0713Z2）、西南交通大学建筑学院 2002 年设立的景观工程专业（081421）等几个重要的自设硕士专业点，在全国范围内的影响力甚至超过了国家博硕学位目录的同类专业。

景观设计学专业分为景观设计学历史与理论、景观规划与生态基础设施建设、景观设计三个研究方向，景观工程专业有四个研究方向：可持续景观规划设计、城市景观、工程景观、乡土景观与遗产保护。这些研究方向均涉及景观学科和行业的前沿领域。2006 年工学门类建筑学下还曾经自主设立过景观建筑学、建筑环境艺术、景观规划与设计专业；农学门类园艺学下还设立过园艺环境工程、观赏园艺专业，目前这些专业均已取消。

2011 年风景园林学成为一级学科后，可分别授予工学、农学学位。因此风景园林学分别有 2 个专业代码：工学（083400）和农学（097300）。前者有 16 个专业点，后者只有苏州大学金螳螂建筑与城市环境学院、浙江农林大学风景园林与建筑学院、旅游与健康学院 2 个专业点。

城市规划与设计（含：风景园林规划与设计）专业在 2011 年风景园林学（0834）成为一级学科后，更名为城市规划与设计专业（081303）。1998 年的学科目录修订将风景园林规划与设计专业合并到城市规划与设计学科，成了其下的一个方向。在北京林业大学停招风景园林专业后，该专业改称城市规划与设计重新招生。由于城市规划专业与景观学科关系密切，发展完善城市规划与设计专业显得尤为重要。

2.2　全国景观教育现状分析

2.2.1　教育规模逐年递增

我国现阶段实行以政府办学为主体、社会各界共同办学的办学体制。目前我国的基础教育以地方政府办学为主，而高等教育则是以中央、省（自治区、直辖市）两级政府办学为主，以社会各界广泛参与为辅的办学体制。论文撰写期间，笔者相继对国内多所高校的志史文献进行了查阅。对于未能获取文献记录资料的院校，一般通过经教育部批准设置的高等学校本科专业名单备案、教育部部门官方机构网站、高考专业目录查询系统、各类高校的招生信息和院系招生部门的网站多方面确认[①②]。但由于个

① 中华人民共和国教育部 [EB/OL].[2008-09-01].http://www.moe.gov.cn/.

② 中华人民共和国教育部招生阳光工程指定平台 [EB/OL].[2008-10-03].http://gaokao.chsi.com.cn/.

人收集渠道的局限，这些数据难以完全保证历史信息的本真。

历经57年发展，我国景观教育已经发展到相当规模。截至目前，我国已有景观相关或近似专业点4072个，其中包括高职高专层面792个，本科层面2617个，研究生层面663个。2008年秋季后，我国有林学一级学科园林植物与观赏园艺（090706）专业硕士点33个，其中博士点1个；建筑学一级学科城市规划与设计（081303）专业硕士点51个，博士点2个；风景园林（095300）专业硕士点18个；其中北京林业大学是全国惟一拥有园林植物与观赏园艺学科博士点及城市规划与设计学科博士点的高校[9]。全国共有环境生态类园林（090401）本科专业点150个、园艺（090102）本科专业点98个；土建类城市规划（080702）本科专业点159个、景观建筑设计（080708W）本科专业点16个、景观学（080713S）本科专业点19个，初步建立起具有中国特色的景观学科博士、硕士、学士学位授权体系（表2-4）。在国内大学中，拥有从高职高专、本科、专业硕士和学科博士这一完整的景观学科体系的院校只有东北林业大学一所。全国科研领域现有国家重点学科3个，“211工程”重点建设学科2个，多所院校及科研院所具有省部级、国家林业局和农业部重点学科，基本形成一定规模的景观学科体系[7]。

在此基础上，各高校积极发挥教育部关于在具有博士、硕士学位授权一级学科点的单位可自主设置二级学科的政策，在园艺学一级学科内自主设置观赏园艺学（090220）、景观园艺学（090221）、花卉学（090222）、花卉与景观园艺（0902Z1）、景观园艺学（0902Z2）；在农业资源利用一级学科内自主设置生态景观恢复与设计（0903Z2）；在草学一级学科内自主设置草地景观植物与绿地规划（0909Z1）；在土木工程一级学科内自主设置景观工程（081421）、工程环境与景观（0814Z1）；在水利工程一级学科内自主设置生态水利与景观艺术（0815Z2）；在地理学一级学科内自主设置景观设计学（070524）；在生态学一级学科内自主设置景观生态学（0713Z2）等新兴学科、交叉学科，大大拓展了学科外延。此外，国内许多建筑学院（西南交通大学）、艺术学院（山东建筑大学）、美术学院（东北师范大学）纷纷设立了观赏园艺与园林植物等农林学科，成为一个良好的开端，极大地丰富了学科内涵，为景观学科体系的进一步发展、完善奠定了基础。

从景观专业点的分布范围来看，全国具有景观本科专业招收资格的院校遍布全国31个省（市、区）的81个大中城市，具有明显的分散性。在1978至2008年间，开设景观专业的院校数量和城市数量总体而言发展平稳，只是在一些建筑院校和中西部城市的设置时有起伏。相对的波动时期出现在1978年、1986年和2003年（表2-5）。1978年是我国景观专业恢复设立的时间，这一拐点的出现主要受到国家政治因素的影响。随着1982至1987年国家第二次高校专业目录的修订，1986年开始出现了新一轮

2000～2008 年我国开设景观相关专业院校数量比较　　表 2–4

招生年份	园艺	园林	森林资源保护与游憩	野生动物与自然保护区管理	建筑学	城市规划	景观建筑设计	景观学	风景园林	观赏园艺	土木工程	资源环境与城乡规划管理	艺术设计	景观建筑设计	旅游管理
2000	50	55	12	4	114	71	—	—	—	—	240	50	288	—	194
2001	54	61	18	4	119	84	—	—	—	—	252	73	335	—	223
2002	61	65	19	5	129	96	—	—	—	—	265	86	385	—	259
2003	67	81	20	5	138	112	1	—	—	—	283	108	430	1	286
2004	70	97	22	5	152	121	4	—	—	—	310	123	482	4	335
2005	77	108	23	5	167	132	4	—	—	—	337	135	540	4	335
2006	83	126	24	7	180	143	8	2	1	—	357	149	606	8	385
2007	88	138	26	7	206	151	10	4	2	—	375	161	654	10	402
2008	98	150	14	9	241	159	16	19	18	—	423	157	696	16	446

注：景观专业以教育部批准备案的数据为准，主要根据 2005 年教育部的公布数据结合每年度的公告推算而来，详见参考文献 ①②③；观赏园艺专业于 1998 年撤销。

1978～2008 年招生景观相关本科专业的普通院校和城市统计表　　表 2–5

年份	1978	1979	1980	1981	1982	1983	1984	1985	1986	1987	1988	1989	1990	1991
高校数量	1	2	4	5	4	4	5	8	16	19	21	21	21	20
城市数量	1	1	3	4	3	3	4	6	12	13	14	15	15	14
年份	1992	1993	1994	1995	1996	1997	1998	1999	2000	2001	2002	2003	2004	2005
高校数量	19	21	27	26	30	33	36	40	44	49	54	67	81	93
城市数量	14	16	20	20	23	26	28	34	37	39	43	53	61	69
年份	2006	2007	2008											
高校数量	109	123	137											
城市数量	81	89	97											

注：主要数据详见参考文献 ④。

① 中华人民共和国国家教育委员会高等教育司．中国普通高等学校本科专业设置大全 [M]. 上海：华东师范大学出版社，1994：1-387.
② 中华人民共和国教育部高等教育司．中国普通高等学校本科专业设置大全（2005 年版）[M]. 北京：高等教育出版社，2006：1-739.
③ 林广思．中国风景园林学科和专业设置的研究 [D]. 北京：北京林业大学，2007：66.
④ 林广思．中国风景园林学科和专业设置的研究 [D]. 北京：北京林业大学，2007：57.

的专业增长点。而新专业目录在1999年实施后，并没有对景观学科院校的整体发展趋势产生很大影响，前后过渡出乎意料的流畅，这种状态一直持续到2003年。从2003年开始，受到博士、硕士学位授权一级学科点的单位可以自主设置二级学科政策的影响，景观专业开始出现“井喷式”的发展状态，其扩张速度和规模都是空前的。这些数据成为我们划分景观学科和专业发展阶段的重要依据。

用来衡量景观教育学科院校变化的是专业院校单位量，即高校数量和城市数量的比值。这个数值的变化可以提供研究开设景观专业院校在不同时期里面变化的关系，而且能够更加细微地反映出一些信息。1978年以前景观本科专业院校的单位量一直没有很大的变化，说明在国家城市景观绿化投资政策的导向下，国家对景观教育规模的严格控制。从1980年后单位量略有波动，总体处于相对平稳状态。尽管这一时期景观教育发展历经波折，但整体上景观本科专业院校单位量还是相对稳定，这表明改革开放以来，我国的景观教育基本发展趋于稳定，逐渐走上正轨。1993年后国内景观专业的普通院校增长速度逐渐加快。这一发展轨迹与国家经济建设的发展相一致。从中不难发现，随着中国经济的不断发展，景观学科的运用前景也愈发明显。2003至2008年期间，景观高校的数量翻了一倍，城市数量和高校数量的增加速度基本一致，这表明景观本科专业院校数量的增长是伴随着城市化的进程来完成的。

2.2.2 院系命名的复杂性

景观学科在不同时期受国家政策及行业导向的影响明显，表现出学科名称的复杂性，这一特点在各高校的院系名称上也得以体现。“景观”一词广泛出现在各院系名称中，已经得到学界的初步认同。在院系建制方面，将近半数的国内院校把景观学科单独划分为一个院系。由于各院系的学科渊源及对专业特色的强调，彼此之间的名称难以统一。

由于景观学科在特定的历史条件下缺乏在植物、设计、生态、环境领域的统一协作，加上各院校对学科发展方向的定位取向未达成共识，多年来不断陷入各类名称争议等表象方面。这些业内的争论不仅扰乱了社会对学科的认知，也必然产生了一些消极影响。其实，设计、植物、美学、生态等要素缺一不可，也是国际“Landscape Architecture”学科在不同发展阶段所侧重的实践领域，各景观学科群之间是相辅相成的共生关系，应当协同发展。这同时也反映出景观学科、行业的综合性特点，在农学、工学、理学、文学和管理学等学科中都能够找到相应的专业支撑，与建筑、规划、艺术、生态、环境保护等领域都具有良好的互补性。鉴于目前高校普遍向综合性大学方向发展的趋势，景观学科不再专属于建筑和农林院系，之前建筑院校与农林院校的分类已不再适用，应当根据其所在院系的类型作为划分依据。通常情况下院系名称与所设专业名称一致，但也会随着社会需要及专业名称变化而发生改变，例如，同济大学开设了景观学专业系的名称也随之从风景科学与旅游改名为景观学系；华南农业大学设立城市规划专业，其风景园林系就相应改名成风景园林与城市规划系。由此可见，院系名称并非完全等同于学科专业名称。

师范类院校、艺术院校以及生物院系正在发展为开设景观专业的新领域，景观学科与生物学科相结合可以在发展植物培育和生物遗传方面取得突破，从而弥补农林院校在微观研究领域的缺失。而随着艺术设计教育的广泛开展，艺术设计人才也逐渐在景观造型、视觉创意及空间想象力方面发挥特长，为景观学科注入了新的活力。因此，根据景观学科的相关性，本书将院系名称划为五类：一类为景观学科类，其学科内涵相对一致，主要与国际“Landscape Architecture”学科相对应，并以之作为院系的英文名；二类为与景观学科相似或相近的学科类，但自成体系，其学科内涵部分与景观学科相重合；三类为与景观学科未来发展方向存在较大相关性的其他学科类；四类为未包含进前三类的农林学科类；五类为难以归纳的其他类。这五类的院系名称以“某某集”以示区分（表 2-6）。

2008 年全国景观学科与专业院系分类表　　表 2-6

<table>
<tr><th colspan="3">学院</th><th colspan="3">学系</th></tr>
<tr><th>类型</th><th>子项</th><th>名称</th><th>类型</th><th>子项</th><th>名称</th></tr>
<tr><td rowspan="3">一类（7）</td><td>风景园林类（1）</td><td>风景园林类（1）</td><td rowspan="3">一类（48）</td><td>风景园林类（4）</td><td>风景园林（4）</td></tr>
<tr><td>园林类（5）</td><td>园林（5）</td><td>园林类（39）</td><td>园林（35）、园林科学与工程（1）、园林规划设计（1）、园林工程（2）</td></tr>
<tr><td>景观类（1）</td><td>景观设计学（1）</td><td>景观类（5）</td><td>景观学（4）、景观建筑学（1）</td></tr>
<tr><td rowspan="3">二类（8）</td><td>风景园林集（0）</td><td>—</td><td rowspan="3">二类（17）</td><td>风景园林集（1）</td><td>风景园林与城市规划（1）</td></tr>
<tr><td>园林集（8）</td><td>园林园艺（1）、园林与艺术（1）、园林与旅游（1）、园艺园林（3）、林学与园林（1）、农业与园林（1）</td><td>园林集（14）</td><td>园林与规划（1）、园林园艺（2）、城市园林与园艺（1）、观赏园林与园艺（1）、园艺园林（3）、园艺园林技术（1）、环境工程与园林（1）、观赏园艺（4）</td></tr>
<tr><td>景观集（0）</td><td>—</td><td>景观集（2）</td><td>城市规划与景观设计（1）、花卉与景观（1）</td></tr>
<tr><td rowspan="2">三类（66）</td><td>园艺集（13）</td><td>园林（9）、园艺林学（1）、林学园艺（2）、园艺科学与工程（1）</td><td rowspan="2">三类（44）</td><td>园艺集（10）</td><td>园艺环境工程（1）、园艺（8）、园艺工程（1）</td></tr>
<tr><td>人文与艺术集（5）</td><td>环境艺术（1）、环境艺术设计（1）、艺术（1）、人文艺术（1）、美术（1）</td><td>人文与艺术集（3）</td><td>人文与艺术（1）、艺术设计（1）、环境艺术设计（1）</td></tr>
</table>

续表

学院			学系		
类型	子项	名称	类型	子项	名称
三类（66）	土木建筑与城市集（19）	土木工程（1）、建筑（9）、建筑与环境（1）、建筑城规（1）、建筑与城规（1）、建筑与城市规划（3）、城市建设与管理（1）、城乡资源与规划（1）、城市科学（1）	三类（44）	土木建筑与城市集（16）	建筑（1）、建筑学（3）、地下工程（1）、桥梁工程（1）、土木与建筑工程（1）、规划与建筑（1）、城市规划（6）、城市建设（1）、环境工程（1）
	地理环境与资源集（3）	地理与生物科学（1）、地球科学（1）、资源与环境管理（1）		地理环境与资源集（2）	资源与环境（2）
	生物与生命科学集（25）	植物科技（1）、植物科学技术（1）、生物工程（1）、英东生物工程（1）、生物科学技术（1）、生物科学与技术（2）、生物与环境工程（1）、生命科学与资源环境（1）、生命科学与农业（1）、生命科学（10）、生命科学与工程（1）、生命科学与技术（1）、生命科学与化学（1）、化学与生命科学（1）、华南植物园（1）		生物与生命科学集（13）	化学生物（1）、生命科学（3）、生命科学与工程（1）、生物（4）、生物工程（1）、生物科学与技术（1）、生物学（1）、生物科学（1）
四类（27）	林学集（13）	林（12）、林学（1）	四类（7）	林学集（3）	林学（2）、林业研究所（1）
	农学集（14）	农（9）、农牧（2）、农业与生物（1）、农学与生物技术（1）、农业与生物技术（1）		农学集（4）	农工（1）、农学（1）、农业科学与工程（1）、农艺（1）
五类（7）	其他集（7）	旅游管理（1）、城乡经济（1）、职业技术（1）、职业技术师范（1）、科学技术师范（1）、理工分院（1）、都江堰分校（1）	五类（0）	其他集（0）	—

注：含所有已获学科点院系：学院是115个，学系是116个，没有设置学院的高校（独立学院、研究院）为35个，没有设置学系的学院或高校（独立学院、研究院）为45个；栏目中的名称已省略“学院”或“学系”两字。主要数据详见参考文献[①]，有改动。

2.2.3 学科设置的多样化

由于景观学科与其他相关学科的内涵界限不明晰，各学科名称没有统一规范，从而在学科设置上呈现出多样化的特点。有些学科名称未能清晰地反映出学科的内涵特征，只是依据院系拥有的一级学科的特点，设置比较随意，比如园艺学下设置称为园艺环境工程，土木工程下设置称为景观工程，建筑学下设置称为景观建筑学等。通常一个成熟的二级学科还必须设置若干稳定的研究子方向，研究方向与课题相关，避免划分过细。目前景观学科设置上还存在着重生物轻生态、重遗传轻育种、重工程实

① 林广思．中国风景园林学科和专业设置的研究 [D]. 北京：北京林业大学，2007：61.

务，轻理论研究等问题，导致景观学科技术性强而学科性弱，始终没有建立起显著的二级学科特征差异。1997 年教育部撤销风景园林专业，将其并入城市规划专业成为一个专业子方向，造成风景园林规划与设计方向的研究生培养空间近十年来受到了极大挤压。1998 年风景园林规划与设计学科硕士点与城市规划学科硕士点的比例是 1 ：2，同一时期有 5 所风景园林规划与设计院校和 11 所城规院校硕士点。到 2008 年这一比例扩大为 1 ：4，在教育部公布的 42 所城市规划与设计专业硕士点的高校中，开设风景园林规划与设计学科方向的只有 10 所。同时，风景园林规划与设计作为城市规划与设计二级学科的一个部分长期缺乏对学科内涵及外延的研究，研究内容难以细化，难以在城市文化遗产的保护与再生、国土资源的优化整合和构建和谐开放生态系统等方面进行更深层次的研究，使得城市建设中出现地域特色淡化甚至丧失的现象。另一反面，风景园林规划与设计专业并入城市规划专业也未能获得国内建筑高校的认同。同济大学、清华大学、东南大学等建筑院校都自主设立了相关的二级学科，天津大学在自主设立的建筑环境艺术二级学科，以及城市规划与设计和建筑设计及理论两个二级学科都设置有景观学科方向，且多数学科名称没有反映出与学科内涵的关联性。此外，国内的还有许多高校在观赏园艺与园林植物学科下设置了风景园林规划与设计方向。1998 年前只有 6 所的观赏园艺与园林植物硕士点的院校，2008 年预计将达到 47 所，规模逐步扩大。

总体而言，2008 年我国学科目录所规定景观学科可大致分为六类：第一类为文学门类艺术学一级学科下的设计艺术学（050404），共有 119 个学科硕士点，主要涵盖其中的环境艺术设计方向和景观设计方向；第二类为理学门类地理学一级学科下的地图学与地理信息系统（070503）和景观设计学（070524），生态学一级学科下的生态学（0713Z1）、景观生态学（0713Z2）4 个学科，共有 231 个学科硕士点；第三类为工学门类建筑学一级学科下的城市规划与设计（含：风景园林规划与设计）（081303），土木工程一级学科下的景观工程（081421）、工程环境与景观（0814Z1），水利工程一级学科下的生态水利与景观艺术（0815Z2）4 个学科，共有 13 个学科硕士点；第四类为农学门类园艺学一级学科下的果树学（090201）、蔬菜学（090202）、茶学（090203）、观赏园艺学（090220）、花卉学（090222）、花卉与景观园艺（0902Z1）、景观园艺学（0902Z2），农业资源利用一级学科下的生态景观恢复与设计（0903Z2），林学一级学科下的园林植物与观赏园艺（090706）、草学一级学科下的草地景观植物与绿地规划（0909Z1）10 个学科，共有 134 个学科硕士点；第五类为管理学门类工商管理一级学科下的旅游管理（120203），共有 446 个学科硕士点；第六类为风景园林专业硕士（095300），有 18 个学科硕士点（表 2-7）。

2008 年全国景观相关二级学科分类及数量统计表　　表 2-7

类型	学科硕士点
一类（119）	设计艺术学（119）
二类（231）	地图学与地理信息系统（78）、景观设计学 *（1）、生态学（151）、景观生态学 *（1）
三类（13）	城市规划与设计（含：风景园林规划与设计）（10）、景观工程 *（1）、工程环境与景观 *（1）、生态水利与景观艺术 *（1）
四类（134）	果树学（39）、蔬菜学（36）、茶学（16）、观赏园艺学 *（3）、花卉学 *（1）、花卉与景观园艺 *（1）、景观园艺学 *（3）、生态景观恢复与设计 *（1）、园林植物与观赏园艺（33）、草地景观植物与绿地规划 *（1）
五类（148）	旅游管理（148）
六类（18）	风景园林硕士（18）

注：统计已包括中国林业科学院园林植物与观赏园艺硕士点，但不包括一直没有招生的山东农业大学的园艺环境工程硕士点和华中农业大学的景观园艺学硕士点。主要数据详见参考文献[①]，有改动。

2.2.4　专业名称变更频繁

我国学科和专业名称通常随着国家教育政策导向、就业市场环境变化甚至院校学科带头人的影响而发生改变。正因如此，我国景观学科几经动荡，而相应的专业名称也变更频繁，这些变化集中在三个主要的历史时期。1960 年前后的“大跃进”时期为第一阶段，所采用的专业名称有“园林绿化”“城市及居民区绿化”等。第二阶段为 1986 年前后修订专业目录时期，先后使用过“园林”“观赏园艺”等。第三阶段为 2002 年国家允许自主设置二级学科之后，出现的“景观建筑学”“景观设计学”等（表 2-8）。从历史发展来看，各专业之间几乎没有寻求统一的强烈意愿，而部分学者认为学科名称翻译差异的解释也不甚确切。

2008 年全国景观相关本科专业分类及数量统计表　　表 2-8

类型	本科专业点
一类（696）	艺术设计（696）
二类（328）	资源环境与城乡规划管理（157）、地理信息系统（135）、生态学（36）
三类（876）	建筑学（241）、城市规划（159）、景观建筑设计（16）、景观学（19）、风景园林（18）、土木工程（423）
四类（271）	园艺（98）、园林（150）、森林资源保护与游憩（14）、野生动物与自然保护区管理（9）
五类（446）	旅游管理（446）

注：同济大学的旅游管理专业（1996 ~ 2005 年）和园林专业（2004 ~ 2005 年）在 2006 年已经停止招生。主要数据详见参考文献[①]，有改动。

在数量方面，目前全国共设置了 2617 个相关景观本科专业点。与全国本科专业相比较，景观类本科专业在数量上所占的比例在十年的时间里有了大幅度的提升。笔者

① 林广思．中国风景园林学科和专业设置的研究 [D]. 北京：北京林业大学，2007：61.

还对近几年来一些近似本科专业设置点的数量进行了调查，2000 ~ 2008 年，景观学科本科专业的年平均增长率约为 18.7%，其他相关专业为：艺术设计约 13.2%，城市规划约 12.4%，园艺约 8.8%，建筑学约 7.9%，土木工程约 6.8%，森林资源保护与游憩约 12.2%，资源环境与城乡规划管理约 20%，旅游管理约 12.1%，野生动物与自然保护区管理约 9.8% [7]。

2.3　景观艺术设计教育之管窥

2.3.1　艺术设计教育

艺术设计教育是建立在一定的经济基础之上对某一时期社会、经济、文化活动的开展具有影响力的教育活动。艺术设计教育诞生于现代设计行业发达的欧美等国，具有艺术与科学的双重属性，兼有文科和理科教育的特点。由于我们的国情，艺术设计教育基本上是脱胎于美术教育。1956 年我国第一所艺术设计院校——中央工艺美术学院（现清华大学美术学院）创立，改革开放后逐渐从工艺美术教育向艺术设计教育转型。

艺术设计学是一门实用性很强的艺术类综合学科，其内涵是按照科学技术与文化艺术相结合的规律，为人类生活创造物质、精神产品的科学。艺术设计学科是社会行为、经济行为、审美行为的融合，广泛涉及美学、心理学、社会学、传播学、建筑学、工程学等许多领域，既有自然科学特征又有人文学科色彩，是现代教育体系中的一门交叉学科。

艺术设计专业是横跨于艺术与科学之间的综合性专业。原国家教育委员会明确规定艺术设计专业属于文学门类二级学科，在我国历次专业目录中，艺术设计专业一直是文学门类艺术学一级学科下设计艺术学的子学科，2011 年提升为一级学科——设计学。其办学层次涵盖为本科、高职（专科），办学类型包括了具有普通高等学历教育招生资格的普通本科院校、高职院校、分校办学点及独立学院。艺术设计专业课程设置覆盖面较广，能够为受教育者提供广泛的知识结构，有利于人才的全面发展和适应各种不同就业环境。

如果把国家正式设立艺术设计专业开始的 1988 年，作为现代艺术设计教育的起点，我国艺术设计教育发展了二十余年时间。在此期间，艺术设计教育事业得到了空前的发展，已基本形成了学科门类齐全、学科体系合理、具有相当规模的艺术设计教育体系。在最近几年的时间里，国内艺术设计专科院校逐年增多，众多综合类大学普遍开设艺术设计相关课程，艺术设计专业逐渐成为全国美术类艺术专业招生的主流（图 2-1）。

据最新统计表明，截至 2008 年设有艺术设计相关学科的高等院校，包括本科院校、高职高专、独立学院、独立校区及办学点为 1555 所，遍及全国三十一个省市自治区（未统计台、港、澳地区)，呈现出向中心及省会城市密集的趋势(图2-2～图2-5)。其中普通本科高校约763所，其他高职高专、独立学院、分校区、办学点等各种类型院校约685所，开设相关专业(含方向)达7313个。改革开放三十年来中国艺术设计教育规模扩大了1000倍，教育规模为世界之最。

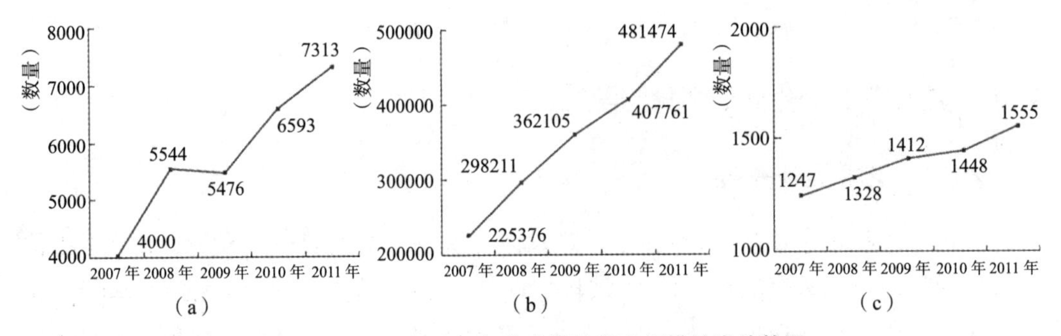

图2-1 2007～2011年艺术设计教育规模扩张趋势图

(a)专业数量;(b)招生数量;(c)院校数量

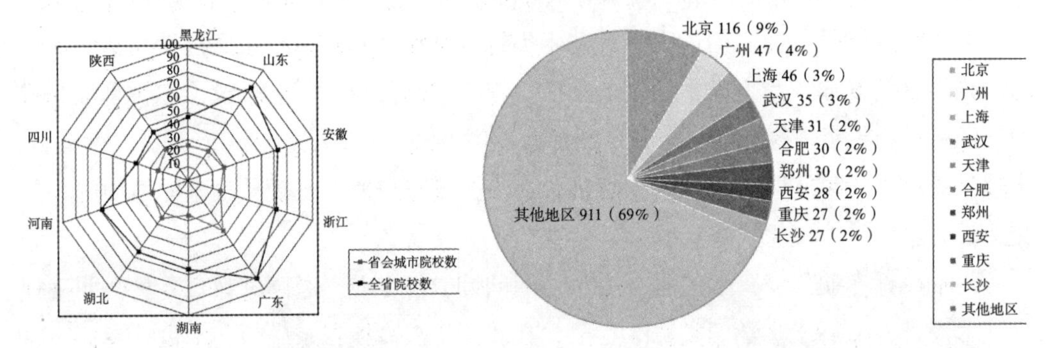

图2-2 2008年10个省会城市艺术设计教育资源密集程度示意图

图2-3 2008年中心城市艺术设计教育资源与全国其他城市的比例分析图

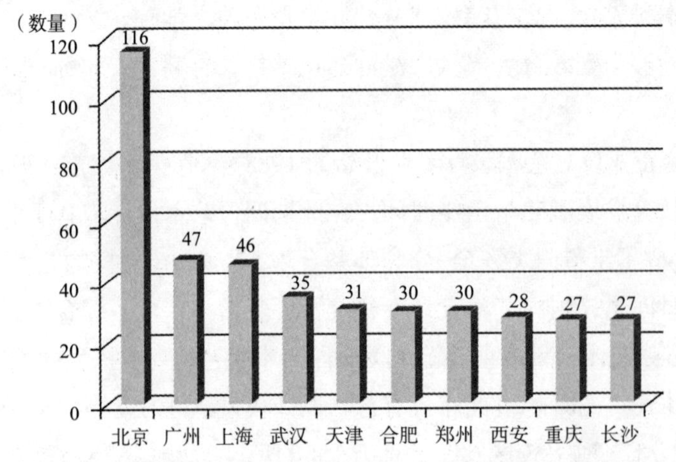

图2-4 全国10个开设艺术设计本科专业院校数量最多的直辖市与省会城市

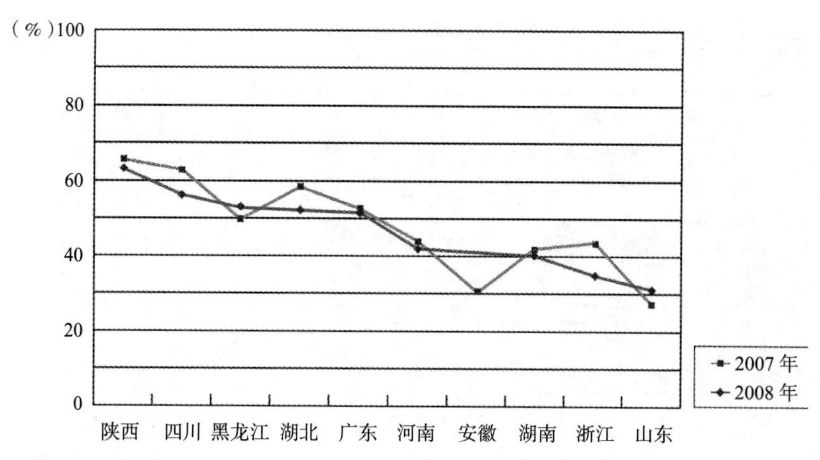

图 2-5　2007~2008 年全国 10 个省会城市艺术设计本科专业密集程度变化图

因此，21 世纪被称为“艺术设计时代”，而景观作为一门科学与艺术结合的交叉专业，与其他艺术形式之间有着必然的联系。丹·凯利（Dan Kiley）、野口勇（Isamu Noguchi）、彼得·沃克（Peter Walker）、玛莎·施瓦茨（Martha Schwartz）等景观设计师从现代艺术中吸取了丰富的形式语言，无论是早期的立体主义、构成派，或是极简主义、波普风，每一种艺术思潮都为景观设计师提供了最直接、最丰富的艺术思想和形式语言，使景观设计在科学与艺术两方面取得平衡。

2.3.2　景观艺术设计

艺术设计专业涉及多种院校类型，在《(2005—2008 年）具有普通高等学历教育招生资格的高等学校名单》中，我国 13 个高校类型中的 10 个类型均有设置[①]（表 2-9）。而在艺术设计专业中，环境艺术设计方向的培养模式与研究领域与景观学科最为接近，在全国各类开设艺术设计专业的高校中，绝大多数院校都在环境艺术设计方向上增设了景观艺术设计子方向。

景观艺术设计是一门创造和谐人类生存环境的综合艺术和科学。景观艺术设计所涉及的学科很广泛，主要有：环境行为学、环境心理学、设计美学等方面。广义上的景观涵盖范围非常大，行为学上的景观是指人类赖以生存的、从事生产和生活的外部客观世界，一般分为自然景观、人工景观和社会景观；从设计角度看，景观主要是指人们在现实生活中所处的各种空间场所。景观艺术设计最大的特点是景观的艺术化和艺术的景观化，是景观与艺术的互动。这种互动用系统论的观点来分析，景观艺术设计是艺术设计大系统中的一个子系统。

① 这 13 个类型分别为：综合、工科、农业、林业、医药、师范、语言、财经、政法、体育、艺术、民族和军事类。截至 2008 年，除了政法、体育、军事 3 类院校，其余 10 类院校均不同程度地设置有艺术设计专业。

2008 年全国各类高等院校艺术设计本科专业相关方向设置情况[①] 表 2-9

高校类型	院系	专业方向
综合	中国人民大学艺术学院艺术设计系	景观建筑设计方向
工科	清华大学美术学院环境艺术设计系	环境艺术设计方向
农业	北京农学院园林学院	城市环境艺术方向
林业	北京林业大学材料科学与技术学院艺术设计系	环境艺术设计方向
医药	大连医科大学艺术学院	视觉传达设计方向
师范	天津师范大学美术与设计学院艺术设计系	环境艺术设计方向
语言	大连外国语学院国际艺术学院	环境艺术设计方向
财经	天津财经大学艺术学院	环境艺术设计方向
艺术	中央美术学院建筑学院	景观设计方向
民族	中央民族大学美术学院环境艺术设计系	环境艺术设计方向

在《具有普通高等学历教育招生资格的高等学校名单（2008 年）》中，我国高校分为四部分，按学科类、办学类型、学校所在地等排列。第一部分是 770 所普通本科院校，第二部分是 318 所经国家批准设立的独立学院，第三部分是 1207 所普通高职院校，第四部分是经国家审定的分校办学点共 85 个。通过对教育部高考信息平台 2008 年高校艺术类专业录取信息的调查（截止日期为 2008 年 6 月 19 日），以及教育部所公布的《教育部批准的高等学校名单、新批准的学校名单（截至 2008 年 6 月 19 日）》、2008 年《具有普通高等学历教育招生资格的高等学校名单》和各高校招生网站联合确认，笔者对全国各地本科院校艺术设计专业景观艺术设计方向的设置情况进行了统计（见附录一）。

结果表明，截至 2008 年全国共有开设艺术设计本科专业的院校 696 所，开设景观艺术设计方向的本科院校 536 所，开设比例超过 77%（表 2-10）。其中本科层次院校 404 所，独立学院 131 所；“211 工程” 高校 62 所，占总量 49%（表 2-11）；“985 工程” 高校 25 所，占总量 53%（表 2-12）；经教育部批准设有研究生院的高校 33 所，占总量 51%（表 2-13）。显而易见，在国家高层次教育平台院校中，艺术设计专业景观艺术设计方向的设置比重是很高的。同时，有多所高校同时设立了环境艺术设计和景观艺术设计两个子方向，如天津城市建设学院、大连工业大学、中国美术学院等。在高职（专科）层面，还有开设艺术设计专业的专科院校 304 所，开设景观艺术设计专业的专科院校 226 所。

开设景观艺术设计方向的院校从类型上可以归纳为以下五类：第一类是工学门类院校，依托建筑学一级学科，开设艺术设计专业景观艺术设计方向的高校，其特点是

① 信息截止日期 2008 年 6 月 19 日，数据来源于 2008 年高校艺术类专业录取信息。

建筑学处于主导地位，例如清华大学、同济大学等；第二类是农学门类院校，结合林学一级学科优势，开设艺术设计专业景观艺术设计方向的高校，如北京林业大学、南京林业大学等；第三类是艺术类院校，依托美术学、设计学一级学科平台，开设艺术设计专业景观艺术设计方向，如鲁迅美术院、天津美术院等；第四类虽然是艺术类院校，但美术学、设计学与建筑学紧密联系，所开设的艺术设计专业景观艺术设计方向往往具有强烈的建筑学特点，如中央美术学院、中国美术学院等；第五类是其他普通高等院校，通过高考招收艺术考生，开办艺术设计专业景观艺术设计方向的高校，如复旦大学、浙江大学等。

2008 年全国开设艺术设计本科专业景观艺术设计方向的院校数量统计表[①]　　**表 2-10**

省市区	北京	天津	河北	山西	内蒙古	辽宁	吉林	黑龙江	上海	江苏
数量	16	13	20	7	4	23	19	24	15	36
省市区	浙江	安徽	福建	江西	山东	河南	湖北	湖南	海南	广东
数量	27	16	13	23	32	35	43	28	4	27
省市区	广西	四川	重庆	贵州	云南	陕西	甘肃	宁夏	青海	新疆
数量	14	22	13	9	16	22	9	2	1	3
省市区	西藏									
数量	0									

注：根据 2008 年高校艺术类专业录取信息整理而成。

2008 年全国 62 所开设艺术设计本科专业景观艺术设计方向的“211 工程”高校　　**表 2-11**

中国人民大学	清华大学	北京交通大学	北京工业大学	北京理工大学
北京林业大学	中央民族大学	南开大学	河北工业大学	太原理工大学
大连理工大学	东北大学	吉林大学	延边大学	东北师范大学
哈尔滨工业大学	东北农业大学	东北林业大学	同济大学	上海交通大学
华东理工大学	东华大学	华东师范大学	上海大学	苏州大学
南京航空航天大学	南京理工大学	中国矿业大学（徐州）	江南大学	南京师范大学
浙江大学	安徽大学	合肥工业大学	厦门大学	福州大学
南昌大学	山东大学威海分校	郑州大学	华中科技大学	中国地质大学（武汉）
武汉理工大学	湖南大学	中南大学	华南理工大学	华南师范大学
广西大学	海南大学	重庆大学	西南大学	四川大学
西南交通大学	四川农业大学	贵州大学	云南大学	西北大学
西安交通大学	长安大学	西北农林科技大学	陕西师范大学	兰州大学
宁夏大学	东南大学			

① 各高校的招生专业数来源于 2008 年招生计划库，不含军事院校和港澳台高校。

2008 年全国 25 所开设艺术设计本科专业景观艺术设计方向的“985 工程”高校　　表 2-12

中国人民大学	清华大学	北京理工大学	中央民族大学	南开大学
大连理工大学	东北大学	吉林大学	哈尔滨工业大学	同济大学
上海交通大学	华东师范大学	浙江大学	厦门大学	山东大学威海分校
华中科技大学	湖南大学	中南大学	华南理工大学	重庆大学
四川大学	西安交通大学	西北农林科技大学	兰州大学	东南大学

2008 年全国 33 所开设艺术设计本科专业景观艺术设计方向的研究生院高校　　表 2-13

中国人民大学	清华大学	北京交通大学	北京理工大学	北京林业大学
南开大学	大连理工大学	东北大学	吉林大学	东北师范大学
哈尔滨工业大学	同济大学	上海交通大学	华东理工大学	华东师范大学
南京大学	南京航空航天大学	南京理工大学	中国矿业大学（徐州）	浙江大学
厦门大学	山东大学威海分校	华中科技大学	中国地质大学（武汉）	湖南大学
中南大学	华南理工大学	重庆大学	四川大学	西南交通大学
西安交通大学	西北农林科技大学	兰州大学		

2.3.3　景观设计课程

全国共有 434 所艺术设计本科专业院系开设景观艺术设计及相关主修课程（表 2-14），开设率达 81%，其中湖北省（38 所）、江苏省（30 所）、山东省（25 所）的开设数量居全国前列。这些省份主要遍布中原及沿海发达地区，这也一定程度上反映出景观设计行业在上述地区的发展情况，同时也是人才供需关系的直观体现。此外未开设景观艺术设计方向，但开设景观艺术设计课程的本科院校有 45 所（表 2-15）。本次纳入统计的各院系经过了严格甄别，主要认定依据为在各院校艺术类高考招生简章中，所公开的专业方向必须明确使用开设有“景观艺术设计方向”信息；若开设类似“景观艺术设计方向”而不以此命名的院校，则考查其培养计划、教学大纲、主干学位课程中是否包含景观艺术设计课程。另外，由于本次统计以考查景观艺术设计教育信息为主，本次考查不包含只开设有“室内设计方向”或只设置“室内设计”课程的院校。

在所有开设景观艺术设计课程的院系中，课程名称并未统一。有的名称较为含糊，如“室外环境设计”；有的则强调与园林学科的关联，称为“园林设计”“园林景观设计”；有的强调区域限定，如“城市景观设计”“小区景观规划设计”；有的仍然保持“环境艺术设计”的笼统及宽泛性。这些名称大多强调与环境的关系，如“环境设计”“园林环境设计”“环境绿化设计”等。目前来看以“景观设计”为课程名称的院系最多，共有 186 所，占 43%。同时，与景观设计有关的课程名称所占的比例也很高（图 2-6）。

虽然艺术设计专业中的“景观设计”与北京大学地理学学科下的“景观设计”无论从学科属性、定义乃至理念上都存有很大差异，但在环境艺术设计领域内，仍有不少高校采用了“景观设计”这一存在争议的专业名词。在所有课程名称的考查当中，未有以“风景园林设计”为课程名称的院系，说明环境艺术设计学界对“风景园林”这一学科名称的认同感还是比较低，比较倾向于使用“景观”或“景观设计”等课程名称。在“景观”“园林”“环境”“绿化”等词语的选择上，既反映出国家经济社会发展及教育体制改革带来的时代烙印，同时又体现出在学科及课程名称的使用上存在很大的随意性，并没有一个完整、清晰的学科范畴，这也使得“景观设计”与“风景园林设计”之间本来只存在于农学、工学、理学学科门类的学科名称争议蔓延到了文学门类。

2008 年全国艺术设计本科专业中开设景观艺术设计主修课程的高校数量统计表　　表 2–14

省市区	北京	天津	河北	山西	内蒙古	辽宁	吉林	黑龙江	上海	江苏
数量	13	12	15	5	2	18	15	18	11	30
省市区	浙江	安徽	福建	江西	山东	河南	湖北	湖南	海南	广东
数量	21	14	11	19	25	25	38	19	4	22
省市区	广西	四川	重庆	贵州	云南	陕西	甘肃	宁夏	青海	新疆
数量	14	20	12	8	12	19	7	2	1	2
省市区	西藏									
数量	0									

注：根据 2008 年高校艺术类专业录取信息整理而成。

2008 年全国 45 所艺术设计本科专业（非环艺方向）中开设景观艺术设计主修课程的院系　表 2–15

北京师范大学	天津大学	华北电力大学（保定）	山西大学	晋中学院
运城学院	山西大同大学	沈阳工业大学	辽宁科技大学	渤海大学文理学院
大连交通大学	徐州师范大学	盐城师范学院	阜阳师范学院	安庆师范学院
淮北师范大学	湛江师范学院	广东商学院	河池学院	玉林师范学院
西南科技大学	内江师范学院	凯里学院	西安石油大学	渭南师范学院
西安外国语大学	内蒙古师范大学	内蒙古师范大学鸿德学院	北京交通大学海滨学院	沈阳建筑大学城市建设学院
广州大学华软软件学院	广西大学行健文理学院	桂林电子科技大学信息科技学院	南昌航空大学科技学院	山西农业大学信息学院
安阳工学院	河北大学工商学院	华北电力大学科技学院	吉首大学张家界学院	湖南文理学院芙蓉学院
湖南理工学院南湖学院	集美大学诚毅学院	莆田学院	四川外语学院重庆南方翻译学院	西安外事学院

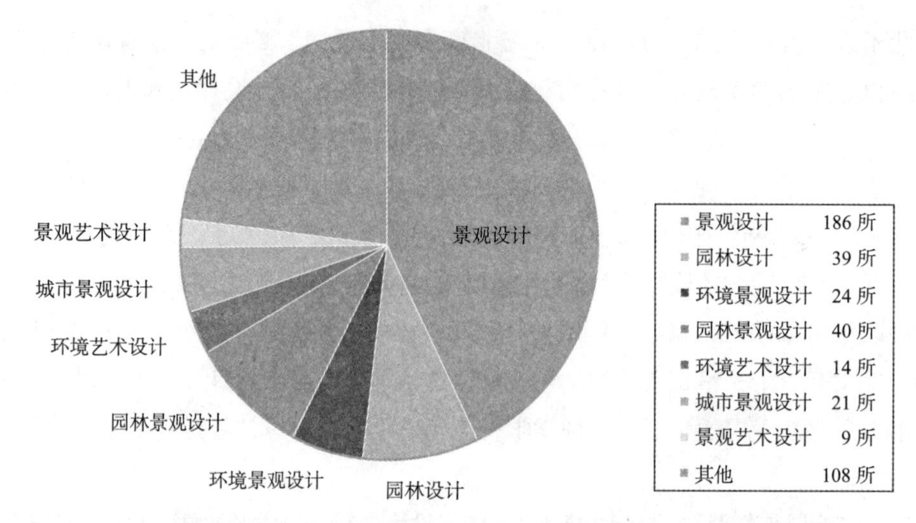

图 2-6　2008 年全国艺术设计本科专业景观艺术设计课程命名情况分析图

2.3.4　主要院系评介

在众多艺术设计专业院校中，中国人民大学艺术学院艺术设计系把景观艺术设计作为四个专业方向之一，设有景观建筑工作室，主要课程涵盖了艺术设计、建筑学和园林等方面的内容。北京工业大学艺术设计学院环境艺术设计系开设景观艺术设计方向，主要课程具有强调实用性的倾向。此外，北京交通大学建筑与艺术系设有城市规划与景观教研室，北京师范大学艺术与传媒学院美术与设计系虽然没有明确的景观设计或环境艺术设计方向，但是开设有景观设计专业课程。

中央美术学院建筑学院景观设计专业成立于 2004 年，学制为 5 年制。该专业侧重于城市景观设计和生态环境规划，包括城市范围内的自然、人工和建筑环境，经过探索，逐步形成理论类、设计类、技术类、社会实践类的主题课程结构体系。理论类和技术类课程提供了科学理性的思维方法，拓展了学生的景观设计语言，而社会实践类课程包括结构、构造和材料等方面，有助于提高设计者的社会责任感。景观设计专业以设计课程为主线，通过连续的、系统的教学安排贯穿本科四年，其中，一、二学年为基础教学，主要加强建筑基础理论知识、技术知识和空间设计能力，三年级开始进入专业课程学习。理论课程包括西方近现代景观设计、景观设计的原理等五门课程。其他主要课程还包括设计表达类，如手绘表现、计算机表现；社会实践类，如古建测绘、设计现场、施工现场实习；技术类，如施工图设计编制、植物认知与造景设计；其他相关课程类包括景观设计风格与流派、当代建筑思潮与艺术、环境心理学等。

2008 年中国美术学院共计招收本科艺术设计专业（环境艺术设计、景观设计、建筑与环境艺术设计方向）135 人，分别在中国美术学院建筑艺术学院环境艺术设计系、景观设计系和上海设计学院建筑与环境艺术设计系进行 4 年的专业学习。中国美术学院艺术设计专业分设了多个方向招生。据《中国美术学院 2008 年本科招生各专业（类）招生计划表、考试科目、时间一览表》中，国美杭州南山校区和象山校区的艺术设计专业方向分为平面设计、染织设计、多媒体网页设计、环境艺术设计和景观设计等 11 个方向，其中设计艺术类还涵括了工业设计等四个方向。上海张江校区艺术设计专业分为建筑与环境艺术设计、多媒体与网页设计、视觉传达设计、数字出版与展示设计 5 个方向。这些专业分散在国美下设的、以设计艺术学院为主的多个学院之中。在中国美术学院艺术设计专业的众多方向之中，环境艺术设计、景观设计、建筑与环境艺术设计方向可以看作是环境艺术设计方向的分化与整合，其学制、培养目标、课程体系和学位授予类别都无太大差别。

2.4　典型景观教育模式比较

2.4.1　基本情况

通常而言，北京大学景观设计学研究院、北京林业大学园林学院、清华大学建筑学院景观学系、同济大学建筑与城市规划学院景观学系被认为是教育水准最高的景观院系，它们体现了农林、建筑和综合性院系的不同特点。从微观层面入手，能够加深我们对国内景观教育情况的认识。

从中英文名称对照来看，这四所院系和学科有所不同。前三所院校都用“Landscape Architecture”，而同济大学使用“Landscape Studies”。这四所学校主要反映出我国景观学科与专业培养模式趋向多样化。在学制上，博士为 3 ~ 4 年，硕士一般是 2 ~ 3 年。在景观学科的研究方向上，如果排除北京林业大学的园林植物与观赏园艺学科方向，则存在规划与设计、工程与技术、历史与理论等方向，但它们之间的差异主要还在名称表述上。每个院系的研究领域也各具特色，例如同济大学设有旅游与游憩规划及景观资源保护利用、生态理论技术与景观环境等，北京大学设有城市规划与设计方向及景观规划与生态基础设施建设，北京林业大学则设有园林建筑研究等，清华大学的资源保护与风景旅游将作为一个主要的研究方向。这些差异可从院系各自的师资构成以及历史发展能够明确解释。从研究生导师和招生人数的数量来看，北京林业大学最多，但从师生比来看，则清华大学遥遥领先，北京大学最少。就具体研究方向上看，同济大学相对严谨，每个研究方向都设有固定的教授岗位。

在定位人才培养的目标上，这四个院系具有分层性的特点，差异明显较大。北京林业大学园林学院在学院的官方网站上，明确了为国家建设行业的发展培养各层次人才的培养目标，这种定位基本和多数院系所在学校的教育定位一致①[87]；北京大学景观

① 北京林业大学园林学院 [EB/OL].[2007-05-15]. http：//yuanlin.bifu.edu.cn/.

设计学研究院明确以培养国际化、综合型设计行业的领袖为目标①；清华大学景观学系的人才培养定位为培养景观规划设计、研究和管理方面的领导型人才[88]；而同济大学景观学系的目标为培养景观环境规划设计方面高级专业人才[89]。

就科研而言，这四个院校也存在很大差异。在研究中心基础建设方面，清华大学景观建筑学学科实力最为雄厚，发展建设较为完善，而北京林业大学的园林植物与观赏园艺学科最强，拥有国家花卉工程技术研究中心等研究实验室。在产学研基地方面，虽然几个院校运营方式不一，但实力其实都非常强大。

2.4.2 培养计划

北京大学、清华大学、北京林业大学、同济大学的景观学科硕士研究生教育，反映出这四所院校在教育定位和学科内涵上的差异。首先，较早开设景观学科硕士研究生教育的是同济大学和北京林业大学，两者的课程体系很类似，虽然结构不够明晰，但都是学位课加专业选修课的模式。北京大学和清华大学的课程体系是经过仔细分类后编制的，如北京大学的专业设计研讨学位课是一系列规划设计及规划设计理论的课程，清华大学的专业必修课程学位课是一系列规划设计课程。此外，清华大学的专业基础理论课程不完全等同于必修的学位课，只限选修课。因此形成了重核心宽基础的培养模式。清华大学课程计划的基本框架是由现任清华大学景观学系系主任、曾任哈佛大学设计研究生院景观系系主任的劳里·欧林（Laurie Olin）教授制定，该校景观学系在执行过程中根据该校实际情况进行局部的调整。专业基础理论课程是按照景观历史、景观技术、自然科学应用和景观规划设计四个板块，每学期的教学中基本都涵盖这四方面内容[88]。北京大学侧重专业设计研讨课程和专业基础课程相结合，两者都为必修课；前者是专业的核心技能课程；后者是学科的基础课程，涉及学科基本理论和学科历史：自然资源、社会生活、文化遗产等方面。北京林业大学和同济大学也存在类似分类，相对而言它们的分解不如前者严谨，如同济大学的景观学、景观旅游规划设计、人类聚居环境学、中西园林比较的学位课程，都是对专业外部的“拼接”而不是从内部分解。

2.4.3 入学考试

入学考试制度反映了一个学校对于某个特定学科培养方向的认识，是高校人才培养机制的准入门槛。北京大学、清华大学、北京林业大学、同济大学等四所院系景观学科研究生入学考试制度，都具有多样性。

① 北京大学景观设计学研究院 [EB/OL].[2007-06-08]. http：//www.gsla.pku.edu.cn/intro/.

首先，从整体上而言北京大学景观设计学研究院一贯体现对生态学基础的重视，博士研究生入学可选考生态学原理，硕士研究生入学需要考生态学基础。此外，该校还在博士和硕士研究生两个阶段的入学考试科目中都十分强调城市设计，这也是这四个院校中的例外。清华大学为另一种办学模式。从景观学科科目的参考书目来看，景观建筑学需要考试建筑历史，基本上筛除了非建筑学本科毕业生。这是因为清华大学研究生院尽量要求以一级学科为研究生入学考试的统一前提，即建筑与理论历史科目是建筑学门下除了建筑技术科学二级学科之外，景观建筑学、城市规划与设计、建筑设计及其理论、建筑历史与理论等四个科目。清华大学还通过选择城市规划设计、建筑设计、景观规划设计三门科目的方式，排挤了其他学科专业背景的考生。同样的情况出现在景观规划设计与理论学科的博士研究生入学考试中。北京林业大学入学考试相对保守，多年实行的城市规划与设计学科的园林建筑设计和园林设计两门考试科目一直没有变更，而且硕士和博士研究生入学考试的科目也是一样的。园林建筑实在不能算作景观学的基础，复试还要考小场地的构思设计，也略嫌重复[9]。同济大学较为强调基本理论与历史，博士研究生和硕士研究生的入学考试都有不同侧重点，博士研究生的入学考试更强调对设计的分析能力方面。

总体而言，从这四所院校的景观学科的入学考试制度来看，中国景观教育界普遍更为重视设计与规划能力。但在景观学科的基础课程上有所偏颇，未能达成共识。换言之，目前我国的景观学科仍旧缺乏被广泛接受的经典基础理论著作和全国适用的基础性课程，这也应是学术界所致力的方向。此外，在一些建筑院系仍强调将一级学科作为宽口径的培养基础，由于景观学科没获得独立一级学科的地位，因此常被要求以建筑学知识为教学基础，这无疑很大程度上制约了景观高层次人才的培养方向，长远来看不利于景观学科的均衡发展。

2.5　小结

本章对我国景观学科与专业的分布与设置情况进行了全面地普查。本次普查从两个方面入手，一方面普查景观院系的规模和分布情况，另一方面研究景观学科和专业的设置现状。通过对前者研究确定了调查的范围，后者深化了对学科内涵的认识，二者是一个不断调整、相互修正的过程。

2008 年全国景观相关专业在专科层面有 12 个、本科层面有 15 个、研究生层次有 21 个，涉及专科层面 4 个大类 5 个二级类、本科层面 5 个一级门类 7 个二级类、研究生层次 5 个学科门类、11 个一级学科、1 个专业硕士学科。通过对基础数据的统计分析，研究认为我国景观教育有三个快速增长时期，具有院系名称复杂、学科设置多样、专业名称变更频繁等特点。

艺术设计教育在我国开展普遍。在艺术设计专业中，环境艺术设计方向的培养模式与研究领域与景观学科最为接近。2008年全国696所艺术设计本科专业院校中，开设景观艺术设计方向的院校536所，开设景观艺术设计课程的院校434所。通过专业和课程设置的调查研究，初步掌握了景观艺术设计教育的规模及发展现状。最后，本章对有代表性的景观教育模式进行了比较。

第3章 1978～2008年我国景观教育发展历程纵览

3.1 景观教育多元化历程的开端（1978～1991年）

3.1.1 中华人民共和国成立后园林教育的沿革

我国有着数千年的园林文化历史，然而却没有直接催生出学科意义上的景观教育（Landscape Architecture Education）。20世纪初，作为我国景观教育的前身——园林教育走过了一条自外而内的现代化探索之路，其间不乏教育理念、学科名称民族性与国际化的矛盾碰撞。

中华人民共和国成立后我国园林教育在社会主义政治体制下迎来了新的历史发展时期，虽然国家经济基础薄弱，但还是十分重视绿化工作的。各省（市）都设有园林局（处）主管工作，在城市环境和公共绿化方面取得了初步进展。各地方政府先后成立了政府直属的园林机构主管城市园林建设。1949年北京市政府成立了公园管理科，随后又相继设立了园林处和园林局；同一时期，随着原国民党上海市工务局园场管理处被收归国有，上海市区的公园基本实现了对外开放；此外天津市政府也成立园林处。至此我国历史上首次出现了一批市政府直属的园林局（处）。1952年国家建筑工程部成立，其下设立了城市建设局负责分管城市规划建设等各项具体工作。为了适应发展的需要，城市园林建设规划工作先后由城市建设部、建筑工程部等多个单位管理①[33]。

限于政治、经济条件，20世纪50年代我国实行了向苏联“一边倒”的方针。在第一个五年计划间（1953～1957年），“社会主义形式，民族内容”成为建设行业最流行的口号，苏联经验成为效仿对象。由此苏联模式一度成为中华人民共和国园林绿化工作的标准，影响到建设领域、学术研究领域以及教育领域等方面，在我国园林现代化进程中起到了一定的积极作用[90-92]。但由于国情不同，我国对苏联经验不久便表现出有限采纳的姿态。1958年2月中华人民共和国成立以来首次城市园林绿化会议在北京召开，会上提出开展全国性植树活动，各地相继制定了各种绿化措施，将全国绿化工作推向了高潮。同年8月中共中央政治局在北戴河举行扩大会议，毛泽东同志作了

① 分别为：城市建设部、建筑工程部、国家建委城市建设局、国家城市建设总局园林绿化局、城乡建设环境保护部市容园林局（后合并为城市建设局）、建设部城市建设司、住房和城乡建设部城市建设司管理。—— 引自：林广思，赵纪军.1949—2009风景园林60年大事记[J].风景园林，2009（04）：14-18.

关于绿化祖国的重要提议。随后，八届六中全会提出实现大地园林化的目标。

这一时期园林教育也得到较快发展，在中国农业大学、浙江大学、复旦大学、沈阳农学院等农学院园艺系中，均开设有本科园林专业及造园学与观赏植物、栽培应用等课程，其中有部分毕业生分配到园林部门工作[93]。工科院校也开始由营造学系讲授部分园林工程知识，高校还有不少海外学者归国任教。在北京市建设局支持下，由北京农业大学汪菊渊先生和清华大学吴良镛先生发起，两校决定于1951年8月合作组建"造园组"，并于1953年培养出我国第一批造园专业毕业生。1956年8月高等教育部将造园专业更名为城市及居民区绿化专业并转属北京林学院，其后该专业更名为园林专业。

经历了"大跃进"、三年自然灾害和"文化大革命"后，使我国的各领域发展愈加失衡。由于园林学具有人文学科和艺术学科的跨学科特点，园林教育成为重灾之重。1964年北京林学院接到林业部指示组织了以园林教育为主题的革命运动，次年7月停办园林专业，但仍保留了大部分园林系的教师。1966年我国的高等院校停止招生，其中园林专业几乎被撤销，大约15年的时间里全国没有高等院校毕业的专业人才。20世纪60~70年代全国大量公园绿地被侵占，各高校园林专业停课，园林学科发展陷入低潮，因此被学者称为"失落的二十年"[94]。

20世纪70年代初我国恢复了联合国合法席位，与美国、日本等国相继建交，国际政治局势趋于缓和。政治大趋势的日趋缓和对我国园林教育事业的发展起到了推动作用，园林部门逐渐开始各项业务工作。1971 ~ 1973年试点保送"工农兵学员上大学"运动全面展开，北京林学院原已取消的园林系得以恢复，至1976年全国共招收园林类工农兵学员约1.3万人。

3.1.2 园林教育复苏的内外因

教育的发展进程不是独立存在的，相反它是经济社会发展的外在表征，审视我国园林教育历程不能忽视政治、经济、社会尤其是城市化发展等外部因素的影响。改革开放前我国城市化的发展处于波动起伏之中，远低于世界同期的平均水平。1949年全国的城市化率为10.7%，1978年城市化率仅为17.92%，中华人民共和国成立后的三十年间平均每年提高0.21个百分点。"大跃进"时期城市数量一度增加较快，"文化大革命"期间又有所回落。1978年党的十一届三中全会通过了将全国的工作重心转移到经济建设上来的重要政策性决定。这一决策结束了1976年10月以来我国社会的徘徊局面，对今后的经济建设影响深远。1978 ~ 2008年的又一个三十年间，我国的城市化进程明显加快，城市化水平由17.92%上升到44.94%，年平均提高0.93个百分点，相当于改革开放前的4.4倍。

1978 ~ 1984 年是我国城市化恢复发展的农村改革推动阶段。以农村家庭联产承包责任制为标志的农业经济体制改革极大地改善了生产关系，徘徊停滞的农业生产力得以释放，为城市化的发展提供了物质支撑。这一改革带来了最为明显的结果是农村劳动力剩余的显性化和农村非农产业产值占农村社会总产值比重的上升。部分农民摆脱了土地的束缚，为乡镇企业的崛起和小城镇的发展繁荣创造了条件。城镇出现了以进城务工的农民为主体的暂住人口，而随着拨乱反正政策的实施，2000 多万知青和下放干部相继返城，与高考全面恢复后由农村进入城市的学生一起加速了城镇人口的快速增长。这些变化使得城市化获得了恢复性发展。

1985 ~ 1991 年是我国城市化平稳发展的城市改革推动阶段。一方面，农村改革实现了农产品总量的供求平衡，城镇人口的基本生活需要得到了满足；另一方面，1984 年开始的城市体制改革推动了市政基础设施建设的快速发展，为城市化提供了内在动力。这一时期我国经济经历了一个加速发展的飞跃时期，国民经济的重大比例关系进一步趋于协调，国家经济实力显著提升，城乡人民生活得到进一步改善。在改革开放的前十年里，我国经济经历了计划经济向市场经济的转型，初步建立起开放的市场经济体系。

十一届三中全会一直被认为是我国当代历史上一个重要的时间节点，它标志着中国对外开放政策的开端、经济体制的全面改革以及各行业在“文化大革命”十年停滞期之后的重新启动。在园林学界首先表现为教育机构及学术团体工作的重新开展、各级管理机构的重新建立和设计单位企业化改革的逐步实施。

在全国进行经济建设的新浪潮背景下，由城市建设总局组织承办的第三次全国性的城市园林绿化工作会议于 1978 年 12 月在山东济南召开。会议中通过了关于园林绿化工作的重要文件，指出园林建设必须服务于社会主义建设，园林形式必须能被人民所接受；园林工作者要努力在继承我国优秀的园林历史文化遗产的同时吸收外国先进经验，将园林事业发扬光大，形成具有中国特色社会主义的园林艺术新形式 [32]。会议上还提出要实现城市的全面绿化，将群众的力量投入到城市建设中去，因地制宜发展适应地域特点的园林建设，提高城市的绿化水平。此后一系列政策措施的出台强化了国家的植树造林与城市绿化工作，全国开展了全民义务植树运动。国家城建总局设有中央绿化委员会办公室城市组，各地也成立城市绿化委员会系统领导全民植树运动等工作。

1978 年 2 月全国教育大会召开后，邓小平对于“文化大革命”中教育界重灾区进行了治理。中外教育、科技和文化交流得以恢复，外国专家学者应邀来华讲学，增加派出留学人员的数量，结束了对外的封闭状态，园林界与外国学术界的交流从此活跃起来。1981 年 9 月，依照中美建交中关于文化交流的相关项目《中美政府五年文化交流协定》,国家城建总局按照指示选派相关领域的专家前往美国进行了学术交流合作[33]。重庆建筑工程学院夏义民教授是最早公派到美国进行学术访问的学者之一，归国后开始从事西方园林建设理论研究与传播工作。同一时期，同济大学金经昌受洪堡基金会邀请，李德华作为同济大学代表团成员，董鉴泓作为中国城市规划专家考察团成员，邓述平作为达姆斯塔得大学的访问学者，先后赴德国访问、考察及学术交流。德国达姆斯塔得工业大学贝歇尔教授、雷子科教授先后来同济讲学。此后我国园林专业人士出国留学和访学渐多，西方现代园林理论逐渐在国内传播和普及。

开明的政治气氛、活跃的学术交流及城市化建设的实际需要推动了专业性园林学会等组织机构的建立。自 1978 年 12 月全国园林绿化工作会议召开以来，我国相继成立了中国建筑学会园林绿化学术委员会、中国园林学会以及风景园林学会。其中风景园林学会于 1992 年 9 月正式加入了中国科学技术协会，又于 2005 年 12 月被国际风景园林师联合会（The International Federation of Landscape Architects，简称:IFLA）接纳。

3.1.3 园林专业的重启与整顿

十一届三中全会后，从中央到省、市、区恢复了各级园林管理机构。1977 年中国恢复高等院校统一考试招生制度，农林院校开始恢复招生。同年，有 40 多所农林、建筑院校开设了园林规划或园林植物系，园林专业得到重新发展。

1978 年北京林学院园林专业恢复本科全国统一招生，1979 年同济大学和上海农学院分别开设了园林绿化专业和园林专业。大多数院校将园林专业设置在林学系，北京林学院将该专业设置在园林系，而武汉城建学院则设在城市建设系。至此园林学科正式扩散，开始了园林学科名称多样性历程[95]。其中最为显著的标志是 1979 年恢复研究生统一招生后，北京林学院的城市园林专业划分成园林植物专门化与园林规划设计专门化两个方向,标志着我国园林学科的正式分化。此后园林专业进行了一系列的整顿，主要包括三个阶段[34, 35]：

1. 教学秩序的恢复和整顿

第一阶段（1979 ~ 1984 年）主要是恢复“文化大革命”期间停滞的教学秩序。其主要内容：一是端正办学思想，彻底肃清“四人帮”在教育战线散布的流毒；二是制定相应的规章制度，按照教育科学的规律办大学、管理大学；三是重点提高师资队伍的素质，恢复补充师资队伍；四是加强基础理论课的教学，同时恢复符合教育规律的长期以来实行的“三段制”教学秩序。

2. 学年学分制改革的实行

第二阶段（1985 ~ 1988 年）是以实行学年学分制教学改革为主要标志。根据专业的培养目标，改变过去同一模式培养人才的做法，力求办出自己的特色，实行导师制、三学期制和选修课制。提出了按系招生、按需要定向培养的“两段制”教学教育改革构想，增强了毕业生对社会的适应性，并于 1989 年在林业经济管理学院进行试点。

3. 课程体系的建设及教学方式的改革

第三阶段（1989 ~ 1991 年）从课程建设入手改革教学方法，创新教学内容。注重各项实践教学环节，提高学生的实际工作能力。具体实施过程分三步：一是编写各实践教学的基本要求和主要课程，并对课程教学大纲进行全面修订；二是在新修订的教学计划中，对开设的必修课进行课程教学评估，找出不足、明确方向；三是把提高教学质量放在首位，制定出相应的课程建设规划，在课程评估的基础上分门别类、按类施策。

3.1.4　从园林学到风景园林学

20 世纪 80 年代以来，改革开放带来的经济快速发展同时促进了旅游观光业急剧升温，风景名胜地的规划设计、保护与管理成为行业、学科与社会各阶层关注的焦点。1982 年国家第一批重点风景名胜区的审定、1985 年《风景名胜区管理暂行条例》的颁布以及风景园林专业的招生，是这一历史进程的反映 [96]。

20 世纪 80 年代城市化的快速发展推动了旅游业的升温，为此国家相应出台了风景名胜区管理暂行条例（1985 年颁布）等相关的政策来规范管理各地的名胜古迹。国家对旅游资源开发的需求促使自然风景名胜区的开发建设和管理保护成为园林学科所关注的焦点，园林专业更名为风景园林专业正是这一历史进程的反映。

风景园林学的理论基础包含在 1988 年汪菊渊先生提出的“传统园林学、城市绿化和大地景物规划”园林学三层次中，是一个多学科共同参与的领域 [98]。1999 年中国风景园林学会把学会章程中园林学科范围“园林学、城市绿化、大地景物规划”修改为“园林、城市绿化、风景名胜和大地景观”。风景园林学明确包括了风景名胜区，适当表达了园林学从传统的园林到近现代园林的发展，与后来的景观设计学所提倡的景观规划也有内涵与外延叠合之处。从传承关系上来看，大地景观规划是由大地园林化理论发展而来的，因此园林学和风景园林学的内涵基本上是一致的。但也有学者认为“风景”在“园林”前缀是多余的，比如陈有民先生认为“园林肯定是有优美的风景”[16]。

从渊源上看“风景园林”这个新词是“风景名胜区”和“古典园林”的合称，首次出现于 1982 年公安部、国家文物局以及国家城市建设总局下发的关于有效保护风景园林游览秩序和文物古迹的通知当中。随后风景园林的词义被拓展为自然审美为主的广义生态境域 [98]。在 20 世纪 80 年代中期城市化缩小了城乡差异，风景名胜区设置的地域超越了城市郊区之后，风景园林的学科定义的意义才被准确界定下来。

1982 ~ 1987 年我国开始第二次修订统一的高等学校专业目录，在同济大学陈从周教授的提议下,《高等学校工科本科专业目录》首次增设了风景园林这一新专业。陈从周教授认为这是与国际上“Landscape Architecture”学科相接轨的。尽管同济大学早在1979年就已经开设了园林绿化专业，但同济大学园林学科的特长在于土地的规划与设计，而不是“绿化”。在众多毕业生的实践中，学生也大多接触风景名胜区的规划与设计，因此提出更名顺理成章。建筑类院校的园林绿化专业更名为风景园林专业，农林院校开设的城市园林专业、园林绿化专业则更名为园林专业[99]。

1984年武汉城市建设学院、1985年同济大学建筑与城市规划学院先后设立风景园林专业并正式招生。1986年国家教育部正式颁布观赏园艺、园林的专业名称，次年教育部颁布了风景园林专业名称，原园林专业正式分为园林、观赏园艺和风景园林3个专业，分属农学、工学两个学科门类。

风景园林学作为独立学科的确立是于1988年出版的《中国大百科全书——建筑·园林·城市规划》出版之后，建筑学、城市规划学和风景园林学共同组成了我国人居环境科学的主体[97]。随着学科建设的逐步完善，教育部正式认可风景园林学作为国际“Landscape Architecture”学科的中译名，这一学科逐渐从农林院校慢慢扩散到各建筑院校。

在这一时期重庆建工学院建筑系（现重庆大学建筑城规学院）、南京工学院建筑系（现东南大学建筑学院）也先后开办了风景园林专业。早期风景园林专业只设立在工科院校，经过多年努力，1988年北京林业大学也开设了风景园林专业，该专业随后进一步扩散到农林类院校。

3.1.5 工艺美术走向艺术设计

作为我国景观教育的重要分支——景观艺术设计教育发端于19世纪60年代的工艺美术教育。在以“图案”命名的专业时期（1860～1956年）共设有图案科、陶瓷科和手工艺科三个专业；1956～1988年又逐步壮大为工艺美术教育，分装潢美术、建筑装饰、陶瓷美术、染织美术、工艺美术史五个专业。随着社会的发展，工艺美术教育发展成目前的艺术设计教育，分成视觉传达、环境艺术、公共艺术等多个子方向。进入21世纪以来，又出现了景观艺术设计等新的专业方向。

20世纪初期我国工艺美术教育领域涌现了一批先驱教育家，他们通过学习欧美或日本的先进教学理念及艺术成就，将国外现代意义上的工艺美术高等教育带到国内，奠定了我国工艺美术学科教育的基础。其中包括：陈之佛先生（1918年留学日本）、庞薰琹先生（1925年留学法国）、雷圭元先生（1929年留学法国）、沈福文先生（1935年留学日本）等。他们在工艺美术萌芽阶段的学科建设以及课程开设等方面做出了巨大贡献。但该时期国内动荡的政治经济状况很大程度上阻碍了工艺美术专业教育的发展，未能形成系统的学科教育体系。

中华人民共和国成立以后，国家先后进行了两次院系调整，并于 1956 年成立了中央美术学院。1958 年全国范围内发起的“大跃进”运动和接踵而来的“文化大革命”导致工艺美术教育刚起步又停滞，为以后的发展留下了隐患。1976 年“文化大革命”结束，工艺美术院校开始恢复各项工作。1977 年全国多所工艺美术系科的院校恢复了全国统一招生考试制度。1978 年党的十一届三中全会召开后，国家提出了“调整、改革、整顿、提高”的八字方针，同时将消费品工业的发展放在经济建设重要地位，使得轻工业获得了较快的发展，工艺美术学科的重要性也日渐显露 [100]。

1982 年全国高等院校工艺美术教学座谈会在北京召开，会上探讨了各专业教学的特点，对全国院校和相关专业产生了重要的影响。以中央工艺美院为先导，逐步形成与传统美术教育不同的工艺美术教育模式。同时很多综合性的院校开始设立工艺美术系，其教学模式和课程设置大多相类似。

虽然还受到社会的种种因素制约，但在新的历史时期，工艺美术教育事业还是出现了蓬勃发展的态势。短短几年内各校招生人数逐年增长，工艺美术教育事业获得了很大发展。20 世纪 80 年代初，我国设计教育的大体格局是：开设工艺美术系或专业的院校共 18 所，其中 6 所美术院校、4 所艺术院校、3 所工科院校、1 所工艺美院及 4 所工艺美校。在校生 1220 人，教师 380 人（表 3-1）。

1982 年全国艺术设计教育规模情况　　**表 3–1**

类别	数量	名称
美术院校	6	浙江美术学院、广州美术学院、鲁迅美术学院、四川美术学院、西安美术学院、天津美术学院
艺术院校	4	南京艺术学院、云南艺术学院、吉林艺术学院、广西艺术学院
工科院校	3	无锡轻工业学院、景德镇陶瓷学院、上海轻工业专科学校
工艺美院	1	中央工业美术学院
工艺美校	4	北京工艺美校、青岛工艺美校、福建工艺美校、苏州工艺美校

注：根据参考文献 ① 整理而成。

随着我国改革开放基本国策的开始实施，国民经济得到了进一步的发展，社会对于物质生产与美的创造相结合的工艺美术专业人才需求日益增加，其中环境艺术、空间艺术专业等领域的复合型人才需求尤为突出。在稳定政治经济环境下，我国经济体制逐渐由社会主义计划经济转向市场经济，同时社会经济发展模式的转型也深刻地影

① 参考中央美术学院许平教授于 2012 年 5 月 23 日在江南大学设计学院“设计教育再设计”学术会议上的报告——“‘主流’文化语境下的世界设计版图”。

响了教育的发展。伴随其发展进程，“设计”的概念开始引入，出现了由传统的工艺美术教育向艺术设计教育的转型。

1974 年在国有汽车产品的外观造型设计过程中出现了工业美术的雏形，此后工业设计学科的建立标志着我国工艺美术教育发展迈入新的发展阶段。1977 年无锡轻工业学院造型设计专业扩建为轻工产品造型设计系，同年中央工艺美术学院设置了工业美术系。1979 年广州美术学院和中央工艺美术学院相继从日本和香港等地引入三大构成相关课程，开始发展包豪斯式的设计基础教育。此时在学科定位的问题上产生了“设计”与“工艺美术”的争论。一些学者认为工艺美术包含了设计，另一些学者认为设计是教育模式的重大改革，而不是对工艺美术的小修小改。

随着改革开放的不断深入，设计的观念开始市场化。在人们生活相对富裕的地区，广告设计、室内设计、装饰设计等行业已经在市场的实践层面上显示了发展的潜力，推动了工艺美术教育的转型[100]。1988 年中央工艺美术学院各系名称做出相应调整，各专业称谓中的“美术”已全部改为“设计”。1995 年无锡轻工业学院荣升为无锡轻工业大学，并且在工业设计系基础上，逐步扩建成为我国第一所设计学院。

从工艺美术教育到艺术设计教育的变化意味着专业领域的巨大变革。在此期间，由于工艺美术教育的发展已经相对成熟，而现代艺术设计只是刚起步，人们习惯于把现代设计当作传统工艺美术的延续，但艺术设计已经得到承认并开始显露出自身的活力。

3.2 景观教育的高速增长时期（1992 ~ 2002 年）

3.2.1 南方谈话带动大发展

改革开放第二个十年间，我国经济改革的突出特点是从国民经济调整发展为建立社会主义市场经济体制。1992 ~ 2003 年是我国城市化加速发展的市场化改革推进阶段，其间虽有短期的通货膨胀和东亚金融危机的影响，但由于国内市场开始更大地发挥资源配置的基础作用，国民经济整体运行状况较为平稳。

1992 年 2 月党的十四大把邓小平同志南方谈话以中央文件的名义向全国传达，确定了建立社会主义市场经济体制改革目标。这一时期城市化进程全面、加速推进，1992 ~ 2003 年间全国城镇人口数量增加到 59379 万人，城市化率由 27.46% 提高到 40.53%，年均提高 1.19 个百分点。根据美国地理学家诺瑟姆（Ray. M. Northam）的“S”形曲线城市化发展规律，我国已经进入了城市化加速发展阶段①。

① 城市化率在 30%以下为初期阶段，城市化速度相对缓慢；城市化率超过 30%时为中期阶段，城市人口快速增加，城市在经济和社会发展中逐渐居于主导地位；城市化率超过 70%时为后期阶段，农村剩余劳动力转移基本完成，城市的发展转变为内生性增长为主。

城市化是利益结构的调整，也是社会结构的剧烈变动。纵观20世纪90年代，我国经济发展的活力和潜能进一步释放，市场发挥资源配置的基础作用逐步增强。在市场机制的作用下，各地兴起了以建立经济开发区、工业园区为标志的城市化建设浪潮。各地城市建设全面展开，市镇建制数量进一步增加。

与此相适应，城市化政策也出现了相应的变化和调整，这一时期国家放松了人口流动管制，促成了“小城镇，大战略”在我国城市化建设中的长期主体地位，城市的综合承载力和吸纳农村人口的能力也得到了提高，同时也反映出既有利益格局的惯性作用和不完全城市化的特点①。

随着上海浦东新区的开发及全国各地大规模兴建经济技术开发区，我国的城市化进程由沿海向内地全面展开。土地使用制度也发生了重大变革，20世纪80年代末实行的土地批租制度的全面展开，为城市基础设施建设开辟了新途径，显示出对于城市发展方式的决定性力量。1993年的国家经济宏观调控对社会经济及房地产业产生颇为重大的影响，但城市建设仍在快速发展中。在市场经济更加开放的舞台上，我国的风景园林教育也进入了一个大规模高速度发展的阶段。

3.2.2 土地与住房制度改革

土地是城市形成的物质基础，城市的快速发展必须以高效的土地使用政策为前提。在计划经济时期，我国实行无期限、无流动性的无偿土地使用制度。改革开放后我国开始了以市场化为导向的城市土地使用制度改革，经过1980～1987年城市土地有偿使用酝酿试点阶段、1987～2001年制度立法和推广阶段，于2002年正式确立了经营性国有土地招标拍卖成为一种市场配置方式。此后，土地作为重要的城市工商业生产要素成为国家宏观经济调控的重要参数。

住房是具有经济和社会双重属性的居民基本生活需求。改革开放前我国实施“统一管理，统一分配，以租养房”的公有制住房实物分配制度。1978年邓小平同志提出了关于住房制度改革问题，1978～1985年是我国福利分房制度改革及相关政策探索阶段。1986～1997年住房制度改革继续调整，提出了提租补贴房改方案。1998～2003年住房商品化政策日臻完善，停止住房实物分配，逐步实行住房分配货币化，肯定房地产快速发展的政策，并且出台了规范相关房地产市场、刺激住房消费的政策。2005～2007年国家开始对房地产市场进行宏观调控政策，从土地政策上控制房地产过热，出台稳定房价政策，并开始重视和加强住房保障建设。

① 中国城市化中的不完全城市化形式主要表现为大量农村劳动力流向城市跨区域就业，但受到户籍身份、经济能力等因素制约未能融入城市社会，成为城市边缘人口抑或回流农村。

早在19世纪和20世纪之交我国房地产业已见端倪。20世纪30年代开始在大城市有较大的发展，1949年后我国在计划经济的条件下房屋实行土地无偿划拨，土地和房屋的财产和所有权概念被淡化。1984年5月国务院提出城市住宅建设商品化试点，房地产市场逐渐形成。1992年邓小平同志南方谈话后，房地产规划和设计开始在市场经济模式下运作，房地产开发进入了高潮。

1991年房地产投资增长速度达117%，1992年房地产开发土地面积增长175%，开发投资比上年增长143.5%。此时房地产开发单位飞速增加，1991年全国有房地产开发公司3700余家，1992年达1.2万余家，1993年仅上半年就新增加6000余家，到年底全国房地产开发公司已达2.86万家。房地产市场带动了建材、装修、苗木、运输和服务产业的同步发展，也使消费群体在房地产激烈的市场竞争中越来越重视住房建设的质量、户型结构、使用功能和舒适程度等方面，住房环境的满意度和人性化成为不可或缺的衡量标准。因此居住环境的风景园林设计成为重要的房地产销售手段，人们对于风景园林的观念也发生了根本变化，景观设计似乎成为普通民众更容易接受和使用的词汇。

土地制度改革和住房政策调整直接催生了20世纪90年代我国房地产市场的繁荣，进而推动了风景园林、城市规划、建筑及室内外环境艺术设计行业的发展，市场对相关专业人才的需求量逐年上升，无疑触发了相关学科人才培养方式的调整及教育规模的持续扩大。

3.2.3 教育规模的迅速扩大

1992年邓小平同志南方谈话标志着我国进入了一个新的发展阶段。1994年4月建设部召开第五次全国城市园林绿化工作会议，对我国改革开放十年来园林绿化建设成果进行了总结，研究部署了在市场经济条件下新阶段的工作安排。1997年2月“97现代风景园林研讨会”在北京召开，会上研讨了当前城市园林绿化的现状和风景园林行业发展趋势。2000年2月中国勘察设计协会园林设计分会等单位召开“首届风景园林规划设计交流会”，会议交流了城市绿化设计、风景区设计、公园设计、居住区设计等多方面内容，拓展了风景园林行业的内涵和外延。

与此同时，各类学术交流、学生竞赛活动逐渐增多，国际往来日益密切。1998年10月在韩国召开了第一届中国、日本、韩国风景园林学术研讨会，是国内外风景园林学界一次重要的国际性学术交流活动，至今大会以三国轮流举办的形式举办了十一次。2000年6月“大学生‘棕榈杯’园林设计竞赛”在广州举办，这次由中国风景园林学会主办的竞赛首次面向全国范围内风景园林专业大学生征稿，产生了热烈反响。

这一时期风景园林专业学科与建筑学、城市规划和艺术设计一起得到了平稳快速的发展[83]。1993年全国普通高校中设立风景园林本科专业的院校年增长率达14%，20世纪80年代建立起4个硕士点和3个博士点，90年代又新增了9个硕士点和3个博士点，反映出我国风景园林教育规模的扩大（表3-2）。

1981～1998年我国风景园林学科发展简表①　　表3-2

<table>
<tr><th>学科门类</th><th>工学</th><th colspan="3">农学</th></tr>
<tr><td>一级学科</td><td>建筑学</td><td colspan="3">林学</td></tr>
<tr><td>二级学科</td><td>城市规划与设计（含：风景园林规划与设计）</td><td colspan="2">园林植物</td><td>园林规划设计②</td></tr>
<tr><td>1981年</td><td>硕士点：天津大学；博士点：清华大学、同济大学</td><td colspan="2">硕士点：北京林业大学</td><td>硕士点：北京林业大学</td></tr>
<tr><td>1984年</td><td>硕士点：重庆建筑大学</td><td colspan="2"></td><td></td></tr>
<tr><td>1986年</td><td></td><td colspan="2">硕士点：华中农业大学；博士点：北京林业大学</td><td></td></tr>
<tr><td>一级学科</td><td>建筑学</td><td colspan="2">林学</td><td>农学</td></tr>
<tr><td>二级学科</td><td>风景园林规划与设计</td><td>园林植物</td><td>风景园林规划与设计</td><td>观赏园艺学③</td></tr>
<tr><td>1990年</td><td>硕士点：同济大学、东南大学、重庆大学</td><td>硕士点：南京林业大学</td><td></td><td>硕士点：南京林业大学</td></tr>
<tr><td>1993年</td><td></td><td></td><td>硕士点：南京林业大学
博士点：北京林业大学</td><td>硕士点：北京林业大学
华中农业大学</td></tr>
<tr><td>一级学科</td><td>建筑学</td><td colspan="3">林学</td></tr>
<tr><td>二级学科</td><td>城市规划与设计（含：风景园林规划与设计）</td><td colspan="3">园林植物与观赏园艺④</td></tr>
<tr><td>1998年</td><td>硕士点：南京大学；一级博士点：天津大学、东南大学</td><td colspan="3">硕士点：浙江大学</td></tr>
</table>

注：根据参考文献⑤整理而成。

以北京林业大学为例，1992年全校在校生2500人，共有1504名本、专科生，114名硕士研究生，及31名博士研究生。共有14个本科专业，14个硕士学科点，7个博士学科点；在成人教育方面有函授生261人。风景园林学科建设取得了可喜的成就，

① 我国从1980年建立学位制度以来，国务院学位委员会共开展了10次学位授权审核，分别于1981年、1984年、1986年、1990年、1993年、1996年、1998年、2000年、2003年、2005年进行，1985年还特批了一次。

② 国务院学位委员会、教育部《授予博士、硕士学位和培养研究生的学科、专业目录》(1983年)。

③ 国务院学位委员会、教育部《授予博士、硕士学位和培养研究生的学科、专业目录》(1990年)。

④ 国务院学位委员会、教育部《授予博士、硕士学位和培养研究生的学科、专业目录》(1997年)。

⑤ 欧百钢，郑国生，贾黎明．对我国风景园林学科建设与发展问题的思考[J]. 中国园林，2006，22（2）：3-8.

随着本科教育发展迅速，专业范围得到进一步拓宽。根据国家的专业目录设置初期学校发展的需要，学校积极地调整本科专业，至2002年已发展到39个本科专业，22个硕士学科点，14个博士学科点。在专业硕士方面，具有林业工程、机械工程两个领域的工程硕士和农业推广林学专业硕士授予权。

改革开放十年来，为了适应社会发展和城市环境建设的需要，根据高等教育改革的要求和对“改老、扶优、增新”的专业建设指导思想，各类风景园林院校不断调整专业结构，重点对部分历史较长但社会适应范围较窄的专业进行改造，并重新修订教学计划，增加了新的教学内容，焕发出新的生机。同时新增了一批社会需求量大、应用性强的新专业，使原来单一的农林行业专业结构，逐步发展为目前的理、工、文、管、商、林、生物、环境、艺术、计算机等专业协调发展的多科性专业结构，在专业建设方面走上了综合性发展的道路。至此，我国风景园林教育形成了包括职业教育、成人教育、本科教育和研究生教育在内的多层次人才培养的学科专业体系。

3.2.4 学科统一性逐步瓦解

在我国市场经济模式初步建立、经济体制改革向纵深发展之际，我国风景园林教育也呈现风起云涌之势，单一的风景园林教育加大了向多元化景观教育转型的步伐。与国家经济改革相适应，20世纪90年代的高等教育体制改革开始进入深化阶段，各项教育改革深深地刻下了市场经济的烙印。

1993年新一版的《普通高等学校本科专业目录》由国家教育委员会印发出版，风景园林专业由工学门类被调整至农学门类环境保护类，可授予农学或工学学士学位。研究生教育层面的风景园林规划与设计二级学科调整为城市规划与设计（含：风景园林规划与设计）专业，园林植物与观赏园艺二级学科合并为园林植物与观赏园艺专业。受此影响，建筑系统院校的风景园林专业先后停办或更名。同济大学的风景园林研究生专业并入城市规划专业，本科则以旅游管理专业的名义招生。1998年国家教委再次修订新的专业目录时撤销了风景园林专业，部分农林院校将风景园林专业合并到园林专业后，开设4年制的培养方案与风景园林专业基本一致的城市规划专业。1999年新的专业目录中将风景园林专业与观赏园艺专业实行合并，统称为园林专业。不少院校在高校扩招中将园林专业由专科上升为本科专业。

关于风景园林专业的撤销，有学者认为这是依据国务院学位委员会提出各学科门类平均减少50%的二级学科及专业数量原则而被裁减的，反映出教育界和学术界对于风景园林学科范畴认识的变化[101]。更有学者认为风景园林专业被撤销的主要原因是由于1986年园林专业一分为三，造成以规划设计为主体的风景园林专业招生规模较小。这一专业调整使得历来以国际“Landscape Architecture”专业作为国内对应专业的风景园林专业在教育界的权威性受到极大冲击，直接导致了世纪之交学科名称争议和教育模式多元化格局的形成。

建筑学界与风景园林专业颇有渊源，早在 1989 年南京工学院（现东南大学）就成立了建筑学专业景园建筑专门化。而风景园林专业由农学门类林学一级学科划入工学门类建筑学一级学科，最早见于 1990 年《授予博士、硕士学位和培养研究生的学科、专业目录》中，将园林规划设计更名为风景园林规划设计。1992 年同济大学的风景园林专业更名为城市规划（景园建筑）专业，同时重庆建工学院（现重庆大学建筑城规学院）、苏州城建环保学院（现科技学院）、南京工学院（现东南大学建筑学院）等建筑院校的建筑系先后停办了风景园林专业，或更名为旅游管理专业。此后景园建筑、风景建筑、景观建筑开设成为绝大多数建筑界人士使用的 Landscape Architecture 的中译名。虽然把其中的“Architecture”译为“建筑”受到诸多风景园林学者的质疑，但景观建筑这一名词还是在学术界广泛使用开来。

2002 年教育部新批准了西南交通大学成立景观建筑设计专业，归口建筑类院系。随后清华大学、东南大学、华南理工大学、重庆大学等四所大学的建筑院系在建筑学一级学科下自行设立的二级学科，均采用景观建筑学名称。风景园林专业被撤销后建筑学教育界 Landscape Architecture 学科名称更替浪潮到来，标志着我国风景园林学科统一性被进一步瓦解了。

3.2.5 艺术设计教育的调整

我国高等教育体系是在计划经济高度集中的体制下形成并逐渐发展起来的，随着改革开放的日益深入已难以适应当时社会发展的需要。20 世纪 90 年代社会主义市场经济发展带动了艺术设计市场的繁荣，市场机制成为资源配置的主要方式。教育系统外部“经济—社会—文化”大环境的变革预示着教育系统内部从机制到体制的重大调整，引导了艺术设计教育的转变[102]。艺术设计教育开始全面渗透并逐渐取代早期的工艺美术教育，进入了专业结构调整时期。

经济的快速发展，人民生活水平的不断提高使艺术设计教育的重要性得到进一步体现，全社会更加关注与国计民生息息相关的艺术设计教育，对市场经济、现代生活与艺术设计教育的相互关联有了更直观的认识。现代艺术设计教育以此契机向人们展示了内容丰富的现代艺术设计，进而推进了其取代传统工艺美术教育的历程。从社会反馈回来的信息又对艺术设计教育的学科定位、学科建设和发展等方面进行了结构性指导，规范其管理体制、办学体制和就业方向的调整，为艺术设计教育实现快速发展起到了积极的促进作用。

1998 年 3 月国家教育委员会正式更名为教育部。在同年制定的《普通高等学校专业目录和专业介绍（1998 年）》中，以往本科层面文学门类艺术类二级目录中的“工艺美术”被“艺术设计”所取代，环境艺术设计等专业被纳入新的艺术设计专业范围，工业设计作为工学机械类的二级目录与艺术设计专业并列。此外，国务院学位委员会决定将招收研究生专业目录中的原“工艺美术学”改为“设计艺术学”。

20 世纪 90 年代末全国高校经历了大规模重组，中央直属的艺术院校逐渐减少，地方政府主管院校则日益增多。美术教育发展势头有所减弱，而与市场紧密相联的艺术设计教育逐步得到社会的认同，美术专业毕业生纷纷转行作设计相关的职业。在 1999 年第九届全国美术作品展览中首次设立了艺术设计展，展出平面设计、建筑造型设计、室内外环境设计、公共艺术设计等作品，说明了新兴的艺术设计专业已经成为社会的共识。

从招生规模来看，艺术设计专业在社会上的认同度已经很高，艺术设计教育处于普及阶段。有关数据显示，2001 年全国 1166 所普通高校中有 400 多所高校开设艺术设计专业。2004 年全国共有 714 多所综合类高等院校，30 多所独立建制的艺术院校开设了艺术设计的相关专业，设计艺术学的硕士授予点也逐年增加。建立较早的视觉传达设计、环境艺术设计等子类方向逐步发展完善。随着社会发展和国民经济建设需求的不断增加，艺术学科与文科、工科等学科的相互交融，一些新的专业方向不断涌现，如景观艺术设计等一些专业方向已在综合大学开始设置。各大高校对艺术设计教育的发展有了清晰的定位，逐渐形成各具特色的教育理念。与此同时，日益频繁的国际交流大大加快了我国现代艺术设计教育的进程，国际合作办学成为潮流。

3.3 景观教育多元化格局的形成（2003 ~ 2008 年）

3.3.1 中国经济逐渐融入全球化

2003 年以后我国城市化建设进入统筹城乡发展阶段。2003 年中央提出大中小城市与小城镇协调发展,并在中共十六届三中全会上提出统筹城乡、区域发展的城市化方针；2007 年又提出形成以大城市为核心的城市群；2008 年《城乡规划法》中已不再有控制大城市规模的规定，争论多年的“大城市优先论”和“小城镇优先论”得到有机协调统一。这是符合我国国情的现实选择，也是深入贯彻科学发展观的题中之意。这一时期以大城市为核心，中小城市和小城镇为依托的城市群得到快速发展，全国形成了长三角、珠三角和京津冀等城市群。

进入 21 世纪以来，国际经济进入了深刻变动的关键时期，经济全球化在给世界发展带来了巨大推动力的同时也带来了新的问题。2001 年 11 月 10 日，世界贸易组织（World Trade Organization，简称：WTO）第四届部长级会议通过表决同意中国成为第

143个正式成员，我国正式加入了世界多极化和经济全球化的总格局。我国入世以来经济发展规则逐步与国际接轨，外向型经济成为推动城市化的重要动力。

随着与世界经济的逐步融合，我国对国际资本产生了巨大的吸引力，使我国成为一块世界范围内的投资热土。一些重大项目开始进行国际招投标，境外景观设计师逐渐占据行业极为重要的一席之地，大量境外事务所景观设计项目的建成以及频繁的国际交流给整个景观行业及景观教育界以巨大的冲击。为拓展中国巨大的设计市场，国际资本加速融入我国市场环境，这些外资企业的管理方式和经营模式对我国行业的影响日益明显。景观行业对规划、设计、施工类专业人才的需求量大幅度上升，进而带动了景观专业教育的高速增长，并对多元化景观教育格局产生了深刻的影响。

加入世贸组织后，我国稳定地占据世界最大经济体之一的国际地位。对内户籍制度的放松、对外开放的经济政策进一步促成了我国城市化进程在全球化背景下展开，国际交流的全面深入、互联网的兴起及普及等多方面的作用使我国正式步入全球化时代。

3.3.2　风景园林专业的重新设立

2002年11月，国务院学位委员会办公室下发《关于做好在博士学位授权一级学科内自主设置学科专业工作的几点意见》，开展高校自主设置二级学科的改革试点。硕士学位授予权审核改为委托部分高校和省级学位委员会自行审核，不再由全国统一评审。这一时期学科开始有了较快发展，2000年增加了15个硕士点和3个博士点；2003年又新增24个硕士点和4个博士点；2005年新增38个硕士点和7个博士点[83]。

由于风景园林规划与设计二级学科在1998年高校专业目录调整中被裁撤，许多高校为弥补这一学科缺失相继开展交叉特色专业、创新专业。目前在建筑学一级学科下设立景观建筑学；在园艺学一级学科内自主设立景观园艺学、观赏园艺学；在地理学一级学科内自主设立景观设计学等学科；本科层面的艺术设计专业也在此背景下开设了景观艺术设计子方向，从而大大拓展了学科外延，学科定位得到了进一步的强化。

正当学术界在工学下风景园林学与景观建筑学之间做学科内涵统一的努力时，地理学下景观设计学又掀起了新的学科正名之争[103, 104]。此后以景观设计作为学科、专业和课程名称的高校日益增多，景观设计一词频繁地出现在学术刊物、网络媒介、出版物和日常用语当中。实际上国家教育主管部门对此的态度也是摇摆不定的，一方面成立了全国高等学校景观学（暂）专业教学指导委员会（筹），显示出发展景观学科的教育指向，另一方面国务院学位委员会又颁布了《风景园林硕士专业学位设置方案》，迈出了恢复风景园林学科的重要一步[105]。

2005年风景园林专业硕士正式设立，但是依然没恢复风景园林学科的科学硕士、博士。2006 年 3 月教育部终于恢复了本科风景园林专业的设置，同年风景园林专业硕士以及首批 25 所不同门类高校院系正式招生。经过不断建设完善与拓展，2008 年风景园林学士、硕士以及博士学位的授权体系已具备相当规模，基本形成层次分明的专业发展系统（表 3-3）。从此风景园林学科进入了发展的新阶段，多元化景观教育格局初步形成。

2000～2005 年我国风景园林学科发展简表　　表 3-3

学科门类	工学	农学
一级学科	建筑学	林学
2000 年	硕士点 4：河北农业大学、大连理工大学、沈阳建筑大学、山东建筑工程学院 一级博士点：重庆大学	硕士点 11：沈阳农业大学、上海交通大学、福建农林大学、莱阳农学院、河南农业大学、中南林学院、西南农业大学、四川农业大学、云南农业大学、西北农林科技大学、新疆农业大学 一级博士点：东北林业大学、南京林业大学
2003 年	硕士点 15：北京工业大学、东北师范大学、东北林业大学、上海交通大学、苏州科技学院、湖南大学、中南大学、深圳大学、四川大学、西南交通大学、西南科技大学、昆明理工大学、西南林学院、西北大学、长安大学 博士点：哈尔滨工业大学 一级博士点：华南理工大学	硕士点 9：河北农业大学、山西农业大学、东北农业大学、安徽农业大学、江西农业大学、山东农业大学、华南农业大学、四川大学、西南林学院 博士点：华中农业大学 一级博士点：中国林科院
2005 年	硕士点 16：中国矿业大学、中国农业大学、天津城市建设学院、吉林建筑工程学院、南京工业大学、南京农业大学、浙江林学院、合肥工业大学、安徽建筑工业学院、山东大学、郑州大学、河南农业大学、武汉理工大学、湖南农业大学、桂林工学院、兰州交通大学 一级硕士点：北京建筑工程学院、浙江大学、厦门大学、昆明理工大学 博士点：华中科技大学 一级博士点：西安建筑科技大学	硕士点 18：北京农学院、东北师范大学、吉林农业大学、北华大学、苏州大学、浙江林学院、南昌大学、江西财经大学、山东建筑工程学院、聊城大学、长江大学、华南热带农业大学、华南师范大学、仲恺农业技术学院、西南交通大学、广西大学、青海大学、中国科学院研究生院 博士点：中国农业大学 一级博士点：内蒙古农业大学、福建农林大学、中南林学院、西北农林科技大学

注：根据参考文献 [①] 整理而成。

3.3.3 景观教育研究机构的初建

《关于做好在博士学位授权一级学科内自主设置学科专业工作的几点意见》出台以来，国内出现了名目繁多的景观学科，就缓解市场人才需求与学科发展而言起到了积极作用，但仍然存在一定负面影响。由于缺乏统一学科名称和研究范畴，容易引发学科间派系及门户之争，也致使教育界出现了水平参差不齐等问题。加之学者个人的学术背景和观点差异及媒体舆论的助推导致社会对景观教育的复杂局面无所适从。

① 欧百钢，郑国生，贾黎明 . 对我国风景园林学科建设与发展问题的思考 [J]. 中国园林，2006，22（2）：3-8.

为了实现我国景观行业及教育的进一步完善和发展，储备及培养更适合于我国现代城市设计和规划事业的高质量专业人才资源，1997 年北京大学成立景观规划设计中心，后于 2003 年 1 月扩建为北京大学景观设计学研究院。自成立之日起，学院就明确提出以解决当前人地矛盾为目的，建立起以景观生态学教育为特色的景观设计学专业。1997 至 2007 年十年间，有近 200 篇专业论文发表于国内外景观主流刊物上，在景观设计学专业学术理论、行业实践以及人才培养等领域都取得了显著成就[38]。2003年4月，北大景观设计学研究院在地理学科下设立风景园林专业硕士学位点和景观设计学理学硕士学位点。经过长期的学科建设和人才积淀，2010 年 10 月北京大学成立了建筑与景观设计学院。

2003 年 10 月 8 日，清华大学举办了建筑学院景观学系成立庆典暨学术会议，会上宣布聘任哈佛大学前任系主任、美国艺术与科学院院士、宾夕法尼亚大学教授劳瑞·欧林（Laurie Olin，1938—）先生为首任系主任和讲席教授。景观学专业是清华大学根据《关于做好博士学位授权一级学科范围内自主设置学科、专业工作的几点意见》（学位 [2002]47 号）文件和《关于做好博士学位授权一级学科范围内自主设置学科、专业备案工作的通知》（学位办 [2002]84 号）文件规定，在具有博士单位授予权的一级学科点内自主设立的二级学科专业，经由国务院学位办批准和备案[17]。同年西南交通大学建筑学院首次增设工学景观建筑设计专业，2006 年 9 月同济大学景观学系首次开始招本科生，标志着我国工学系统下的景观教育迈入了新的历史阶段。

在景观教育蓬勃发展的同时，由学科名称的混乱而引发的争议不可避免。《中国园林》在 2004 年 5 月发表为风景园林学正名的文章后，又于 7 月发表了一期关于风景园林学和景观设计学学科完整性讨论的文章，引发了广泛的社会关注。此后，各高校相继召开会议研究讨论景观设计学与风景园林学、景观设计学课程体系和教学研究等多方面的问题[106]。

2005 年，由全国高等学校景观学（暂）专业教学指导委员会（筹）主办的“景观教育的发展与创新——2005 国际景观教育大会”在北京大学召开，会议讨论了景观学体系的发展与创新等问题。2006 年中国风景园林教育大会在北京林业大学召开，会议对风景园林教育的进一步发展完善进行了总结分析和探讨，为风景园林专业设置的调整做了交流和研究。2008 年中国风景园林学会教育研究分会和同济大学建筑与城市规划学院（筹）共同举办了第三届全国风景园林教育学术年会，讨论了景观设计与风景园林教育的规范性、多样性和职业性。这些会议研究和讨论当前学术界关注的热点问题，取得了积极的成果。

2003 年以来，随着各类景观专业与研究教育机构的相继成立及风景园林学科的恢复设置，我国出现了风景园林学、景观建筑学和景观设计学等学科多元并存的景观教育格局。多学科的教育模式一定程度上满足了全国景观行业对复合型人才的需求，并直接促成了国家劳动和社会保障部新增了景观设计师职业。

3.3.4 景观艺术设计教育的合流

随着经济的迅猛发展和对外交流的不断扩大，我国艺术设计教育出现崭新的面貌。在市场经济条件下，要求设计师以市场为导向满足消费者要求。在进行设计活动时，受到材料、成本、国家法规、行业标准和消费者心理因素等限制，以此作为创作的依据，这是在以前无法想象的复杂问题。中国的设计师和教育工作者努力探求本国特色的艺术设计教育之路,艺术设计完全退出了意识形态斗争的舞台,不断融入市场经济中,开始成为科学与艺术相结合的社会生产活动。

此时的中国艺术设计市场机制逐步完善，以北京、上海、广州等大中城市为代表，形成了较为成熟的艺术设计市场。艺术设计市场发展依赖于城市化发展的整体水平，完全市场化的运作也使得艺术设计行业的发展更具活力。

另一方面，行业领域的不断扩展促进了教育机制的有效整合，艺术设计专业室内设计方向被包含面更广的环境艺术设计方向取代。我国现代意义上的环境艺术设计历时较短，但并不影响其迅速发展完善为一个独立体系。中央工艺美术学院建校时，曾参照国外高等美术院校专业设置的惯例，建立了室内装饰系，为了适应我国社会主义建设事业的发展，曾数易其名为建筑装饰系、工业美术系和室内（环境）设计系。“文化大革命”时期，室内设计专业处于停滞的阶段。1977 年室内设计专业恢复招收本科学生，1978 年开始招收硕士研究生，1988 年更名为环境艺术设计专业，丰富了专业研究领域。环境艺术设计教育从此走上不断完善和发展的道路。

大量受过环境艺术设计教育的学生走向社会，逐步成为中国艺术设计的重要力量。而人才的示范性作用带动了更多的人员投入到环境艺术设计教育中，为其持续健康发展注入新的动力，使环境艺术设计教育步入良性发展的快车道。经过近十余年的建设和发展,环境艺术设计已从侧重于室内设计,走向室内设计和室外环境设计并重的道路,教育体系逐渐完备，创作方法和设计技巧也不断提高。环境艺术设计逐渐从室内空间设计的装饰、家具陈设等方向而伸展到更广阔的天地:建筑景观、庭园小景、小区环境、街道广场环境等。因此,有学者提出“景观艺术设计”的概念,就是这一方向的延伸（丁园，2008；陈六汀，2010）。

在景观教育迅猛发展的 21 世纪，由于学科内涵及执业领域具有普遍的共同点，环境艺术设计教育成为多元化景观教育重要的组成部分，经过近四十年的建设与发展，发展为艺术设计与景观教育相结合的景观艺术设计教育。

3.4　景观教育格局的形成机制

3.4.1　社会经济的转型

生产力是社会发展的根本动力，教育作为社会的现实组成部分其发展也是由生产力状况所决定的。生产力发达教育就繁荣，生产力落后教育就衰退。而且不同的生产力成分对教育发展的作用及影响也不一样，因此生产力成分在很大程度上决定了生产力的性质和特征，进而影响着教育发展变化。

纵览中国景观教育发展历程，其每一特定阶段的发展状况，都不可避免受到生产力成分因素的制约与影响。改革开放三十年来，我国的社会经济发生了翻天覆地的变化。这一变化主要表现在生产力规模显著扩张和经济成分多样化两个方面。可以说，生产力动力机制的发展与演变是导致我国多元化景观教育格局形成的根本原因。

1. 计划机制时期

我国实行公有制为主体的基本经济制度，公有经济在生产力中一直居于主导地位。在计划经济时期，公有经济占绝对的统治地位。20 世纪 50 年代我国园林教育将教育思路和园林创作主流局限于“社会主义内容，民族形式”的框架内，几乎所有的园林作品都围绕着一种原则、一个中心。这种简单化、模式化和统一化的思维定式正是受到高度集中的计划经济管理体制的作用，教育为政治和经济服务，其形式和内容听从于中央的指挥和安排。

2. 市场机制时期

改革开放打破了计划经济的单一模式，为市场经济开拓了发展空间。市场调动了社会力量发展经济的积极性，个人的积极主动性和创造能力得到了最大限度的发挥。这一时期我国城市化经历了一个由改革开放前波动起伏、发展缓慢，到改革开放后速度明显加快，保持持续健康发展的演进过程。各地发展水平的不平衡和资源禀赋的不均衡造成 20 世纪 80 ~ 90 年代的风景园林教育呈非均衡状态，表现出教育发展阶段、教育发展动力和教育发展方式的多样性特征。

3. 外向机制时期

中国加入世贸组织后，在推行经济体制改革的同时，积极吸引外资，使外资经济也迅速发展和壮大起来。外资经济属于市场经济成分，受市场机制的支配。有所不同的是，外资经济是外来成分，同时还受外部因素的影响。这一时期国外 Landscape Architecture 教育思潮对我国风景园林学科造成了较为具体的影响，“Landscape”被普遍理解为“景观”，工学系统下的风景园林学科更名为景观（建筑）学；理学系统下成立了景观设计学；文学系统下发展了景观艺术设计方向，景观教育多元化格局逐渐形成。

改革开放三十年来，景观教育经历了对现代景观学科体系的再认识过程，形成了多学科的思潮流派，呈现出多元生产力动力机制下教育模式的探索历程。

3.4.2 消费观念的转变

改革开放初期（1978～1991年）我国城市居民生活得到明显改善，城市居民生活消费品市场由萧条转向活跃，城市职工工资进入增长时期。随着现代生活服务业迅速发展，国际化生活消费品企业开始入驻我国。市场经济初期（1992～2002年）我国初步建立社会主义市场经济体制，城乡居民温饱问题得到基本解决。居民收入平稳增长，收入来源趋向多渠道、多元化。进入新世纪以来（2003～2008年），“富民”目标日益受到各级政府的重视，城镇居民的就业结构、收入水平、生活方式都进入了一个新阶段[107]。这一时期职工工资快速增长，恩格尔系数从2001年的38.2%下降到2007年的36.3%，带动了城市居民的消费需求层次提高。

随着居民消费总量提高，消费结构日趋多样化，居住消费成为消费支出的重要构成部分（图3-1）。人们对居住环境的追求越来越高，中高级住宅在居住类型中的比重不断提高，各项消费大幅增长。2007年城镇居民家庭人均居住消费支出869元，城镇居民人均住房使用面积扩大到32平方米，33.1%的家庭居住三四居室。居住条件更加舒适，住宅的配套设施得到明显改善（图3-2）。

购房补贴以及个人购房抵押贷款政策伴随着住房制度改革进程相继出台，居民买房的能力得到大幅度提高，人们的居住理念随之发生了巨大的转变。在所有制格局上，由公有住房为主向以私有住房为主转变，在选择住房途径上由单位分房向市场购房转变。在居住环境上从只注重室内向同时也追求室外环境转变，并由生存型住房向发展型、享受型住房转变。在消费观念上，慢慢从储蓄购房向借钱购房转变，这些转变进一步促进了居住商品化的进程。

与此同时，旅游、健身等享受型消费成为城镇居民生活新亮点，政府对城市基础设施的投入也逐年递增（图3-3）。城镇居民在追求物质享受的同时，更加注重身体、精神和文化素养的提高。随着城市基础设施建设的日趋完善，城市居民业余生活日益丰富，将更多的收入用于旅游消费，2007年城镇居民人均旅游消费支出80元，带动了旅游市场的繁荣。

以居住消费和旅游消费为代表的城镇居民消费观念的转变助推了景观行业的持续升温。景观行业的主要职业领域：市政基础设施建设、房地产设计市场和风景名胜区建设规划空前活跃，人与环境的关系成为各界关注的焦点。多学科交叉的景观设计成为行业发展的必然，促使景观教育出现了越来越多的跨学科的特点，由此决定了景观教育必须要同新形势下的人才培养要求相适应，进而加速了景观教育资源的整合。

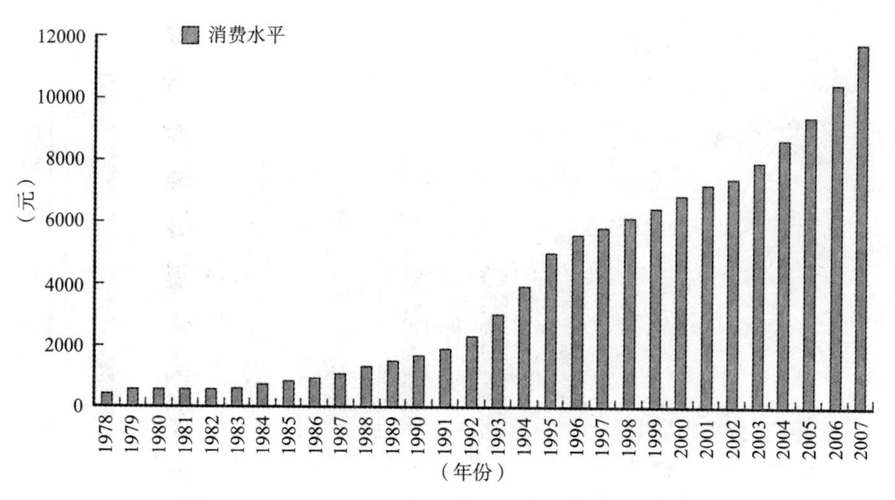

图 3–1　1978 ~ 2007 年中国城市居民消费水平变化图

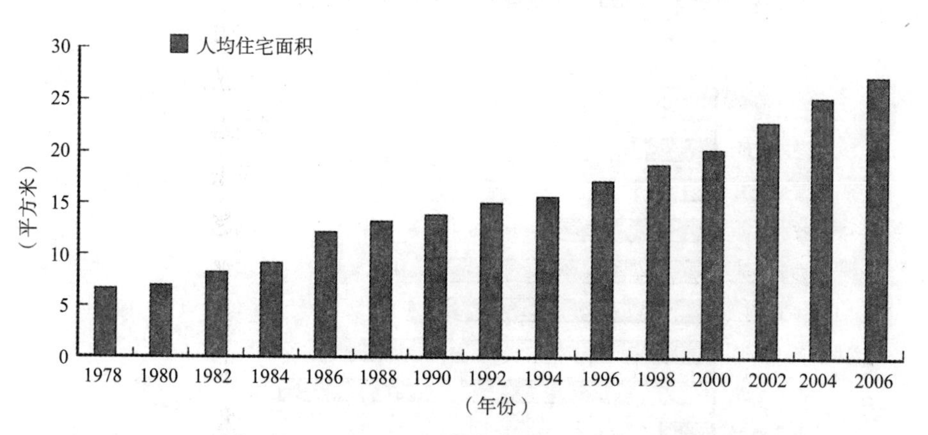

图 3–2　1978 ~ 2006 年城市居民人均住宅面积变化图

图 3–3　1979 ~ 2007 年城市基础设施投资比例变化图

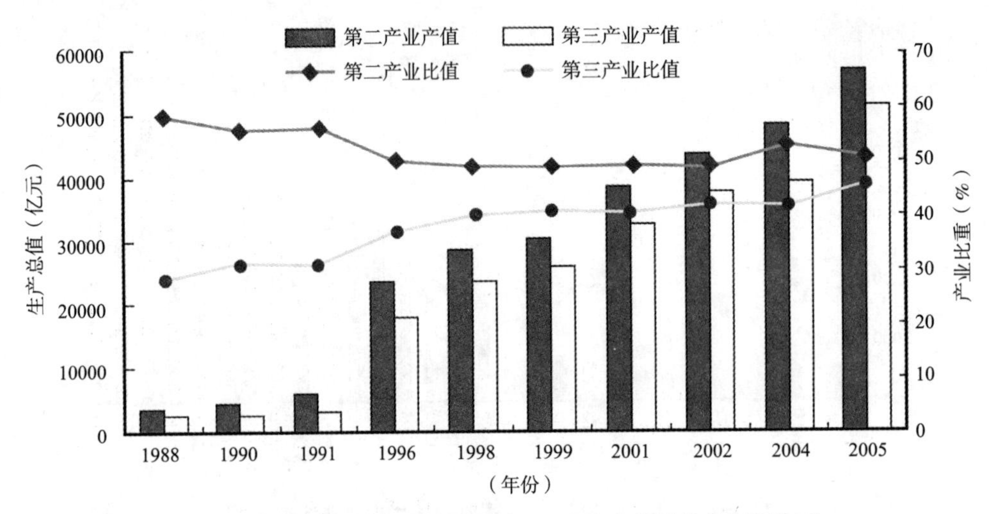

图 3-4　1988～2005 年中国城市 GDP 和产业结构状况变化图

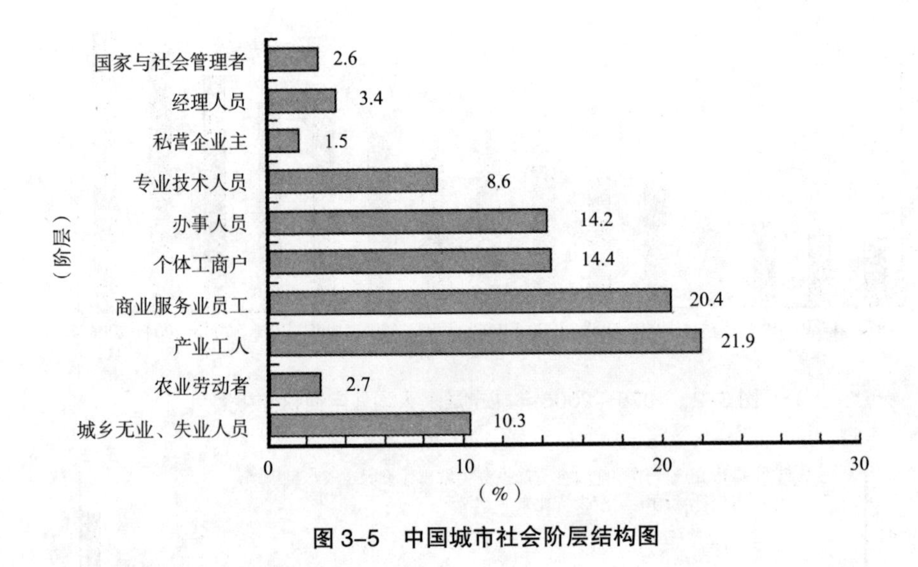

图 3-5　中国城市社会阶层结构图

注：图 3-1～图 3-5 根据参考文献[①]整理而成。

3.4.3　行业发展的影响

在土地制度和住房分配制度改革的双重推动下中国的房地产市场呈现井喷式发展，使城市面貌发生了天翻地覆的变化。以扩大内需为主的经济发展模式使城市基础设施总量显著增加，各种商业地产项目需求显著增加，经济和社会发展多方面的需求使景观行业发展为整个国民经济的重要产业。

---

① 图片来源：牛凤瑞，潘家华，刘治彦 . 中国城市发展 30 年（1978-2008）[M]. 北京：社会科学文献出版社，2009：107，370，101，241.

景观行业的发展首先得益于城市产业结构的不断优化和提升。2005年我国城市第二产业占城市GDP的比重下降为50.4%，而第三产业占城市GDP的比重增长45.8%，城市二、三产业的比重越来越接近（图3-4）。在城市化过程中，生产服务业与生活消费服务业并行发展，房地产业、景观产业、文化创意产业、旅游业和休闲娱乐业等与现代化生产和现代生活相关的一些产业展示出持续发展的势头。随着城市人口的不断增长，以美化城市环境、改善城市生态为目的的市场需求也促进了国内景观行业的迅速扩张。

伴随城市经济快速发展，人民生活得到极大改善，就业方式也趋于多元化。国家经济政策的转变促使社会阶层结构也发生了改变，人们逐渐摆脱了以政治标准为主导的阶层意识。专业技术人员以一种不占有生产资料但具有一定自主性的新阶层适应了社会大生产的分工需求，成为目前国内十大阶层之一（图3-5）。景观行业作为一种专业技术性较强的行业，其发展必然离不开大量专业技术从业人员教育程度的提升。

由于市场经济体制进程加快，景观设计领域不断拓展，出现了专门的技术专项设计公司。包括专业程度较高的景观水体、景观照明、含假山工程、花卉艺术和生态设计等方面。由于实践对象与范围的不断拓展，景观行业开始涉及更广的学科领域，建筑学、城市规划学、植物学、生态学、地理学甚至艺术学都涵盖在内。目前我国景观行业内容包括了国土资源规划、城乡统筹管理、旅游管理及消费心理等诸多庞杂内容，可见景观教育综合型人才培养是景观行业内容多元化的必然结果。

中国加入世贸组织后，巨大的景观市场吸引了大批的专业跨国企业。SWA、EDAW、EDSA、Sasaki、Belt Collins、Atkins、日本设计等相继进入中国市场，带来了国外的行业理念和人才培养要求，并与国内设计企业共享庞大的市场资源。这一切都促使中国景观行业和景观教育多元化的同时更趋国际化。随着景观设计师注册制度的建立，在专业知识和专业技能等方面对景观设计师进行了规范，适应了景观行业对多元化人才的需求。

3.4.4 景观学界的分歧

尽管国内多数风景园林学者都认为，当前我国的风景园林专业与国际通行的Landscape Architecture（简称：L.A.）专业在实质内容上相一致，但这一观点并未得到工学、理学和文学教育系统的支持。因此，理学体系下的景观设计学、工学体系下的景观学以及农工结合的风景园林学等国内主流景观专业在学科名称与范畴上存在着较大分歧，成为我国多元并存景观教育格局形成的主要原因之一。

通过对国内外的学科、专业以及教学课程研究不难发现，许多风景园林学学者主观上并没有将景观（Landscape）的整体定义作为风景园林学的工作内容，因此客观上我国的风景园林学不能完全与美国的L.A.专业等同。刘家麒先生认为“生态系统的景观即景观生态学，是一门生态学和地学的边缘学科，虽然 L.A. 有一部分工作要应用到景观生态学的方法，但到底 L.A. 并不是景观生态学；而地学的景观，才是真正的景观概念；到目前为止，L.A. 学科的业务领域和研究内容还属于风景范畴”[108]。金柏苓先生也认为“园林归根到底是营造风景的艺术”，“人们不会真的用生物多样性、环保或生态的科学标准或科技的先进性来衡量园林”[109]。

国内不少风景园林学者把风景园林实践活动的对象理解为审美活动的对象，将园林学科中的景观理解为审美意义上的人工和自然的地表景色。而非业内人士及社会认知更偏向于风景园林的审美意义，这就使得风景园林学不管从学者的主观愿望上，还是在未来的文化语境下，被理解成以审美为主的活动。

为了还原景观自身具有的地理学意义，景观设计学学者主张在 L.A. 学科中，使用生物多样性、环保或生态科技的先进性或科学标准来衡量景观，而不是它的形式。目前已经有相当一部分学者意识到国际 L.A. 学科的发展早已超出审美的范畴，把土地利用和生态学应用作为核心内容。因此，在已经意识到 L.A. 专业内容超出普遍认同的风景园林学内涵及外延的情况下，是否还要继续用该名称来与 L.A. 相对应成为另一个主要的核心分歧。

我国的景观学科一个解决途径为在保持风景园林学的审美意义和目前专业范围的同时，必须产生一个与 L.A. 相对应的新名词，它将在包含风景园林学内容和含义的基础上，还包含关于生态、美学和行为心理等完整意义，这一愿望目前还难以实现。

3.5 小结

本章通过全面地背景梳理和解读分析，较为完整地回顾了我国改革开放三十年来景观教育发展历程。研究认为，我国景观教育的发展受国家政治运动以及教育体制改革的影响巨大，在每次教育体制改革的背后，都离不开国家经济体制的宏观调控或转型，这也是用来划分景观教育史的重要因素。从改革开放初期开始多元化历程到目前多元并存格局的逐步形成，三十年间我国景观教育发展坎坷，异常复杂。这一历史过程可以概括为三个历史阶段。进入 21 世纪以来，我国“十五”期间设置目录外本科新专业和授权一级学科范围内自主设置二级学科的政策推动了景观学科从农林类院校向建筑类院校扩散，并拓展到地理学、生态学和设计学领域。

纵览改革开放三十年我国景观教育发展历程，其每一发展阶段都不可避免受到当时政治经济形势、体制改革和教育政策等因素的影响。研究认为，社会和经济结构的转型、住房商品化引发的消费观念转变、行业发展的影响和学术界在教育理念上的分歧等因素是我国景观教育多元并存格局形成的主要原因。

第4章　改革开放后我国景观学科的思潮脉络

4.1　景观学科范畴的拓展

4.1.1　Landscape 在 L.A. 学科中含义的演变

Landscape Architecture（简称：L.A.）学科传入我国以来，学术界一直存有争议。在国外，L.A. 学科作为一门与建筑学、城市规划学并行发展的独立的学科始终在不断发展完善，而我国的 L.A. 学科主要以传统园林学为基础，置于农学、工学、理学和文学等学科门类之中，发展缓慢。L.A. 含义和学科范畴模糊已成为不争的事实，仅 L.A. 的译名就有十多种，目前流行的中文名有风景园林学、景观设计学、景观建筑学等。为了方便描述，本书暂且统称为景观学科。我国每一次景观学科名称的变更几乎都意味着一次学科蜕变，这种现象对于其他学科而言是难以想象的。毋庸置疑，我国现代意义上的景观学是在传统园林理景艺术基础上发展而来的，但又有着很大不同。国际上的 L.A. 学科范畴同样也经历了从农业时代向工业时代转变的历程。因此要研究我国的景观教育，景观学科名称及范畴依然是不可回避的基本命题。如果要有效地讨论这个问题，就必须从我国景观学科的起源及其思潮发展历程进行深入地了解。

通常而言，词语的含义是在不同的使用情景下被使用者建构起来的，换言之，从词义建构的角度辨析 Landscape 在 L.A. 学科中的含义以及景观词义在中的文语境中的演变过程，更有利于我们进一步了解它们与我国景观学科的关系，也更有助于加深我们对景观学科范畴拓展过程的理解 [110][111]。

我们注意到一个现象，即无论国内名称如何改变，一些景观学科基本的专业术语，例如 Landscape Architecture、Landscape Planning 或者 Landscape Design 等，都是建立在与英文 Landscape 的联系之上。这说明国内外学界在以 Landscape 指代学科范畴的问题上基本达成共识 [112]。无论是建筑行为（Architecture，或说营建、营造）、规划行为（Planning）还是设计行为（Design），所针对的客体都是 Landscape，因此英文 Landscape 也成为研究景观学科起源的重要词汇。大多数英汉词典中对 Landscape 的释义基本上含有景观、景色或风景的意义，那么为何众多学者坚持使用景观一词，又是从什么时候开始流行使用景观来对应 Landscape 的呢？在英文中含有风光、景色的词语亦有不少，究竟是什么原因促成 Landscape 最终在全世界广泛地运用？

1. Landscape 的词源与词形变化

Landscape 的古英语形式中，大多与古日耳曼语系的同源词义非常接近[113]。其中荷兰语 Landschap 作为 Landscape 的原型已经被国内大部分学者认同（陈晓彤，2004；林广思，2006）。起初 Landschap 并未含有明显的视觉意味，反而更多地作为区域的行政区划单位使用，如乡、村、镇等。这层含义更类似于英文 Ward，至今在德语 Landschaft 中还保留了这一古义，反而其地理学研究的意义直到近代才出现。16 世纪中叶，尼德兰地区盛行具象描绘自然风光的风景画，Landschap 作为与肖像画、静物画相区别的新兴绘画术语出现在西方绘画艺术创作中。尽管当时风景画还没有形成画种，但是尼德兰风景画中对自然景色的细致描绘却影响了包括英国在内的后世风景画派的形成。因此当 17 世纪 Landschap 作为描绘田园风光的绘画术语传入英国时，英国也涌现出了一批风景画家，进而萌发了田园文学。可见英语 Landscape 的形成和产生，离不开绘画和文学艺术的影响。正因如此，英语 Landscape 所指的对象与艺术家对自然环境的取舍有着密切联系，从这层意义上理解，Landscape 应该指值得赞美、描述和描绘的优美景色。

目前大部分的英文词典如《牛津英语词典》《韦氏新英语词典》和《钱氏 20 世纪词典》等，在定义 Landscape 时，都不约而同地采用了定语从句或分词短词来限定该词的视觉含义，这种认识在西方许多著述中都有提及。19 世纪后半叶，菲利普・哈蒙顿（Philip G. Hamerton）曾对 Landscape 一词的日常用法与概念进行过解释，他认为该词既可以泛指可见的视觉世界，也特指从某点所见到的景色。后来英国地理学者艾珀顿（J. Appleton）将其扩展为视觉环境，同时美国学者博拉赛（S. C. Bourassa）认为 Landscape 也可以指代知觉景象。从此 Landscape 一词的词义逐渐丰富，并为人们所使用。

2. Landscape Gardening 和 Landscape Architecture 的出现

18 世纪末 19 世纪初，庭园师汉菲・勒普敦（Humphrey Repton）先后出版了《造园绘画基础》（1795 年）和《造园实践与理论》（1803 年），书中多次出现 Landscape Gardening 这一词组。这一词组具有浓厚的乡村风情，与田园诗人所使用的 Landscape Gardener 一起表达出按照风景画的构图形式来营造花园环境的意愿。此后，越来越多的庭园师、造园师、田园诗人和园林理论家采用了这一对词组。如沃特・斯科特（Walter Scott）出版的《装饰栽植和造园》（1828 年）和威廉姆斯・基尔平（William Gilpin）的《造园施工方法》（1832 年）等，由此 Landscape Gardening 开始流行开来。

19 世纪以来美国同样出现了由于快速城市化发展而导致的人口过度集中、城市区环境与自然环境相隔离等问题，人们开始向往田园生活，英国式的自然风景园也开始盛行。为了区别于传统的造园行为，许多造园师用 Landscape Architects 描述自己的职业，强调用艺术的手法营造风景如画的作品。这意味着当时的 Landscape Architecture

与 Landscape Gardening 并无本质上的差别，都是应用有生命的设计客体元素来实现具有美学和生态质量的活动场所和游憩空间的塑造。比较而言，Landscape Architecture 侧重于采用系统的、工程学的知识体系来解决公园、广场、街道等与城市规划建设联系紧密的公共区域设计，而 Landscape Gardening 则更多关注微观尺度下，个人对某一相对私密环境的感官体验，注重美感和设计尺度的人性化。

1863 年 Landscape Architects 在纽约中央公园设计师卡文特 · 沃科斯（Calvert Vaux）和弗雷德里克 · 奥姆斯特德（Frederick L. Olmsted）联名给纽约公园委员会写的一封信中以职业名称形式首次作为落款出现。随着纽约中央公园的顺利建成，Landscape Architecture 逐渐得到了主流社会认可，也标志了一个新的设计领域开始出现。

3. 地理学自然地域综合体含义

在经典地理科学时期，Landscape 一词的含义只限于描述地表面的一些特征，与地形、地貌的概念较为接近。景观学（Landscape Science）始于德国近代地理学，是研究景观的地理学综合性分支学科，景观概念正是随着地理学中景观学的形成而逐步建立起来的。19 世纪初期，德国著名植物学和自然地理学亚历山大 · 范 · 宏伯特（Alexander von Humboldt）在地理学科研究中将德语 Landschaft 定义为地球表面某一区域的总体特征，建立了“自然地域综合体”概念。现今一些地理学词典仍旧沿用了这一定义。由于德语 Landschaft 作为地理学术语本身在德国学界尚存有争议，而其英语同源词 Landscape 自然也就难免概念混乱了。

尽管如此 Landscape 还是得到了许多文化、地理学研究学者的关注，成为地理学科的研究主题之一。英国地理学家绍尔（C. O. Sauer）主张将 Landscape 理解为现实景象的综合体，而德国地理学家舒尔伯特（O. Schlubter）认为 Landscape 作为文化载体，应注重研究其从自然景观到人文景观的转变过程。更多地理学家则希望通过对视觉、意象或象征等衍生内涵加以研究，以此来全面理解 Landscape 的概念。1939 年，德国区域地理学家卡尔 · 特洛尔（Carl Troll）在地理学基础上，将植被学和航空摄影测量相结合，创造出“Kologische Bodenforschung”（景观生态学）一词。此时 Landschaft 作为空间概念在地理学上的表述是一致的，但存在类型和区域两种争论。实际上景观生态学在欧洲大陆的传播是比较一致的，它注重于由相关作用单元组成的某一地域的整体性，是地理学研究的一个方面。

4. Landscape Planning 概念的形成

19 世纪中叶美国景观设计师（Landscape Architects）以纽约中央公园为契机，积累了大型城市公共绿地设计的经验。此后，他们越来越多地活跃在城镇规划、国家公园等大尺度的区域规划和土地利用实践领域当中。随着本泽纳 · 霍华德（Ebenezer Howard）花园城市概念传入美国，以生态学为基础的区域规划思想与实践也逐渐增多，出现了波士顿蓝宝石公园、田纳西流域综合规划等著名生态规划典范。1923年美国区域规划协会（Regional Planning Association，简称：RPA）成立，生态规划的指导思想、方法以及规划实施途径得到了更为广泛地传播，而基于自然地域综合体涵义下的Landscape Planning概念与理论体系经过乔治·玛什（George Marsh）、约翰·鲍威尔（John Powell）等人的发展完善逐渐形成。

20世纪60年代末至70年代宾夕法尼亚学派（Penn School）在美国兴起，为20世纪景观设计的发展提供了数量化生态学研究方法。Landscape Planning概念体系得到了世界自然保护联盟（IUCN）的推广，也因此获得了不同学科参与下的多层含义。1969年，宾夕法尼亚大学景观规划设计和区域规划系教授伊安·伦诺克斯·麦克哈格（Ian Lennox McHarg）出版的《设计结合自然》（Design with Nature）运用生态学的观点，从宏观和微观两个方面来研究人与自然环境之间的关系。书中明确提出了生态规划的概念和“千层饼”技术叠加模式，这对当时生态规划的发展提供了理论指导和一定的方法技术，从而被西方学界认为是生态学思想应用于Landscape Planning的实践和理论总结[114]。20世纪80年代，随着城市化的快速发展，乡村与城市的界限逐渐模糊，Landscape Planning将其研究领域拓展为城市用地之外的综合性土地利用规划。

Landscape Planning概念早期在内涵与外延上都存在一定区别，如生态规划、区域规划、城市规划和土地利用规划等。但就目前使用情况来看，都是具有相同性质内容，因而我们统称为景观学科。相对而言，美国学者倾向于使用区域规划（Region Planning），其中包含了Landscape Planning的概念；而欧洲学者倾向于使用更为完整的景观规划（Landscape Planning）概念，其中更多地具有景观生态规划（Landscape Ecology Planning）的含义。差异形成主要是因为世界各地不同的人文、历史、风俗以及使用惯性等因素所致。

5. Landscape词义的中性化

20世纪中叶工业化快速发展带来的环境污染问题日益严峻，生态问题成为各学科领域所共同探讨的问题。1967年美国权威刊物《景观设计》（Landscape Architecture）首次以专题形式发表了美国部分著名学者、理论家和景观设计师关于“生态问题”的讨论，正式开始了美国学术界对景观生态设计的探讨。1969年《设计结合自然》（Design with Nature）的出版，标志着生态学原理指导下景观规划设计工作流程以及应用方法的出现，从而建立起一个城市和区域规划的生态学框架——麦克哈格体系（McHarg System）。麦克哈格体系奠定了景观生态学的基础，建立了当时景观设计的准则，标志着Landscape Architecture学科在奥姆斯特德（Frederick L. Olmsted）的基础上，在后工业化时代又有了新的发展。

麦克哈格的生态设计方法表明生态规划是依据生态学原理和景观生态学理论与方

法，在景观规划过程中对生物环境和社会相互作用过程的综合设计。此时的 Landscape Architecture 学科早已独立于早期的风景绘画体系（Landscape Painting）逐渐成为一门科学，而不是单纯的艺术。追求如画式（Picturesque）的美学形式已不再是重点，因为理性决策程序的规划理念几乎把规划变成“科学”程序。正如麦克哈格所宣称：“任何人只要他应用了这些数据和方法，都会得出相同的结论。”1962 年美国景观设计师劳伦森・哈普林（Lawrence Halprin）在设计中，已经开始对地形、水文、日照、风向和植物等一系列环境因素进行深入研究。此后，生态学、环境心理学与资源保护学科等众多的学科逐渐发展成 Landscape Architecture 学科的核心，景观规划也更趋向于侧重保护和经营自然环境。在这一背景下，美国景观设计师协会（ASLA）重新定义了 Landscape Architecture 的概念，称其为一门运用科学原理对土地进行设计、规划和管理的科学和艺术。显而易见，Landscape 一词在 Landscape Architecture 学科中含义中性化现象的出现，是 Landscape Planning 和 Landscape Design 相互融合的结果。

随着城市与乡村界限的消失，城市公共空间的领地更为广泛，由此也混淆了城市规划师、建筑师和景观设计师的设计职能。相对于植物等“软质”材料的概念，诸如混凝土、金属、石料和砖等材料的 Hard Landscape（硬质景观）开始出现，Landscape 开始由抽象的人工构筑形式取代直观的植物排列。在美国、英国和日本等地的城市公园和广场，出现了许多艺术家和雕塑家的公共艺术作品。Landscape 主要变成了人视力所及的视觉环境，也逐渐摆脱以追求传统美学意义上的愉悦为目的的审美含义。民间的公共环境再塑造意识也得以提高，民众越来越直观地体会到环境改变对自身心理和生理带来的影响。人们开始自由地使用 Landscape 来表现或具象或抽象的事物以使其更加具体化，以 -scape 为词根的 Cityscape（城市景观）、Roadscape（道路景观）等词纷纷出现，这似乎是 Landscape 词义中性化后不可避免的结果。

4.1.2　中文语境下景观学科定义日趋多义

虽然同济大学建筑与城市规划学院副教授翁经方先生经过考证，景观一词首见于乾隆《御制诗》卷五十七《随安室得句》，用于描绘我国的皇家园林，但显然这与我国学科意义上景观的词义大相径庭。学界目前普遍认同的说法为，景观是由日本学者在明治时期对德语 Landschaft 的翻译而演化而来。从语义上看 Landschaft 与英语的 Landscape 相类似，并由于该词具有植物景的含义最早应用于植物学领域，后来被地理学和社会学者所引用逐渐传入我国。由此可见景观这一日语汉字词语已将近有百年的使用历史了。

由于德语 Landschaf 是一个多义而模糊的词语，这使得日本学者难以用景观一词进行准确的描述，于是出现了景观和景域之争。这其中主要包括两种意见：其一，凡是在地表的某处能被直接感觉到的事物都包含在内时，可使用景观一词；其二，形容在一定范围内用特定原理划开的地面及其填充物时，可使用景域一词。尽管在词义上做了区分，但在实际使用当中，还是容易出现各种纷争。因此，当对我国学者引入景观这个日语汉字词语用于对应 Landscape 时，对其复杂而模糊的词义也存在困惑。不同学科背景的研究学者通过对该词的定义、词源和演化过程进行理解和考察之后，所得出的结论也难以统一，这无疑更加深了人们理解上的困难。

1. 景观作为视觉概念的引入

就目前掌握的资料来看，景观一词最早出现在我国近代学者陈植先生所著《观赏树木》（1930 年）的日文参考文献部分，其中提及了日本植物学者的最新研究成果和著作。此后，景观从日文的植物景的含义被引申为景致、景色的同类语，多次出现在《造园学概论》（1935 年版、1947 年版）正文当中。联系原文的语言环境，如“各部景观”“各处景观”“以增（加）景观”“天然景观”等使用情况来看，这时的景观词义还不具备日文中地理学上的概念，而是更多地被作者作为景物的含义而使用，具有明显的视觉环境特征。

20 世纪 30 年代日本地理学著作相继翻译出版，其中不少学者归纳了地理学界对景观的各种理解，景观一词进而为我国地理学界所熟悉。同时，我国第一部以景观作为书目名的中文刊物《北京景观》（1939 年）出版，书中收录北京附近地区的名胜古迹近百幅图片，皆以景观一词概之，这从一定程度上反映了景观在当时语境下的共通性。这些著作对景观概念的引进和推广都起到了重要作用。尽管景观一词甚少出现在生活用语中，而且也并没有被收录到广泛发行的词典中，但还是获得了直观的视觉用语意义。

2. 苏联地理学的引领

中华人民共和国成立后在“苏联经验”等意识形态影响下，各领域掀起了向苏联学习的热潮。当时景观学派在苏联生态学家提出的生物地理群落学基础上发展形成，景观作为地理学上的空间概念随着地理学思想的传播逐渐成为我国重要的学科术语。当时景观学主要研究自然地域分异的规律及区域划分，由此被认为是建立在生物地理学基础之上。尽管这一时期内存在一些单独分析景观学科的研究成果，但也仅局限于研究景观学科的基础、理论与实际应用等方面，侧重于分析自然区域的普遍特点、地形地貌特征与景物现象。与此同时，大量分支学科的出现，如景观地球化学、景观动力学、景观形态学等，使景观学开始向系统地理学的方向发展。20 世纪 70 年代早期，虽然已有出版物出现过景观一词，但我国尚未正式普及这一词语。在 1977 年编辑出版的《辞源》中，也没有该词的记载。

直到 1979 年我国才正式采用景观一词，对其沿用苏联时期的定义。《辞海》首次将景观收入时，将景观主要定义为地理学名词。其最主要概念是类型单位的通称，指按其外部的特征相似性，将相互隔离的区段归为同一类型单位。如城市景观、草原景观、荒漠景观等；同时，还可指特定区域概念，指基本的区域单位或自然地理区域规划中的起始，通常在自然地理区形态结构同一和相对一致的区域，而地理学科景观学主要采用特定区域的概念；另外，景观还具有一般概念，泛指地表的自然景色。至此，景观一词已经扩展到了园林学领域，其意与风景一词相近。

3. 旅游行业的推广和普及

自 20 世纪 80 年代以来，国家主管部门开展了风景名胜资源的评价工作。我国园林界也在这一时期开始熟悉并有意识使用景观一词，景观开始出现在各院校教学大纲和专业期刊中，并日渐成为园林学术界的一个常用语。随着旅游业的兴起，学术界对旅游资源的设计与管理研究逐渐升温。同时，出于保护环境的需要，国家主管部门开展了旅游区规划管理与资源评价工作。1978 年至 1981 年间，国务院多次召开全国园林绿化会议，讨论通过了以“风景名胜区”统领有独特自然景观并已形成规模的风景区，实行分级管理制度。同时，会议要求统筹规划全国风景资源，会同国家建设委员会、国家文物事业管理局、国家旅游局等单位对著名风景名胜区的数量及分布范围进行调查统计，有计划地开发建设。1982 年国务院审批通过了首批国家重点风景名胜区名单。

纵观这一时期的学术刊物，风景资源评价成为城市规划、园林学、建筑学和旅游管理学等学科的热点问题，这时期国内很多学者通过多种途径逐渐了解国外同类学科的最新动态，这些研究和实践推动了学术界对景观的全面了解和关注。当时园林学界对景观与风景的关系的基本认识是，景观可以理解为景物的同义词，从所指的范围上看小于风景，是风景区研究中的一个基本单位。例如孙筱祥先生在《美国国家公园考察报告》（1981 年）中，提出我国风景名胜区系统包括人文和天然两类不同景观。也由于景观与景物的同义互换，汪菊渊先生关于园林学三层次论中的“大地景物规划”被学者替换为“大地景观规划”。另一方面，景观也逐渐开始被政府文件报告所采用，出现在了 1985 年国务院正式批准并实施的《风景名胜区管理暂行条例》中。

4. 景观规划设计的使用

随着城市化进程的加快，越来越多的城市规划、市政设计及管理人员逐渐掌握景观这一词汇，景观规划设计取代园林规划设计成为城市规划学界一个新兴的术语，并由此衍生诸如景观规划、景观设计等多个同义词组。早在 20 世纪 80 年代初就有学者使用过景观设计一词，虽然当时并没有做出明确定义，但从词义来看已经广泛包涵有景色、风景、景物等含义。景观的含义也更多地包含有城市景观、文化景观、自然景观、建筑景观等多层次内容，并认为景观规划设计的最终目的就是建造具有鲜明特色的城市风貌。然而，大多数学者关于景观规划设计的使用仍具有片面性，仅作为审美和生态意义而使用。

1985年马里特·凡登堡（Maritz Vandenberg）所著《城市硬质景观设计》出版，书中已出现有城市景观、景观设计、景观设计师等词语。此时已有部分学者认为景观所指代的范围比较园林，乃至风景而言更为宽泛。原城乡建设环境保护部（现住房和城乡建设部）1986年发布的《城市容貌标准》（CJ 16-1986，新编号CJ/T 12—1999）中，也将建筑景观作为一个类别与园林绿化、环境卫生等内容并列使用。20世纪90年代初，约翰·O·西蒙兹（John O. Simonds）的《大地景观规划：环境规划指南》和伊安·伦诺克斯·麦克哈格（Ian Lennox McHarg）的《设计结合自然》相继出版[115][116]。自此我国城市规划界得以全面接触国际景观设计的理论与案例，城市建设部门也开始有意识地引进景观规划设计理论。同时，1999年版的《辞海》与20年前的版本相比，增列了风光景色的意义，这表明景观已经获得了普遍意义上的自然、人文、地理含义以及美学意义。1996年审定《建筑园林城市规划名词》时，已有专家提出用"景观学"代替"园林学"作为"Landscape Architecture"学科的中文名称。

5. 景观语义的泛化

景观的词义随着学术界对人与自然关系认识的逐渐加深而不断深化，在学科发展的各个时期都能看到时代发展给景观词义留下的烙印。这些词义不是简单地取代，而是在原有基础上不断叠加，最终呈现出一个复杂而多义的中性词汇。无论是Landscape作为荷兰语Landschap的译语出现，还是德语Landschaft作为日语景观的原型词，乃至最终景观一词传入我国，都没有一个完整的定义同时包含风景画、视景、自然地域综合体、植物景和风光景色的意义。这直接造成了景观难以作为一个严密的学科术语同时被地理学、生态学、园林学等所使用。由于景观作为中文词义时，人们对其的理解往往具有一定的选择性，因而缺乏一个可被遵守的共同标准。正因如此，也就不难理解各学科都在使用景观一词其意义却大相径庭的原因。其实这也可以看作外来事物融入我国语言习俗的一般规律，即在其原意难以界定的情况下，外来词汇往往会被有限的解读甚至重新建构，从而派生出中文语境下所能理解使用的词汇。

基于上述认识，对景观进行拆分式解读似乎是我国学者的传统研究手段，这同样也是外来词语"中国化"的必要途径。例如王绍增先生和李树华先生从景观两字的汉语本义进行考证，认为"景"具有像的含义，"观"也同样可以被引申为景象的意义，两者皆为物我合一、主客体统一的概念范畴；也有学者认为景观不是物体本身，而是人从观察的视角对物体形貌进行的图像取舍，是物我分离、主客体分离的概念。然而，将景观看成一个不被分割的整体概念，还原其意义产生的社会、时代背景或许更能接近事物的本质。因此，我们应该用发展的眼光来看待景观一词的使用前景，允许其在地理学、生态学、园林学和城市规划建设等领域内的发展成熟。不难看出，伴随着使用领域的不断变化，景观越来越普遍地被使用在了城市建设方面，其生态、视景和美学的含义进一步加强，而最初的风景画含义逐渐消失。同时景观的自然地域综合体等地理学含义也越来越得到学术界的重新认识。

4.1.3　东西方景观学科内涵的比较与辨析

通过对英文“Landscape”和中文“景观”词义在学科发展中的演变回顾，不难看出景观概念与学科体系从未有所谓统一的国际标准。每个国家景观学科的发展都存在独特性与独立性，我国也不例外。但在两者学科的元概念上，依然存在可比性。比如在国外 Landscape Architecture 学科中，无论是 Landscape、Landschap 或是 Landschaft，都含有中文语境下“景”的概念；而在我国 20 世纪 50 ~ 70 年代的园林学、80 年代的风景园林学，或是 90 年代的景观学，学科的中心内容也是围绕“景”来开展的。正因如此，早有学者提出用“理景艺术”这一更具东方韵味的词语来描述景观学科，可以看作是从东西方文化共性角度进行的探索与思考。

从学科差异的角度分析，我国学科制度沿袭苏联，在 20 世纪 50 ~ 90 年代，以农、工结合为特色的风景园林学科与国外 Landscape Architecture 学科最为接近。虽然汪菊渊先生曾提出过园林学具有传统园林学、城市园林绿化和大地景物规划三个层次，但从实际效果来看，无论是从人们对园林学根深蒂固的印象、感知上判断，还是园林学自身学科体系的构建上都难以实现这一横跨多学科领域的设定目标。Landscape Architecture 学科通常分为 Landscape Planning 和 Landscape Design 两个子学科，分工明晰。美国景观设计师协会颁发的协会专业奖（ASLA Professional Awards）里，通常也分为通用设计类（General Design Category）和规划类（Analysis and Planning Category）两个作为公共项目的主要类别。自从麦克哈格体系（McHarg System）自 20 世纪 60 ~ 70 年代盛行以来，Landscape Architecture 学科一直与生态学结合作为主流。从这个角度考虑，虽然我国园林学在世界范围内得到尊敬和推崇，其所积淀的软实力如“文化”、“意境”等也是国外 Landscape Architecture 学科难以模仿的，但总体而言还是游离于世界主流学科体系之外。在全球化飞速发展的 21 世纪，世界各国都面临着环境污染、植被破坏、水土流失、灾害频发等诸多问题。面对快速城市化带来的负面影响，缺乏生态学基础的园林学科越来越难以发挥更大的现实作用。正因如此，某些地理学者、生态学者要求以新的学科名称来重新统筹国内学科资源，从某种程度上也是为了还原 Landscape Architecture 学科自身具有的自然综合体等地理学、生态学意义。

如上所述，Landscape 经历了 16 世纪荷兰风景画、18 世纪英国自然风景园、19 世纪美国现代城市建设等过程后，在 19 世纪中叶融合了德国自然地域综合体的地理学概念。这一概念传入日本时又被理解为植物景的含义，而不具有自然地域综合体概念。这一日语汉字随着 20 世纪 50 年代苏联地理学的推广，逐渐被我国学术界广泛使用。

而此时的国际 Landscape Architecture 学科在麦克哈格体系的影响下向着生态学领域纵深发展。在我国的学科教育史上，Landscape Architecture 很早被园林学者翻译成造园学，人们大多以风景等视觉含义来注解 Landscape，而长时期忽视了其作为地理学、生态学语义的存在。直到 20 世纪 80 年代我国进行了风景资源的评估工作时，我国园林学科才逐渐有意识地还原了其地理学意义上的自然地域综合体概念。进入 21 世纪景观的地理学属性愈趋明显，此时大部分国内学者在使用景观一词时还保留着对其视觉意义的理解，但欧美 Landscape Architecture 学科中，已经较为普遍地具有了地理学的自然地域综合体意义。

在中文语境中，园林学科与地理学、生态学的景观概念也存在很大不同。我国园林学的景观概念倾向于视觉审美层面，强调研究视景的人文价值，而通常在地理学科中的景观一般表示地面可见物的综合体。20 世纪 60 年代，人文地理学发展中出现了新分支学科——行为地理学，即研究人类在地理环境中的行为过程及其空间区位选择规律。因此，研究景观和人的行为、心理之间所存在的联系不只是园林学的专属内容，其研究成果作为一种新的人地关系思想被许多领域借鉴，如社会学、心理学、设计学等等。景观在生态学中有两种解释，一种是作为抽象的标尺对任意尺度上的空间介质进行丈量，以表示其生态系统内的物质属性；另一种是直观的视觉内容，把景观作为分析和探讨人类尺度范围内的生态系统综合体，包括田野、村落和森林等可视要素。景观生态学家认为，景观生态学关注自然生态格局的形成过程，在研究时应该重视景观的组合类型等地理学科内容。同时景观生态学科也应当更加重视对景观视觉的感知，加强对景观美学性质的研究。所以景观学科研究学者必将面临如何处理景观在这三个学科中的含义差异问题。

我国景观学科中关于如何处理词义理解上的差异已经受到各方的广泛关注。而目前存在的景观多义现象，都在提醒我国的景观学者、教育家及从业者意识到，这既是我国悠久的园林文化与当代国际 Landscape Architecture 学科的落差，又是受到东西方在人居环境建设中的文化和思维差异的影响。对汉字景观而言，在关注其视景意义的同时，也应对景观学科的特征进行准确的区分，理解其在城市规划、景观设计以及学术研究中的不同定义。要对相关内容进行实质性研究，片面强调其定义的现代性和科学性是远远不够的。而由于取义不同对景观作出的不当批判，则会影响甚至阻碍景观学科的良性发展。

4.1.4 我国景观学科范畴的宏观决定因素

园林艺术作为我国优秀的历史文化遗产，在我国没有直接催生出现代景观学科。我国多学科的景观教育体系是在西方 Landscape Architecture 学科意识形态影响下逐渐建立起来的。通过梳理景观学科几十年来的发展轨迹可以看到，随着国家政治、经济形势的变化和教育体制改革的推进，我国景观学科范畴与名称都做出了及时的调整。

20 世纪 30 年代的园林学科概念，是涉及园艺和林业两个学科门类的统称，这与我们对传统园林的理解存在较大差异。因此在效仿西方体系设置造园学课程时，大多数课程开设在农学院校或工学院校的森林学系当中。中华人民共和国成立后，我国的城市及居民区绿化专业一度将生物学视为学科中心也是这一趋势的延续。20 世纪 50 年代以来，全国各项建设事业蓬勃发展。在国家对城市建设投入有限的情况下，植树造林、绿化祖国成为时代主题。当时全国城市建设的工作重点是发动群众垦荒植树，改善居住区环境条件。在城市绿化普遍提高的基础上，逐步建设大型公园等公共服务设施。此时，在国家领导和建设主管部门都将关系普通民众生活质量的绿化事业摆在了优先发展的地位，而需要满足特定建设条件的造园事业则成为改善性需求。“绿化”这一名词和“造园”相比，更加符合我国的国情需要。1960 年后造园学科为了顺应时代的发展，响应全国“大地园林化”的口号，效仿苏联设置了城市及居民区绿化专业。20 世纪 80 年代中后期，随着改革开放的深入推进我国综合国力进一步增强。为了将城市区域内的园林绿化建设和城市外围的风景名胜区统一规划管理，园林学术界与时俱进，提出以“风景园林”作为学科名称，同样是学科教育对社会需求作出的回应。

1992 年后我国初步建立起社会主义市场经济，随着 90 年代末房产配给制度改革引发了房地产市场的繁荣，景观行业进入飞速发展时期。进入 21 世纪以来，在国务院允许一级学科博士点下自行设置二级学科的政策影响下，景观类专业已经在全国各类院系蔓延开来。自国家教育主管部门批准设立景观建筑设计（2003 年）和景观学（2006 年）两个本科专业开始，其扩张速度和办学规模已经远远超过 20 世纪 80 年代的风景园林专业。研究生教育层面，清华大学和重庆大学先后在建筑学一级学科下设立了景观建筑学（2002 年），西南交通大学在土木工程一级学科下设立了景观工程（2003 年），华中农业大学在园艺学设立了景观园艺学（2003 年）。2005 年北京大学在地理学一级学科下设立了景观设计学二级学科后，景观学科的影响力更是达到了空前扩大。在 2008 年与风景园林学科相关新增的二级学科中，含有景观名称的学科占了一半；在与城市规划设计相关的自主二级学科博士点中，景观学科也占有绝对的比重。显然国家教育体制改革释放了理、工学科背景的景观教育积聚多年的能量。

从我国景观教育发展过程来看，学科在早期萌芽阶段没有很好地继承和延续园林传统，当 Landscape Architecture 学科引入以来，在和我国园林传统有所偏离的情况下，也未能及时的协调差异，统一名称。对于学科内涵进行界定，主要是对美国相关学科定义进行引用。因此无论是造园学、庭园学、园艺学还是风致园艺等名称，其意义与 Landscape Architecture 都无实质性差别。这种情况并非我国所独有，起初美国在哈佛大学开设 Landscape Architecture 课程（1900 年）时，许多高校仍坚持使用 Landscape Gardening 作为专业名称。行业中大部分从业者也不接受 Landscape architect 这一职业称呼，其中一些设计师至今沿用 Landscape gardener 的名称。直到 1948 年国际景观设计师协会（The International Federation of Landscape Architects，简称：IFLA）成立时这些术语和名称才真正得以统一。我国 Landscape Architecture 学科教育是在陈植先生倡导的造园学基础上被广泛认可的。在漫长的发展过程中，我国的 Landscape Architecture 学科先后从园艺学、建筑学和地理学领域吸取能量。1952 年的造园专业就比早期的观赏园艺组增加了建筑学方面的课程，直到 1979 年我国 Landscape Architecture 学科教育才得以在全国广泛开展。而当农学院系以城市及居民区绿化专业开始学科教育时，以同济大学园林规划专门化为代表的跨学科实践成为建筑院系分享学科教育的起点，随后以增加了新学科知识以及专业技能的风景园林作为专业名称取代了城市及居民区绿化专业。从目前风景园林与景观学两个本科专业的教学改革方案来看，景观学专业主要增加了地理学科的生态规划、资源学、人文地理学等课程。这些学科知识是需要内部消化而不是简单的复制，而学科内涵仍然需要不断的探索，因此在我国统一 Landscape Architecture 学科范畴仍需要一个较长的过程。

通过理解学科名称产生的特定时期来谈论学科发展的状态，才能对学科范畴作出准确评判。同时，我国景观学科和教育又具有很深的历史文化根基，其独特性决定了我们很难使用一个外来语汇将其准确定义。这种矛盾性在我国景观学科发展史中，以多种形式反复出现。如果脱离事物形成的环境、文化和政治等内涵因素来讨论语言差异，同样缺乏科学性。因此我国景观学科范畴的形成是在国家政治意识形态等因素的影响下，各种知识学说碰撞的结果。

4.2　景观学科的西学东渐

4.2.1　景观学科的形成

实践和行业发展是学科产生的前提，而景观学科（Landscape Architecture）最早的实践形式以造园（Landscape Gardening）行为出现。公元 2000 多年前，在古埃及和中国等人类文明发源地，出现了为改善居住环境、装点帝王贵族活动场地而进行的栽植行为。这些最初种植的果树、蔬菜等食用作物，逐渐发展成观赏性植物。而造园行为的产生离不开农学和建筑科学的技术进步。因此当生产力水平发展到一定阶段后，朴素的审美意识和世界观促使人们开始将植物与建筑物相互结合，成为园林的雏形。

这种朴素的审美意识其中包含人类对物质世界的精神追求，人们开始在园林营建过程中，加入对自然的理解、态度以及改善生活环境的理想，从而形成早期的人居观念。造园者从自然物中攫取优美的部分，然后以艺术手法再现到人工营造的环境之中。取舍之间，折射出同一文化系统之下共同的哲学思想。

早期的造园行为与古代哲学与神灵意识密不可分，其本质是对生存权利的渴望和对自然的敬畏。随着人类认识自然和改造自然能力的提高，对自然环境的破坏活动也日益加剧。在与自然的斗争中，人们逐渐意识到与人造环境单一的形式相比，自然景色层次丰富且更具美感，由此引发了 16 世纪欧洲自然式园林的出现。这一时期植物学科发展迅速，欧洲各地陆续建立了植物园和生态园。景观的学科领域已不仅限于农学和建筑学，而是逐渐扩大到植物生态学、园林育种学、遗传学等门类，在美学方面也启发了对自然美的欣赏 [117]。

18 世纪工业革命后资本主义经济发展迅速，城市和人口规模的急剧膨胀改变了人类的生活方式，为多数人服务的公园等公共事业取代私人庭园，成为社会和行业发展的主流。与此同时城市化的快速发展所带来的负面影响日益凸显，交通拥堵、水体污染等问题导致人居环境日益恶化，如何实现城市与环境的可持续发展成为景观学科面对的突出问题。此后，景观学界开始探索城市绿地规划系统理论与实践，这一探索为实现园林冲破单独的空间限制成为与城市相融的有机部分提供了可能。

20 世纪中期以后地球资源的开发节奏不断加快，人类生存与自然生态之间的矛盾日益尖锐。有序开发自然资源，实现人与自然和谐共存成为时代主题。因此景观学科范畴再次延伸，衍生出大地景观规划学这一新的领域。大地景观规划学立足于解决资源开发与生态保护之间的矛盾，同时提出合理利用现存景观资源的途径。可见景观学科从萌芽时期开始就是一门涉及多领域的综合性学科，随着专业范围的不断扩大，景观学科理论与学科范畴也日益拓展。

4.2.2　生态思想的影响

改革开放以来我国景观教育受景观生态学思想的影响较为广泛，而景观生态学也是北京大学景观设计学学科的核心内容。这一思想根源于 19 世纪中叶到 20 世纪初美国生态启蒙运动和研究实践，而生态学思潮引入景观学科领域也经历了三个过程。首先是基于乡土之美意识的觉醒开始崇尚回归田园；其次，出现与自然排水流域相关联的开放性景观系统；第三是景观资源系统分析研究的成熟 [118]。

19 世纪中叶工业革命带来社会巨大变革的同时加剧了美国的人口和土地资源压力。1865 年，乔治・玛什（George Marsh）首次提出合理规划自然资源系统，改良利用过度的土地。地理学者约翰・鲍威尔（John Powell）则强调制定相关政策保障对土地资源的利用和管理，这些举措最终促成了政府的相关立法。19 世纪晚期，以唐宁（A. J. Dawning）和弗雷德里克・奥姆斯特德（Frederick L. Olmsted）为代表的美国早期景观实践家开始了以流域为基本单元的规划工作。随后景观设计师查尔斯·埃略特(Charles Elliot）开始以自然景观系统分类思想为指导进行土地规划设计。1922 年哈兰·巴罗斯（Harlan H. Barrows）提出地理学应当致力于研究人类与环境之间的相互作用，生物学家伯顿·玛凯（Benton MavKay）也从生态角度定义了城市与乡村的边界。此后里维斯·姆弗德（Lewis Mumford）强调将人类环境必须与自然环境视作为一个整体。

20 世纪 50 年代，受英国学者本泽纳·霍华德（Ebenezer Howard）提出的花园城市理论影响，美国开始重视城乡结合区域的生态保护。同时以生态学理论为基础的现代景观生态学的框架已逐渐形成。20 世纪 60 年代末至 70 年代，宾夕法尼亚学派（Penn School）为景观生态学的发展提供了数量化研究方法。1967 年（*Landscape Architecture*）《景观设计》杂志正式拉开了景观设计界和理论界对景观生态学的探讨。1969 年伊恩·伦诺克斯·麦克哈格（Ian Lennox McHarg）编著出版《设计结合自然》（*Design With Nature*），其核心思想即强调将自然过程理解作为景观生态设计的前提，主张在进行景观资源分析和设计时，把不同学科的专家组织到统一的工作体系之中。该书由芮经纬先生翻译并于 1992 年由中国建筑工业出版社出版。

景观生态学对于我国改革开放时期的景观教育有多方面的含义。首先，在我国改革开放后的城市化进程中，出现了与美国相同或相似的环境、资源和生态问题。景观生态学作为研究和解决人类未来土地利用和管理的专门学科，成为指导我国城市化建设和行业教育的有效工具。其次，对于我国景观学科的发展潮流而言，景观生态学的出现标志景观学科从农林学科拓展到地理学、生态学领域，学科范畴及其应用性得到了极大拓展，学科研究领域随之出现转向，成为 21 世纪我国形成农、工、理、文多元并存的景观教育格局的重要因素。最后，景观生态学思想已经广泛影响到景观学、建筑学、城市规划学和设计艺术学等各方面，为各学科形成统一的学科范式奠定了基础。

4.2.3 现代艺术的启迪

在我国风景园林学科被认为是以“理景艺术”为基础的传统园林学的拓展，在其传统园林学、城市绿化学与大地景物规划三层次中，受古典园林艺术影响的“景域”理念一直作为学科发展的核心；同时景观设计学又称为“生存的艺术”，其定义为“建立在广泛的自然科学和人文与艺术学科基础上的应用学科”[25]，其所倡导的足下之美和低碳美学已经成为我国景观“新美学”的准绳；景观学同样也将“建立在广泛的自然科学和人文艺术学科基础上”作为学科前提[20]。可见景观学科作为一门应用科学，它的发展一直受到来自艺术的影响。虽然这些学科所指的艺术是广义上的宽泛概念，不是特指“艺术学”或“设计艺术学”，但艺术的审美原则和应用方法仍然在不同层面影响了我国 20 世纪 70 年代以来的景观学科发展。

对于展现 20 世纪科技与人类意识的形式语汇而言，艺术家的创造力显然要比设计师丰富，现代艺术成为景观设计重要的形式源泉。相对于建筑学的三界面、工程技术限制以及方案最优化，景观设计方案的开放性更容易展现出设计师在自由尺度下的“灵感”和“个性”。在艺术的影响下，不少景观设计师和建筑师开始仿效艺术作品，在形式上追求以简化的形状和体量控制大尺度空间，形成简明有序的现代景观风格。丹·凯利（Dan Kiley）、野口勇（Isamu Noguchi）、彼得·沃克（Peter Walker）、玛莎·施瓦茨（Martha Schwartz）等景观设计师从现代艺术中吸取了丰富的形式语言，无论是早期的立体主义、构成派，还是极简主义、波普风格，每一种艺术思潮都为景观设计师提供了最直接、最丰富的艺术思想和形式语言，使景观设计在科学与艺术两方面取得完美平衡。

20 世纪 70 年代后景观设计师已经可以熟练地采用不同材质、色彩划分平面空间，以单纯的几何形体构成景观要素或设计单元，通过重复排列形成可以不断生长的有机结构。这些风格特征明确的设计作品获得了巨大的社会反响，启发了学院学生们的设计思路。此后，各类风格新奇、思想独特、具有强烈视觉冲击力的学生作品不断涌现，屡获国际景观设计师协会国际学生景观设计竞赛（IFLA International Student Design Competition）、美国景观设计师协会学生奖（ASLA Student Awards）等多项国际大奖。因此当 20 世纪下半叶现代艺术中的极简主义和大地艺术介入我国景观设计时，对我国景观学科的发展产生了最为直接的影响。

4.2.4　环境行为的关注

景观学界许多学者都意识到景观环境会对人的行为、心理和性格产生影响，同时人的行为也会对景观环境造成一定影响。改革开放后，我国较早将环境行为研究引入规划和景观教育领域的是李道增先生，其著作《环境行为学概论》对于国外研究成果进行了全面地论述，清华大学、同济大学也较早开设了环境行为学课程。

所谓环境行为研究（Environment Behavior Research，简称：E-B Research）是以研究人与环境关系的最适性（Human-environment Optimization）为主要课题。其中与景观学科关系密切的是研究人的行为与建成环境的相互影响。20 世纪 60 ~ 70 年代，欧美等国家城市环境建设领域出现了追求形式、忽略使用者的规划设计。1972 年，美国不得拆毁由著名建筑师雅玛萨奇（Minoru Yamasaki）设计的获奖作品布鲁特住宅区（Pruitt-Lgoe），原因是其在人流交通组织上的设计容易滋生犯罪。这起事件使得设计师开始意识到环境品质不仅取决于物质形态，更必须关注使用者的心理。

虽然早在 1930 年包豪斯学院的汉诺·迈耶（Hanneo Meyer）已经开始尝试将心理学引入设计教育，但环境行为研究直到 20 世纪 60 年代才在社会学家麦克·扬（Michael

Young)、彼得·威尔莫特(Peter Willmott)和赫尔波特·J·甘森(Herbert J. Gans)等人的推动下得到长足的发展。在海尔(E. T. Hall)提出空间关系学概念后，这种理论开始广泛引入建筑学、城市规划学和景观学。1960年凯文·林奇(Kevin Lynch)在《城市意向》中提出将头脑中意向可视化的方法，应用于城市景观设计。挪威学者克里斯坦·诺伯舒茨(Christain Norbergshulz)在《存在、建筑与空间》中对于空间的理解更为深入，而美国学者克里斯托弗·亚历山大(Christopher Alexander)也更多地采用心理学观点探讨建筑中的形式问题。在此研究基础上，结合当时生态恶化、环境污染等现实困境,20世纪70年代景观生态学家开始重视生态环境对个体心理、行为的影响，从而对环境行为学的相关课题进行研究。

改革开放以来各方学者对环境行为学研究的关注拓展了景观学科的广度和深度，同济大学景观学教育更是将环境行为心理与审美、生态并列为景观规划设计三元素。在学科领域拓宽的同时，使景观学科能更好地与建筑学、城市规划配合。其次，环境行为学研究使景观教育界意识到，公众参与是景观设计未来发展的趋势，是将研究者、设计者与使用者紧密联系起来的纽带，也是景观教育的重要组成部分。学校通过对环境行为概念的强调，使学生在设计中更加注重“软环境”的设计。

4.3 景观学派的分歧与确立

4.3.1 学科的正名之争

在不同历史发展时期，由于政治、经济、意识形态和生产力水平等方面发展阶段的不同，各个国家对于L.A.学科的定义有着不同理解。在国内学术界，由于学科体系的划分方式，农学、工学、理学甚至文学对L.A.学科都作出了学科范畴划分，而这些学科也从不同程度反映出L.A.学科自身所包含的多元知识结构。2004年《中国园林》期刊发起的关于“L.A.(Landscape Architecture)”学科完整性讨论，成为我国景观教育史上的重要事件。从后，景观各学派的分歧逐渐开始公开化，而学科名称的争议也代表了不同学科思想体系和教育理念的碰撞。

农林系统院校与L.A.学科接触时间最早，从1930年陈植先生在《都市与公园论》中提出“造园学”作为L.A.的中文名称，到1951年造园组成立，进而形成我国第一个L.A.专业——造园专业；从到汪菊渊先生构建的园林学三层次，到孙筱祥先生倡导到地球表层规划学科构想[22]，L.A.学科在我国延绵发展半个多世纪，形成了影响广泛的农、工结合教育体系。在农林院校的学科教育体系当中，L.A.普遍的中文学科译名为风景园林学，一般是指农学门类林学一级学科的观赏园艺与园林植物二级学科，及工学门类建筑学一级学科的城市规划与设计二级学科所包含的风景园林规划与设计部分。

孙筱祥、王绍增、李嘉乐等学者认为，风景园林学是我国与国际 L.A. 相对应的官方学科名称。孙筱祥先生在系列文章中提到，风景园林学是经过国家主管部门批准，并且执行多年的专业名称和名词，不能因为一些其他原因任意标新立异而引起混乱。L.A. 学科的重点是在实践工作中不断创新而非在名词上翻新。孙筱祥先生坚持认为，我国在科学技术和经济发展的现阶段，L.A. 学科在中国还是应该译为风景园林学更为妥当，或直接使用英语 L.A. 以免争论。同时他还认为广义建筑学和大建筑学的提法是不能与国际接轨的，建筑学不包涵大自然生态系统的保护规划。

与风景园林学针锋相对的另一个 L.A. 学科，译名是景观设计学，其定义为关于景观的规划、分析、布局、设计、改造、保护、恢复、管理科学和艺术[8][25]。北京大学俞孔坚先生认为，部分学者自认为国内风景园林的职业范围与 L.A. 相同，而实际上相差甚远，“客观在上却远不如国际‘Landscape Architecture’”。风景园林学派所持的惟审美论、惟艺术论主观上限制了中国 L.A. 学科的发展，而由于将行政管理行业同专业及学科混淆，导致了缺乏对 L.A. 学科核心内容——“设计”的认识，所以强迫社会接受 L.A. 是风景园林学的解释是“一厢情愿”的行为。就实际情况而言，俞孔坚先生主张称 L.A. 为景观设计学无论对于推动 L.A. 学科的发展，还是与国际交流都更能获得更广泛的社会认同。他还最后强调尊重我国社会对于一些关键词的约定俗成，用历史发展观来认识 L.A. 学科，即“L.A. 过去是风景园林或园林，现在是景观设计学，未来是土地设计学”。

此外，由于 1998 年风景园林专业的撤销造成了风景园林学作为 L.A. 学科官方中文名称权威性的瓦解。建筑系统院校从风景园林学科体系中独立出来，相继成立了景观建筑学(2002 年)和景观学(2006 年)本科专业，此后景观学成为建工系统院校 L.A. 教育的新学科名称。不难看出，主流景观学派在 L.A. 学科的基本属性问题上未达成一致认识，不可避免地造成了我国 21 世纪初景观教育格局的分化。

4.3.2　生存艺术的定位

与我国农林院校、建筑院校开展的系统景观教育不同，北京大学的景观设计学研究生教育是一个对我国各种重大现实问题的思考和求索过程，其中主要的办学特色是始终将景观生态学理念贯穿于整个教育体系当中。长期以来国土资源的生态安全格局和构建和谐的人地关系一直成为我国城市化建设的主要课题。城市的急剧扩张以及对土地资源的过度利用使地球生命机体功能和结构受到严重破坏，也造成了地球生命系统净化能力下降、城市特色破坏、物种消失等现象出现。而由于土地生态系统服务功能的衰退也导致了极端气候和干旱、洪涝等灾害现象频繁发生。因此在专业创立之初，俞孔坚先生就把景观设计学定位在“生存的艺术”上，显然这一蕴含危机意识的学科理念摈弃了以审美为目的的消遣艺术行为。

1997 年北京大学在俞孔坚先生的倡导下成立景观规划与设计中心。以此为契机，北京大学长期致力于建立以自然科学和人文艺术科学为基础的综合性景观设计学学科体系，以景观作为物质界面的载体，通过对户外空间学科的有效整合，最终达到更科学利用土地及发展规划城市的目的。为了系统探索人地关系、城市化及国土生态安全等问题的解决途径，景观设计学必须全面协调自然与生物、历史与文化、社会与精神三个层面的发展过程。同时，用物质空间结构语言系统诠释景观界面中关于景观设计与生态科学、景观规划及城市发展之间的逻辑关联。因此景观设计学是长期的社会审美、价值观和意识形态的直观反映。2003 年北京大学成立景观设计学研究院，而景观设计学理论体系也通过具体的社会实践得以检验。

对应于传统的城市规划方法论，北京大学提出“反规划”的空间规划途径。“反规划”并非不规划，其核心是在城市建设规划之前建立起系统的生态基础设施。通过预先规划景观廊道、市民游憩空间和历史文化遗产在城市中的位置，寻求自然、生态、人文与历史文脉相叠加的城市生态安全格局。“反规划”的空间规划途径改变了传统的城市发展规划模式中，以城市功能作为划分区间的设计顺序。它强调不以眼前开发商的利益和发展需要出发，而是以土地安全和生命健康等公共利益为中心，进行城市和区域的土地规划。城市生态基础设施也不仅是传统城市中的绿化、广场、公园等“硬件”设施，而更多的具有精神给养及地域文化认同感等“软件”功能。经过“基于生态基础设施的城市空间发展模型——以浙江台州为例”（2005 年）等项目的实施，“反规划”空间规划途径和生态基础设施理论与方法已取得了卓有成效的实践经验，是我国当前生态城市规划的可操作途径，同时也是实现基于景观生态学理论的生态城市主义（Ecological Urbanism）和景观都市主义（Landscape Urbanism）的具体方法论。

北京大学景观设计学研究院提出“反规划”空间规划途径，是认识到现行城市规划机制和方法论是导致我国城市化问题凸显、经济发展与生态环境失衡的原因之一，是对计划经济体制下以“人口—规模—性质”为导向的空间规划方法论进行的深度反思。现有的城市与区域发展规划难以实现城市环境下的“人地和谐”目标，只能通过强调“反规划”式的综合解决途径，通过生态基础设施建立起保障城市人文和自然过程的景观安全格局，引导快速城市化背景下的城市空间发展，统筹解决城市交通、环境与污染等问题。“反规划”空间规划途径在对物质空间的规划设计中，颠倒了城市建设区域与非建设区域的图底关系，通过对城市建设区域的“留白”限制了可建设用地的空间范围。这一规划中的强制性不发展区域是维护城市完整性的关键性结构，并最终由市场发展为导向的城市自组织形态加以完善。

21 世纪初以来，除了构建城市生态安全格局，北京大学景观设计学研究院同时积极倡导新美学，批判城市化妆运动。景观设计学作为生存的艺术，其源头是人类为了获得生存的权利而不断与自然界相协调而积淀的智慧。而要确立景观设计学作为生存的艺术，必须树立新的美学价值观。

低碳美学（又称："大脚美学"）是一种建立在环境与土地伦理上的新美学，它倡导足下文化和野草之美，通过设计低排放、低能耗的城市、建筑和景观等人工环境，颠覆旧美学传统，改变固有的"城市性"定义。新美学主张形成理性、节约和生态的城市景观美学标准，对目前城市建设中存在的贪大求洋、趣味庸俗、视觉污染等现象进行根除。而要创造当代中国特色的生态城市文明，必须倡导回归平常、回归真实的人地关系，创造出意识和形式相互共生的"新乡土风格"。

2010 年 10 月北京大学成立建筑与景观设计学院。在长期的研究和实践实践当中，北京大学始终坚持景观设计学"生存的艺术"定位，作为教学、研究和实践的核心方法论和价值观。在这一理念的指导下，北京大学及北京土人景观与建筑规划设计研究院（现北京土人城市规划设计有限公司）开展了一系列生态性和地域性实践。广东岐江公园、沈阳建筑大学稻田校园、浙江永宁公园、汤河公园、上海世博后滩公园、天津桥园和秦皇岛海岸带修复工程等案例被国际学术界和设计界广泛发表和引用，截至 2012 年共有 8 个项目获得了全美景观设计师协会（American Society of Landscape Architects，简称：ASLA）授予的荣誉奖（Honor Award）和杰出奖（Award of Excellence）。在获得国际行业认可的同时，也展示了中国当代的景观教育理念。

可见这种新乡土风格是以景观设计语言对可持续发展理念的最佳诠释，也是全世界景观设计师所遵循的共同设计准则。以解决人类生存问题为目标的景观设计学，不但能够有效地解决我国当代所面临的环境与生态、资源与能源问题，同时也可以具有鲜明的美学特质。

4.3.3　两种景观学思路

景观学（Landscape Studies）最早发端于 1958 年同济大学在城市建设系城市规划专业分设的园林规划专门化，2005 年由工学门类建筑学一级学科下设的城市规划与设计（含：风景园林规划与设计）二级学科扩展而来，涉及了农林、工程、生态和艺术等多个学科领域。与风景园林学和景观设计学的学科核心相一致，景观学同样以协调人与自然之间的关系作为学科发展目标。通过围绕以土地为中心的一切人类户外环境空间的规划、设计、管理、保护和利用，景观学探求人类生存发展中所面临的环境与资源等问题的解决途径，从而对自然与人文景观进行规划设计与维护管理，营造出优美宜人的人类聚居环境。

建筑学领域的景观学科教育的形成有着特定的历史发展轨迹。发展至今主要包含了两种办学思路：一种是清华大学建筑学院景观学系以吴良镛先生的“人居环境科学”为导向的景观学教育；另一种是同济大学建筑与城市规划学院基于刘滨谊先生“景观规划三元论”框架内的景观学办学思路。

1. 以人居环境科学框架为导向的景观学

清华大学的景观学教育可以追溯到20世纪中叶梁思成先生主持创建的建筑系（1946年）。最早在梁思成先生的学科建设和学院构想方案中，营建学院下分设有建筑学、市乡计划、造园学三个系，成为中华人民共和国成立后建筑学开设造园专业的启蒙思想[119]。1951年吴良镛先生和北京农业大学汪菊渊先生成立我国首个景观专业教学单位——“造园组”（表4-1）。20世纪90年代末清华大学建筑学院组建了景观园林研究所，后于2001年成立了风景旅游和资源保护研究所。这些都为清华大学的景观学教育积累了丰富的经验。2003年10月清华大学成立景观学系，同时聘任美国著名景观教育家、宾夕法尼亚大学教授劳里·欧林（Laurie Olin）先生为首任系主任。清华大学景观学系的办学目标是实现人居环境科学框架中的景观学。它包括两方面含义，一方面通过国际背景下的中国景观学来深化、丰富人居环境理论；另一方面则是在人居环境科学的框架内发展符合我国国情的景观学，实现以“城市规划—建筑—地景”为核心的多学科融贯。这一办学思想是对我国景观教育学术观、实践观和时空观的多维思考。学术观是以人居环境科学为学科框架，实践观强调学科发展与城乡建设和保护相结合，时空观体现在学科办学必须具备国际视野下的深度和广度。

1951～1953年清华大学“城市计划和园林建设教研组”主要课程和师资一览表　　表4-1

序号	课程	师资	师资来源	备注
1	素描	李宗津	清华大学营建系	—
2	水彩	华宜玉	清华大学营建系	—
3	制图	莫宗江 朱自煊	清华大学营建系	—
4	植物分类	崔友文	中国科学院	—
5	森林学	—	中国林业科学院	—
6	测量学	褚 **	清华大学土木工程系	—
7	营造学	刘致平 陈文渊	清华大学营建系	先后教学
8	中国建筑	刘致平	清华大学营建系	—
9	公园设计	吴良镛	清华大学营建系	—
10	园林工程	—	清华大学土木工程系	—
11	城市规划	吴良镛 胡允敬	清华大学营建系	—
12	专题讲座	李嘉乐 徐德权	北京市建设局园林事务所	—
13	实习	汪菊渊 陈有名	华北（北京）农业大学园艺学系	—

注：根据相关参考文献整理而成。

比较北京林业大学风景园林学和北京大学景观设计学的办学理念，清华大学景观学教育思想较为折衷。体现在它既强调学科建设必须要针对我国目前的现实问题，广泛吸收借鉴国际经验，又认同风景园林学所倡导的根植于中国传统文化哲学。同时，清华大学还认为我国山水美学和古典园林是学科发展的根基，传统哲学思想是学科办学的土壤，现代景观理论技术和方法是学科办学的水和空气，三者应该和谐共生，均衡发展。

清华大学景观学课程体系主要包括小尺度的景观设计和大尺度的景观规划两方面。景观规划可以分为区域景观规划、生态规划与设计、国家公园和保护区规划与管理、旅游与休闲地规划、自然与文化遗产保护等方向。景观设计更偏重于人性空间和地域文化的设计和管理。

目前清华大学景观学致力于培养我国景观规划、设计、管理和研究方面的领导型人才，可授予的学位包括工学景观学专业硕士、博士学位。在长达半个多世纪的时间里，清华大学景观学教育形成了理论与实践并重的办学特色。

此外景观学科在发展中注重新技术运用以及学科间的交叉融贯，与生态学、地理学、旅游管理学、环境保护学等不同领域均保持了密切合作。自 2003 年建立景观学系后，国际交往密切是清华大学景观学教育的另一个突出特点，每年到访的国外教授保持在 8 ~ 10 人次之间。

2. 以景观规划三元论为核心的景观学

同济大学对景观学的学科建设与教学实践探索由来已久。1958 年，同济大学在冯纪忠先生、陈从周先生等学者的倡导下，率先在城市建设系城市规划专业设立了园林规划专门化，奠定了日后景观学专业的基础。1979 年开始正式创办工学园林绿化专业，随后于 1981 年招收同类专业的硕士研究生；1987 年成立风景园林本科专业，并开始招收风景园林规划与设计方向的博士研究生。1998 年，同济大学以风景园林规划设计为核心的旅游管理本科专业取代了风景园林本科专业，将风景园林硕士和博士学位教育以“发展与国际接轨的景观学科”的名义归入城市规划专业方向，而学科一直保持招生、教学设置、学位论文答辩等教育环节的独立性。

虽然经历了风景园林本科专业目录撤销、并入城市规划专业、以旅游管理作为本科专业名称招生等曲折，但随着景观行业的发展壮大，以研究生教育为主体的同济大学景观教育不仅从未间断，而且向着更为明确的方向拓展。这些都为同济大学能够顺利开办景观规划设计硕、博士专业（2005 年）以及景观学本科专业（2006 年）奠定了坚实的基础。随着以城市绿地系统规划（1984 年）、风景名胜区规划（1986 年）、风景景观工程体系化（1989 年）以及现代景观规划设计（1999 年）等理论研究与实践经验的积累，同济大学景观规划三元论的学科理念逐渐成熟。2000 年同济大学为配合各学科发展定向及岗位定编，首次明确了景观学学科发展模式。

刘滨谊先生提出的景观规划三元论是基于对国内外同类学科理论的系统总结。研究发现，现代景观规划设计实践包含了三个不同层面，即基于物质形态的视觉感受层面，涵盖土地、水体、植物等自然资源的生态层面以及与人类行为相关的精神文化层面。与之对应，景观学学科也具有三大板块：环境与生态，形态与美学，行为与文化。刘滨谊先生认为，景观规划三元素始终贯穿于景观学理论与实践当中，如同我国风景园林学科和景观设计学科，景观学所追求的最高境界同样是——艺术。因此，虽然三大主流学科在景观学科名称及学科范畴的争议大于共识，但我们还是可以发现其中的共性，即无论是风景园林学追求的"理景的艺术"，还是景观设计学倡导的"生存的艺术"，或者景观学主张的三元合一的"和谐的艺术"，景观学科最终目标都是为了实现人居和谐的艺术。此外，景观规划三元论与景观设计学核心价值理念也有重叠之处，比如审美层面，景观设计学主张倡导足下之美和低碳美学，树立新乡土风格；在生态层面，景观设计学主张建立国土生态安全格局和城市生态基础设施等。

作为人居环境建设的应用性学科，面对城市化、环境保护和游憩三大社会需求，同济大学景观学实践领域也可概括划分为景观资源保护与利用、景观规划与设计和景观建设与管理三个方面。同时，将社会需求与学科建设相结合，构成了景观学学科基本的分支：景观环境生态资源、景观的规划与设计、景观行为与文化（图 4-1）①。对应的理论核心专业为：以景观资源学与生态学为基础的环境与生态学专业、以风景园林美学与景观美学为基础的风景园林与环境艺术专业、以景观游憩学与旅游学为基础的游憩学与旅游学专业（图 4-2）。

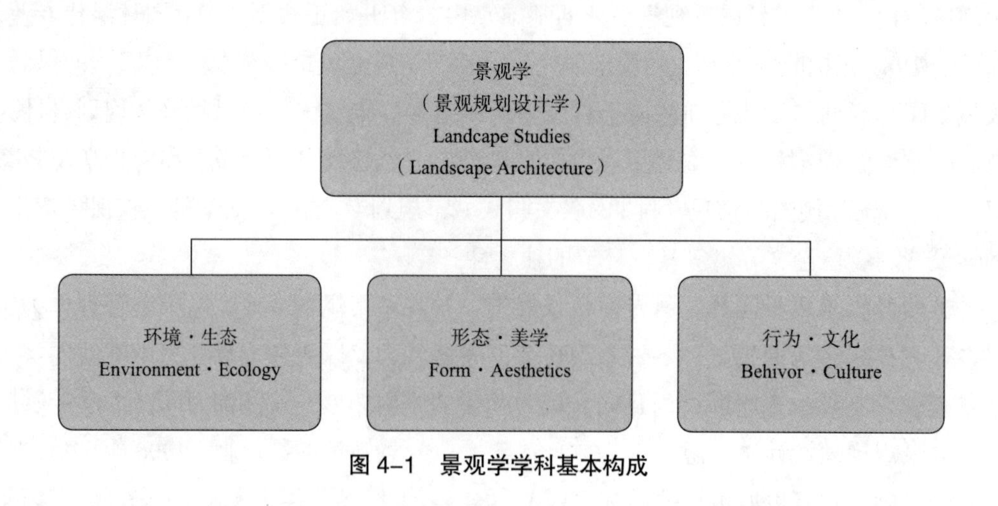

图 4–1　景观学学科基本构成

① 图片来源：全国高等学校景观学（暂）专业教学指导委员会（筹）编 . 景观教育的发展与创新：2005 国际景观教育大会论文集 [M]. 北京：中国建筑工业出版社，2006：30.

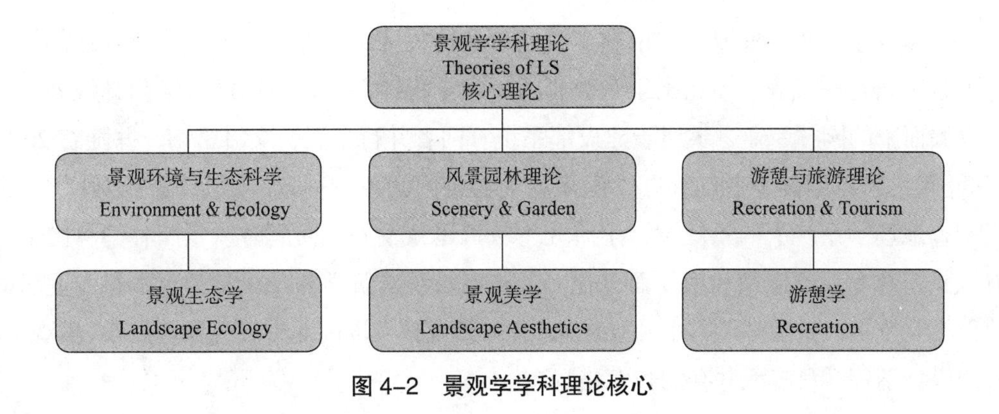

图 4–2　景观学学科理论核心

4.4　景观学派争论的评价

4.4.1　我国景观学科的发端与分化

我国教育体制意义上的景观学科，主要以日本造园学体系中的风致园艺学和美国城市公园建设所产生的 Landscape Architecture 学科发展而来的，两者都受到我国学科划分体系的影响。早期的景观学科与园艺学存在着重要联系，但这只能作为学科出处加以注解，并不能完全反映学科本身的原始起点。实际上，园艺学也存在“Horticulture”和“Gardening”两种不同的认知体系。我国古代以农业立国，园艺最初指围绕土地栽培作物的农业生产行为。如王象晋著《群芳谱》（1621）中提到的“灌园艺蔬”，和陈扶摇在《秘传花镜》（1914）提到的“锄园艺圃”，都是指农作物的种植技艺而非观赏花卉的培植技艺。就我国传统文化语境而言，古代的园艺行为，例如造园、理景等更多的具有精神层面的审美意义，不能等同于以实用为前提的农业生产。因此，对于园艺学体系而言，与以古典园林为代表的造园艺术存在较大差别，从而不能理解为我国景观学科的起点。

20 世纪 30 年代以陈植先生的《造园学概论》（1931）为代表的造园学课程在农学、工学高校普遍开设，造园学范畴也从私家花园拓展到庭园、公园等社会公共空间。由于受到当时政局的影响，造园学未能效仿美国或日本形成一系列课程体系，从而也未能实施更为有效的教学大纲，形成学科。

从办学实践所产生的实际效果和影响上看，1951 年造园组的成立标志了我国景观学科的起点。首先，北京农业大学和清华大学合办的造园组得到了国家主管部门的批准，保证了其地位的合法性。其次，造园组开创性地结合了农、工两大学科，符合国际 Landscape Architecture 的学科属性。同时还制定了严密的教学大纲，实施了一系列课程体系，培养出了我国第一批行业人才和教育工作者。此外，以造园组为契机，教育部于 1952 年正式设立造园专业，奠定了我国景观学科教育的基础。

造园专业随后发展成为北京林学院城市及居民区绿化专业，成为农、林业部门系统下景观教育的代表。而我国景观教育另一大学科体系，是由同济大学园林规划专门化发展而来的园林专业，隶属于建设部系统。两者并行发展，交流密切，并随着 20 世纪 80 年代风景园林专业的开办，汇集成为学科内涵相对一致的风景园林学科。21 世纪初，地理学系统下的景观设计学研究生教育迅猛发展，而此时风景园林学科内部随着风景园林专业的撤销和恢复而分化，最终以景观建筑学和景观学为新本科专业名的建工类院校从风景园林学科中独立出来，我国景观教育也由此形成风景园林学、景观学、景观设计学等学科多元并存的教育格局。

我国景观专业名称同样经历了从造园—城市及居民区绿化—园林—风景园林—景观学的演化，在此过程中始终伴随着误解与争议。这些名称背后的学科体系自成一体，特色鲜明，反映出我国不同的学科体系对国际 Landscape Architecture 学科的理解尚未形成共识。同时，我国快速发展的城市化建设为相关教育所能提供的实践机会有限，也是阻碍我国景观学科良性发展的不利因素。

4.4.2　学科的核心分歧与研究差异

景观学科的核心认识在各学派中始终未能统一，导致专业名称频繁变更。那么，我国景观学科的核心究竟是什么呢？由于学科的形成与复杂的文化、地域背景有着紧密联系，因此景观学科虽然在世界范围内广泛存在，但长期以来并没有统一的职业范围和学科范式。以国际景观设计师协会（The International Federation of Landscape Architects，简称：IFLA）和美国景观设计师协会（American Society of Landscape Architects，简称：ASLA）为例，欧美国家的景观实践都是围绕各国独特的自然风貌和社会需求展开，这一度造成了研究学者们试图统一国内外景观学科差异时的困惑。由于美国景观学科目前所面对的主要问题是解决后工业化时期城市废弃地区的生态重构问题，所以景观生态学成为美国景观学科的核心。我国尚处在城市化建设的发展阶段，许多城市的生态基础设施较为落后，如何吸取国外城市建设经验，平衡经济发展与生态和谐的关系成为景观学术界的共识。因此北京大学景观设计学所倡导的景观生态学教育理念与实践具有一定的现实意义。

基于民族性与地域性相结合的角度，有学者将风景园林学科的四个专业时期：造园专业时期（1952 ~ 1956 年）、城市及居民区绿化专业时期（1956 ~ 1964 年）、园林专业时期（1964 ~ 1979 年）和风景园林专业时期（1979 ~ 1998 年，2006 年至今）对应汪菊渊先生的园林学三层次。其中造园专业时期对应传统园林学层次，包括园林史、园林植物和园林建筑等部分内容，是庭园的尺度；城市及居民区绿化专业与园林专业时期对应城市绿化学层次，重点研究绿化在城市建设中所起的作用，内容包括公园、广场、街道等城市绿地系统设计。城市绿化学面向城市的公共空间，是城市的尺度；风景园林专业时期面对大地景物规划学层次，强调从审美、社会效益和生态三方面综合评价土地资源，最大程度的保存自然景观，是地球的尺度。风景园林学者认为，这三个层次既是尺度的拓展，是以人为中心的活动场景的逐步扩大，也是将传统园林学拓展至现代文明的探索，是对古典园林视为一个整体理念的继承。这可以清晰地看出，虽然随着时代的发展园林学的形式和内容都发生了相应的变化，但古典园林文化中的景域理念始终是风景园林学科所主张坚守和发扬的学科核心。

在中国建筑工业出版社出版的《景观设计：专业、学科与教育》（2003）中，俞孔坚先生也将景观设计学划分为景观规划（Landscape Planning）与景观设计（Landscape Design）两个部分，其中景观设计大致可以对应汪菊渊先生的城市绿化学层次，景观规划可以对应大地景物规划学层次。由于景观设计学专业是依照美国哈佛大学的景观学科体系设立，因此没有涵盖传统园林学的内容。俞孔坚先生认为景观设计学科是我国应对日益严重的人地关系危机的新学科，造园艺术虽然也在一定程度上反映了人地关系，但存在较大的片面性。同时俞孔坚先生指出我国当代城市化妆运动、城市环境建设等种种误区的重要根源就是传统园林的价值观和审美观；必须颠覆以古典园林艺术作为学科本源的思想，使景观学科回归“生存的艺术”的本质，在解决环境问题中发挥主导作用。因此景观设计学应该摒弃消遣艺术，重归协调人地关系的定位，并建立起一个维护生态过程的国土安全格局与生态基础设施，这也是景观设计学的核心内容。

对于一个成熟的学科而言其研究对象和范畴是相对明晰的，具有相对完整的研究体系。而景观学科由于具有较强的综合性，研究对象广泛，难以界定。植物学、生态学、地理学、建筑学、规划学、工程学、美学、游憩学和心理学与景观学科的关系都十分紧密，但是也存在差异。所以对于我国的景观学科而言，不能将研究对象进行简单的相加，应该是以设计层面和空间规划为基础，将同一界面中文化与自然高度协调的综合体——景域作为研究对象。景域的构建主要是通过场景来实现，在园林艺术中场景是最基本的客观存在，同时也是内涵最为丰富和多样的，场景中的人受到环境的情绪感染而产生的联想通常称为意境。因此景域就是人通过客观存在的空间而产生的主观意识，是以人的活动类型为出发点构建的审美场景，而不是以景物为中心。

我国的景观教育体系以学科类别作为知识划分体系。农林院校以植物培植和软景空间营造见长，建工院校以工程技术和城市规划为特色，艺术院校强调人文关怀和美感，地理院校以土地资源开发利用和生态环境保护为发展方向。这些学科在将景观元素进行分解的同时，导致了景观学科研究对象的破碎。更为重要的是，这种分解是将人排除在学科体系之外的分解，必然造成部分景观作品只强调视觉冲击，忽视作为使用者的基本功能需要。从这个意义上分析，古典园林文化中的景域观念在当代仍然具有现实意义。

目前我国景观学科逐渐暴露出更多的问题，也担负起更大的责任。古典园林围墙倒塌的同时，景域的界面扩张到了城市、田野，甚至涵盖全球。针对我国景观学科在空间上不断开放、学科范畴不断拓展的发展阶段，如何有效保护和合理利用地球资源，实现生态平衡等都是亟待解决的严峻问题。只有立足于以空间规划设计为核心，才能在多学科研究框架内对研究对象进行有效的理解和掌握。

4.4.3 学界对新名词的坚持与推动

在我国景观学科发展初期，众多学者对造园学、庭园学或风致园艺等学科名词提出了不同看法，他们认为这些名词的概念含义偏窄，最大范围不超过城市公园，而很难涵盖 L.A.(Landscape Architecture)学科所具有的大地景色、风景区和生态系统的意义。因此，当风景建筑学、景园建筑学、景观营建学等学科名称出现时，许多学者虽然并不赞成将学科英文名中的“Architecture”翻译成“建筑”，但为了与国际接轨，这些名称仍然得以广泛应用。

目前国内景观教育的三大主流学科各自以风景园林学、景观设计学和景观学（景观建筑学）作为学科名称，其中两大学科门类选择“景观”作为“Landscape”的中文翻译。可见，对于坚持景观一词的学者而言，并非单纯的翻译差异，更代表了学科范畴和从业范围的区别。

有学者希望通过该名称的更换，对我国的 L.A. 学科重新定位。刘滨谊先生在 20 世纪 90 年代发表了一系列文章阐述对于 L.A. 学科基本的理解，形成了景观规划三元论的思想，从而奠定了在国内景观学教育体系的理论基础，成为 21 世纪以来同济大学景观学专业诞生和教育改革的指导性纲领。景观规划三元论思想的核心是以协调人与自然的关系作为景观学学科定位，建立在广泛的人文艺术学科和自然科学基础上的综合性应用性学科，通过规划、设计、保护与利用人文与自然景观资源，实现创造及维护和谐人居环境的总体目标。同一时期，俞孔坚先生也围绕“定位景观设计学”阐述自己观点。对于刘滨谊先生和俞孔坚先生两位具有在美国访学或留学经历的教授来说，他们潜意识将美国的 Landscape Architecture 学科作为中国景观学科的摹本。

风景园林学界对我国地理学界、建筑学界和设计艺术学界对景观一词的坚持是难以想象的，这些学科也成为景观教育和行业发展的有力推动者。20 世纪 80 年代以来，许多非景观教育背景的学者不断诠释和使用景观规划、景观设计、城市景观和景观艺术等词汇，这些词汇多数已经成为当前普遍的景观行业用语。

2002 年开始，华南理工大学、清华大学、东南大学和重庆大学四所建筑院校都在建筑学一级博士点下自行设置景观建筑学二级学科，同济大学也设置了相应的景观规划设计学学科。与此同时有更多的高校院系相继设立或更名为景观学系或景观教研室、景观组等。2003 年西南交通大学建筑学院开办景观建筑设计专业，虽然有同属于工学门类的风景园林专业（2006 年恢复设置），但显然景观建筑设计专业和 2006 年设立的景观学专业更受到建筑院系的欢迎。

景观所具有的视觉性意味，更是受艺术设计专业偏爱。目前艺术设计教育界编撰的教材其主要内容通常包括：景观设计构成、景观设计方法与程序、景观设计表达及公共设施设计等，内容驳杂。但可以肯定的是，这里由绝大多数环境艺术设计师所理解的习惯使用的景观一词，不具备地理学和生态学意义，两者含义有较大的区别。

因此要寻求在多元学科环境下统一的学科认识，只能依靠行业和研究学者的自律。在使用景观作为研究和使用对象时，最好限定其视觉景象、场地综合信息或者其他学科属性，切勿盲目使用，以免混淆。

4.4.4　风景园林学的“时态”取向

在中文语境中，风景与景观，风景园林学与景观设计学之间孰的指代范围更广、更具前沿性是景观学科中派系争论的另一个焦点。在汉语中，风景一词更具有视觉效果的意味。风景园林学科被学者们普遍认为偏重于视觉感官上的景物、景象等词义，其概念与生态学、地理学的学科内涵差别较大。反观景观所持有的生态系统、自然地域综合体、视觉景象等词义，为地理学、生态学、设计艺术学等学科以景观为名分享风景园林学科的研究领域找到出口。

与风景园林学相比，景观设计学对于 Landscape Architecture 学科中的大地景观规划的理解是充分的，这也将成为未来学科发展的主要方向。此外景观还涵盖了风景园林学科城市园林绿化概念所不及的城市景观与城市设计领域。

地理学对景观的基本定义为基于人类尺度上具有某个限定区域和地表可见景象的综合含义；生态学认为景观是一个对任何生态系统进行空间研究的生态学标尺，代表任意尺度上的空间异质性，具有数千米尺度的生态系统综合体等可视要素。由此景观学科被认为与地理学、生态学有关，而风景和风景学科通常不包含这些概念。有学者认为风景园林学科更注重景观的视觉感知，是对于景观美学性质的研究，景观设计学科和景观生态学更加关注生态格局与形成过程，景观地理学注重研究景观的类型与组合。因此景观的多学科含义悬殊将成为景观教育研究学者难以回避的问题。

学科和行业中景观研究的兴起，最初是受到风景名胜区相关研究的启发，后又受景观生态学的影响。当前许多景观学说的支持者大都受到过传统风景园林学教育体系的培养，就某种程度而言，风景园林学孕育或催生了景观设计学和景观学。尽管如此，仍有不少学者认为景观设计学和景观学已超越了风景园林学。俞孔坚先生为 Landscape

Architecture 学科的中译名中，风景园林学已是过去式，景观设计学是现在式，土地设计学将是未来式。刘滨谊先生也有相似观点，即风景园林—风景建筑学—景观规划设计—景观学。

对此，风景园林学者普遍认为这种超越论过于乐观，从汪菊渊先生的园林学三层次到孙筱祥先生的地球表层规划学科建议都是对此观点的回应，并且认为这些学科发展替代论实际上更多是一些词语概念间的替换。这些分歧表明，景观学科范畴及研究范式的确立，还需要一个较长时期的过程。

4.5 小结

改革开放以来的景观教育，从根本上讲是以学科理念为基础，以各具特色的教育体制与教学模式为标志的多元化发展过程。本章从目前我国景观教育的实际出发，对1979 年以来的景观学科思潮从历史和逻辑相统一的角度进行梳理和阐述，对我国景观学科派系所涵盖的理念层面渊源及差异之间的相互联系和转化进行深入地揭示，为理清当前我国景观教育现象奠定了基础。

纵观我国景观学科发展历程，可以发现在每一时期中总有主流以及支流；然而常有一些支流取代了主流。1950 年前后的观赏园艺组是主流，但是后来被嫁接了建筑学知识的造园组代替了。1958 年“大跃进”时期，城市及居民区绿化专业是主流，园林规划设计专门化兴起之后，前者强调自身与绿化有着重要区别，并自觉注入了中国传统园林艺术，最终形成了新的园林学科。20 世纪 80 年代，园林绿化专业和园林学科是主流，强调风景名胜区实践领域的风景园林专业兴起之后，在研究生教育层面，风景园林规划与设计取代了园林规划与设计，风景园林逐渐取代园林作为本学科的名称。随着景观研究和传播的兴起，它能否取代风景园林成为新学科的名称已经成为学界讨论的热点问题。

第 5 章　景观专业的起源、发展与演变

5.1　发轫于农：中国早期景观专业的探索

5.1.1　庭园学与造园学课程

我国高等教育开设景观课程较早，与美、日等国相比也仅晚了十余年（王绍增，1999）。景观专业最早开始于农学学科，随后转向工学，在 20 世纪末又扩展到了文学和理学学科，这一过程始终伴随着我国教育体制的改革和完善。尽管从目前出版物中，难以直接发现我国相对完整的景观专业开设记录，仅能以相关教育家传记、院校校史档案进行推测。但仍有史料表明，19 世纪 20 年代在一些高等学校的建筑科和园艺科以师徒传授教育方式开设的庭园学、景园学的课程是现代景观专业最早的专业课程 [120]。

1933 年，章守玉先生在《花卉园艺学》中提出了风致园艺（Landscape Gardening）思想①（表 5-1）。他认为早期的园艺学实际上是与种植相关的技艺②。在近代，园艺范围得到了不断的拓展，种植瓜果蔬菜包括树木观赏都可称作园艺，园艺已不再是单纯的园地培植。由此，章守玉先生将园艺学划分为四类（图 5-1），其中风致园艺主要研究的对象是庭园的布置及公园的设计，后来逐渐发展为“庭园学”（Landscape Gardening）。

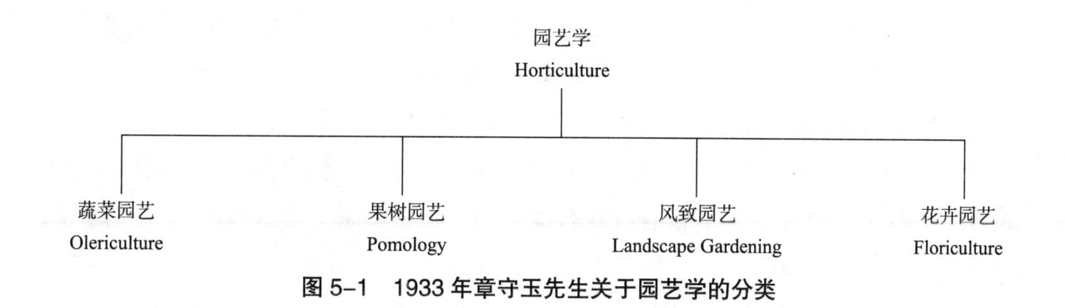

图 5–1　1933 年章守玉先生关于园艺学的分类

① 章守玉先生 1912 年考入江苏省立第二农业学校园艺科，1915 年留校实习。1919 年前往日本深造，曾就读于日本千叶高等园艺学校，学习蔬菜园艺、果树园艺、花卉园艺，专攻风致园艺。章先生于 1922 年回校任教。

② “园艺者，谓园地之艺植出”。章君瑜 . 花卉园艺学（九版）[M]. 上海：商务印书馆，1947：1-2.

《花卉园艺学》的目次（1947 年） 表 5–1

章	节
第一章 总论	第一节 花卉之分类；第二节 土壤；第三节 花圃整地及培养土配制；第四节 花卉之繁殖；第五节 花卉之移植；第六节 花卉之管理；第七节 花坛；第八节 温室
第二章 球根花类栽培法	第一节 水仙类；第二节 樱草花；第三节 酢浆草；第四节 风信子；第五节 郁金香；第六节 白头翁；第七节 水芋；第八节 苍兰；第九节 小鸢尾；第十节 石蒜；第十一节 大岩桐；第十二节 秋海棠类；第十三节 睡莲；第十四节 荷花；第十五节 蝴蝶花类；第十六节 唐菖蒲；第十七节 百合；第十八节 大丽菊；第十九节 美人蕉；第二十节 铃兰
第三章 一二年草花类栽培法	第一节 三色堇；第二节 金盏花；第三节 幌菊；第四节 矢车菊；第五节 飞燕草；第六节瓜叶菊；第七节 草夹竹桃；第八节 捕虫瞿麦；第九节 勿忘草；第十节 罂粟类；第十一节 金英花；第十二节 撞羽朝颜；第十三节 香豌豆；第十四节 蒲包花；第十五节 金莲花；第十六节 胜红蓟；第十七节 天人菊；第十八节 百日草；第十九节 万寿菊；第二十节 轮锋菊；第二十一节 金鸡菊；第二十二节 麦秆菊；第二十三节 千日红；第二十四节 撒尔维亚；第二十五节 山梗菜；第二十六节 凤仙花；第二十七节 茑萝；第二十八节 半支莲；第二十九节 牵牛花；第三十节 鸡冠类；第三十一节 大波斯菊；第三十二节 翠菊
第四章 宿根草花类栽培法	第一节 延命菊；第二节 海石竹；第三节 香紫罗兰；第四节 香堇菜；第五节 樱草类；第六节 海角樱草；第七节 香石竹；第八节 荷包牡丹；第九节 沟酸浆；第十节 羽扇豆；第十一节 美人樱；第十二节 金鱼草；第十三节 彩叶草；第十四节 芍药；第十五节 兰花；第十六节 菊花；第十七节 天竺葵；第十八节 灯笼海棠；第十九节 天芥菜；第二十节 茼蒿菊；第二十一节 松叶菊；第二十二节 五色绣球
第五章 花木类栽培法	第一节 牡丹；第二节 杜鹃类；第三节 蔷薇类；第四节 山茶；第五节 珠兰；第六节 茉莉；第七节 迎春；第八节 绣球；第九节 夹竹桃；第十节 瑞香；第十一节 紫藤；第十二节 蜡梅；第十三节 梅；第十四节 白兰花；第十五节 代代

注：根据参考文献① 整理而成。

随着近代“造园学”（Landscape Architecture）由我国学者从日本景观学科翻译引进，逐渐成为庭园学及景园学科目的统一称谓。1930 年，浙江大学园艺系范肖岩先生在《造园法》一书中讲述了东西方园林的造园特色和传统风格。范先生认为，造园（Garden Making）是为了满足特定单位需要而营造的私人庭园（表 5-2），此观点并未涉及公共场所的庭园、公园的工程设计与技术，现在看来具有一定的局限性。陈植先生于 1931 ~ 1933 年期间，在国立中央大学森林系开设了造园学课程。1935 年出版的《造园学概论》是当时教材的修订版，同时入选了《大学丛书》[121]。

《造园学概论》是我国早期景观专业广泛应用的教科书，该书参考了大量欧美、日本的造园学专著，出现了许多新的行业名词，如“天然公园（风景名胜区）”“都市美（城市设计）”等，体现了当时主要的造园学思想（表 5-3）。1930 年，陈先生在《都市与公园论》中以“造园学”来对应“Landscape Architecture”，这是我国最早的 L.A. 学科中文译名。

① 章君瑜．花卉园艺学（九版）[M]. 上海：商务印书馆，1947：1-2.

《造园法》的目次（1930 年）　　表 5-2

章	节
第一章　叙论	第一节 庭园与人生；第二节 庭园之分类；第三节 庭园之历史
第二章　庭园设计	第一节 最近造园形式之趋向；第二节 造园家应取之步骤；第三节 庭园设计之概要
第三章　造园设计实施法	第一节 土地；第二节 房屋之位置；第三节 筑路法；第四节 绿草地；第五节 树木之布置及栽植法；第六节 花坛及花径之布置；第七节 透视线；第八节 水之利用及布置；第九节 岩石之布置及利用；第十节 桥；第十一节 垣栅及绿篱；第十二节 温室；第十三节 花棚；第十四节 蔷薇架；第十五节 雕刻物；第十六节 座椅；第十七节 园亭；第十八节 运动场及球场；第十九节 施工预算书
第四章　特种庭园之设计概要	第一节 花卉栽培园；第二节 蔷薇园；第三节 高山植物园；第四节 果树园；第五节 蔬菜园；第六节 植物园；第七节 动物园；第八节 学校园
附录	一 重要观赏树木一览表
	二 重要草地一览表

注：根据参考文献①整理而成。

《造园学概论》的目次（1947 年）　　表 5-3

编	章
第一编　总论	第一章 造园学之意义；第二章 造园学于学术界之地位；第三章 造园学之体系；第四章 造园之分类
第二编　造园史	第一章 中国造园史；第二章 西洋造园史；第三章 日本造园史
第三编　造园各论	第一章 庭园；第二章 都市公园；第三章 天然公园；第四章 植物园；第五章 公墓；第六章 都市美
第四编　结论	第一章 国内造园近况；第二章 南京都市美增进之必要；第三章 对于我国造园教育之管见；第四章 对于我国造园行政管见

注：根据参考文献②③整理而成。

庭园学课程也曾在国内大学建筑系中开设，这有可能是参考日本建筑系课程设置方式的设立（表 5-4）。早在 20 世纪 20 年代，日本建筑系就开设有庭园学的相关的课程。1922 年刘敦桢先生从日本留学归来在中央大学任教，期间对庭园学课程的设置起到一定的影响。庭园学科目最早出现在 1933 年发布的《中央大学建筑工程系课程标准》中，开设于第四年的第一个学期，2 个学分[30]。都市计划等课程则是在同一学年的第二学期进行开设，为 3 个学分。1929 年国民政府出台《大学组织法》，在全国范围内整顿了大学课程，庭园学课程也在此起草的科目表中。

1937 年天津工商学院建筑系也开设了包括都市广域设计以及庭院设计在内的庭园

① 范肖岩．造园法 [M]. 上海：商务印书馆，1930：1-133.
② 陈植．造园学概述（增订本）[M]. 上海：商务印书馆，1947：1-263.
③ 林广思．中国风景园林学科和专业设置的研究 [D]. 北京：北京林业大学，2007：19.

学课程。而此时的庭园学并不是学科的重点课程。从内容上看，中央大学建筑工程系开设的庭园学教授主要内容是庭院平面图绘制，而都市计划课程其主要内容包括对公共建筑市中心区进行划分，规划都市街道等。相对而言，庭园学课程对于建筑外环境设计不是课程的关键，所授内容以“绘制庭园平面图”为主，并没有触及庭园主体的设计流程。可见庭园学严格意义上不能作为建筑学科的核心课程。

1939 年 8 月国民政府再次颁布的高校统一课程规定，确立造园学为森林学系的选修课及园艺学系的必修课,都市设计和庭园学定为建筑系选修课。在这一规定的影响下，造园学课程在农学高校得到了较快发展。

1933 年国立中央大学建筑工程系课目表　　表 5-4

学期	一年级第一学期			一年级第二学期			二年级第一学期			二年级第二学期		
课目	次数	时数	学分	次数	时数	学分	次数	时数	学分	次数	时数	学分
党议	01	1	1	01	1	1						
国文	03	3	3	03	3	3						
英文	03	3	3	03	3	3						
法文	03	3	3	03	3	3	03	3	3	03	3	3
微积分	04	4	3	04	4	3						
普通物理	04	7	4									
投影几何	02	7	4									
徒手画	02	6	2									
建筑初则及建筑画	02/01	6	2									
普通体育			1			1			1			
军事训练			1.5			1.5			1.5			1.5
透视学				02	4	2						
模型素描				02	6	2	02	6	2	02	6	2
初级图案				03	9	3						
建筑图案							04	12	4	05	15	5
建筑史							02	2	2	2	2	2
营造法							03	6	4	03	6	4
应用力学							04	4	4			
材料力学										04	4	4
水彩画							01	3	1	01	3	1
阴影法							02	4	2			
合计			27.5			22.5			24.5			22.5

续表

学期	一年级第一学期			一年级第二学期			二年级第一学期			二年级第二学期		
课目	次数	时数	学分	次数	时数	学分	次数	时数	学分	次数	时数	学分
建筑图案	06	18	6	06	18	6	06	18	6	06	18	6
内部装饰	01	4	2	01	4	2						
水彩画	02	6	2	02	6	2	02	6	2	02	6	2
钢筋混凝土	03	6	4									
图解力学	01	4	2									
结构学	04	1	1									
中国建筑史				02	2	2	02	2	2			
钢筋混凝土屋计画				01	4	3						
中国营造法				01	4	2						
美术史				01	1	1						
油绘				02	2	1						
庭园学							01	4	2			
建筑组织							01	1	1			
施工							01	1	1			
房屋给排水							01	1	1			
铁骨构造							01	4	2			
都市计划										02	8	4
建筑师职务及法令										01	1	1
测量										02	5	3
重力学										01	1	1
暖房及通风										02	2	2
估价										01	1	1
泥塑术										02	6	2
普通体育			1			1			1			
合计			18			19			18			22

注：根据参考文献[①]整理而成。

5.1.2　观赏组系列课程实践

1949 年至 1952 年，观赏园艺组就已经在金陵大学、复旦大学以及浙江大学等高校的园艺系中开设。虽然有明确的文献记载，但关于观赏组的报道非常有限。“观赏

① 课目说明：庭园学“授一画三，四年级上学期必修，授绘建筑物庭园平面”；都市计划“画六讲二，必修，授划古今都市街道及转运制度之轻便公园之规划，及公共建筑市中心区等一切计划”。——引自：曹慧灵，陈伯超．20 纪 30 年代初期中央大学建筑工程系史料 [C]//2004-2004 年中国近代建筑史研讨会 .2004.7：651-656.

组”一词首次出现在《金陵大学校刊》中，该刊第351期载文称“观赏组程世抚先生”。经过多方查实，可以确定观赏组是程世抚先生于1945年在金陵大学时创建①，程先生调任上海后由李驹先生代授观赏组课程。关于金陵大学观赏组的课程设置需要进一步的考证，目前也只能核实开设有造园学必修课以及关于城市计划的讲座[122]。分组教学在金陵大学园艺系出现较早。在19世纪30年代初期，该系就分设蔬菜园艺、果树园艺、欣赏园艺和园艺利用四组。这种分类方式表面上与园艺学科分类相类似，但实际上仅是作为毕业论文的方向。金陵大学观赏组不久更名为花卉组，显然其课程体系亟待完善。

复旦大学观赏组相教金陵大学而言课程体系较为完备。1949年秋，复旦园艺系分别成立观赏组以及果蔬组。经过频繁修订，观赏组最终在九门专业必修课程中将造园学定为重点课程。造园学课程由留学法国的毛宗良先生和留学日本的章守玉先生共同讲授②，其最大特色是突出了观赏植物的核心地位。章守玉先生认为造园学的主体是观赏植物，应当着重强调。观赏组分别设立造园学概论、观赏树木及造园学课程，在不同年级贯彻执行。同时以温室园艺、植物分类等课程群为辅助，使学生能够对植物进行有效、合理的布置。因此复旦大学观赏组以造园学为主体的课程体系有别于陈植先生所倡导的造园学，两者专业范畴存在较大的差异。1952年复旦大学园艺系被转入沈阳农学院成立观赏园艺教研组，一年后停办。复旦大学观赏组只开设了1949级和1950级两届，期间共有18名毕业生[123]。

日本景观教育思想对于我国近代观赏组课程的开设及园艺学专业的发展影响深远。国立浙江大学农学院园艺组与国立复旦大学农学院园艺系观赏组开设的系列课程，很多是由留日教师回国开设。虽然相差了15年，但比较2所高校的课程可以发现，主要必修课程的性质十分类似（表5-5）。值得一提的是，浙江大学在程世抚先生任职期间（1933～1937年）还曾开设了“都市计划”课程，这比同济大学开设同类课程早了13年。

造园学引入我国的时间较晚。早在1915年，日本农科院校就已经开设了造园学，我国于20世纪初从日本引进了园艺学的3个分支③，造园学不在其列。因此，1926年童玉民先生对园艺学重新分类（图5-2）。童先生认为，从词义上看“Landscape Gardening”既可以理解成“造园”或者“造庭园艺”，也可称为“风致园艺”。这

① 程世抚先生1929年毕业于金陵大学园艺系后，曾在美国哈佛大学景观设计研究生院和康奈尔大学进修，在1932年获得景观设计硕士学位。同年前往到欧洲，针对造园史以及城市建设进行了调研，同时大量收集书籍资料。这些为程先生成为我国首批城市规划师奠定了基础。

② 期间毛宗良先生担任复旦大学园艺系主任，主授西欧庭园；章守玉先生负责主授中日庭园。

③ 园艺学由日本引进，共分为：花卉园艺学、蔬菜园艺学和果树园艺学三个分支。

一解释与 1933 年章守玉先生在《花卉园艺学》中，提出的“风致园艺（Landscape Gardening）”观点相一致。这说明我国景观学科也经历了从“Landscape Gardening”发展为“Landscape Architecture”的历史阶段。而前一阶段就已经有学者提出过学科的中文对应名称，而这一名称显然受到日本景观教育思想影响。

复旦大学观赏组专业必修课程与浙江大学园艺系必修课程的比较　　表 5-5

国立浙江大学农学院园艺组（1934 年秋季）				国立复旦大学农学院园艺系观赏组（1949 年秋季）				
课程	年级	学期	学分	课程	年级	学期	学分	备注
测量	二年级	上学期	3	花卉园艺	二年级	上、下学期	6	分组前已设
花卉	二年级	下学期	3	植物分类	二年级	上、下学期	6	
观赏树木	三年级	上学期	3	测量学	二年级	上学期	3	
温室苗圃学	三年级	上学期	3	画图	二年级	上学期	3	
造庭学	三年级	下学期	4	造园学概论	二年级	下学期	3	半年后取消
都市计划	四年级	上学期	2	观赏树木	三年级	上、下学期	6	分组前已设
种植制图	四年级	上学期	2	造园学	四年级	上、下学期	6	分组前已设
园艺植物生理	四年级	下学期	3	温室园艺	四年级	上学期	3	
				温室花卉	四年级	下学期	3	

注：根据相关参考文献整理而成，见参考文献[①②③④⑤]。

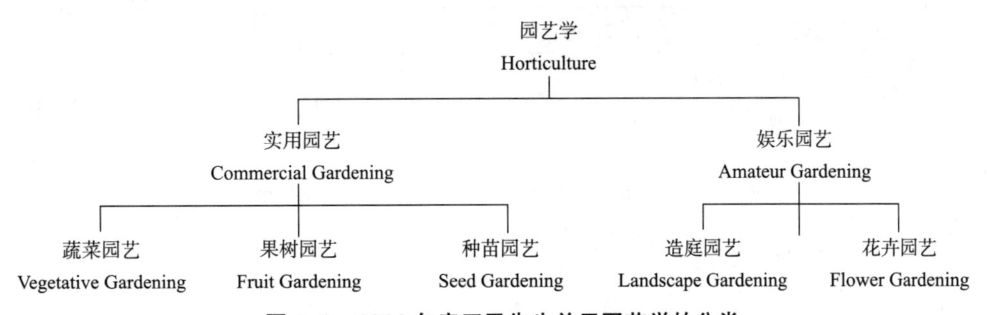

图 5-2　1926 年童玉民先生关于园艺学的分类

① 林广思．中国风景园林学科和专业设置的研究 [D]. 北京：北京林业大学，2007：22.

② 园艺系．改革课程的前途 [J]. 复旦农学院通讯，1950，1（4）：7.

③ 复旦大学农学院园艺系．一九五一年 3 月 3 日由系务委员会重新修订的各学年课程表 [J]. 复旦农学院通讯，1951，2（7）：9.

④ 园艺学系．园艺学系 1951 年度第一学期教学工作总结 [J]. 复旦农学院通讯，1951，2（12）：4-5.

⑤ 国立浙江大学要览．二十三年度 [R]. 杭州：国立浙江大学，1935：72-76.

童玉民先生的园艺学分类法对1934年国立浙江大学园艺组“造庭学”课程（三年级下学期开设，4学分）和1949年国立复旦大学园艺系观赏组“造园学”课程（四年级上、下学期开设，6学分）的开设起到启蒙作用。从此后浙江大学的“庭院设计”课程和其他相关出版刊物可以看出，童先生的分类方法得到了较大范围的认同。

1950年全国首届高等教育会议讨论通过了《高等学校暂行规程》。高校规程指出教学研究指导组是教学的各环节的基础，应由校（院）长从教授中间聘任一名作为教研组主任负责主管，并择优选拔具有类似性科目的教师组成。因此，教学研究指导组是中华人民共和国成立后才产生的。和金陵大学、复旦大学不同，浙江大学并没有设立观赏园艺组。1952年全国院系调整之后，浙江大学森林系调整到东北林学院。与此同时，在留任教授开设的森林学课程基础上，成立了“森林造园教研组”。教研组与中华人民共和国成立前以系为单位的学科体系——观赏组不同，起初只是作为教学单位，后来逐渐发展为一个专业单位。但森林造园教研组实际培养方式与观赏组一样，都是从二年级开始分组教学。虽然没有明确的专业名称，但从1950到1953年共培养了3名毕业生。森林造园教研组开设时间较短，一年之后便解散了。浙江大学森林造园教研组在教师组成上接近于后来的造园组，主要成员有熊同和、孙筱祥等（表5-6）。此外，森林造园教研组在课程安排上强调观赏植物和园林建筑设计相结合，这是我国早期景观专业的又一次重要实践。

1952～1953年浙江大学“森林造园教研组”主要课程和师资一览表　　表5-6

<table>
<tr><th>序号</th><th>课程</th><th>师资</th><th>职称</th><th>备注</th></tr>
<tr><td>1</td><td>园艺产品加工</td><td>熊同和</td><td>教授</td><td>园艺系主任</td></tr>
<tr><td>2</td><td>观赏树木学</td><td>林汝瑶</td><td>教授</td><td>校总务处长</td></tr>
<tr><td>3</td><td>花卉学</td><td>蒋芸生</td><td>教授</td><td>—</td></tr>
<tr><td>4</td><td>制图绘画</td><td rowspan="2">孙筱祥①</td><td rowspan="2">讲师</td><td rowspan="2">教研室主任</td></tr>
<tr><td>5</td><td>观赏园艺</td></tr>
<tr><td>6</td><td>园林建筑</td><td>吴寅</td><td>兼职教授</td><td>杭州都市计划委员会委员</td></tr>
<tr><td>7</td><td>造园学</td><td>储椒生</td><td>副教授</td><td>—</td></tr>
<tr><td rowspan="3">8</td><td rowspan="3">建筑结构</td><td>姚永正</td><td>美术助教</td><td>—</td></tr>
<tr><td>尹兆培</td><td>观赏园艺助教</td><td>—</td></tr>
<tr><td>—</td><td>—</td><td>杭州市建筑事务所建筑师</td></tr>
</table>

注：根据相关参考文献整理而成。

① 孙筱祥先生在时任杭州都市计划委员会委员（1951～1955年）和杭州西湖风景建设小组长（1950～1955年），正在设计规划杭州植物园（1952～1953年）及杭州花港观鱼公园（1951～1954年）。长期实践结合教学探索，使孙筱祥先生成为中国风景园林学科与专业发展的重要推动者之一。

5.1.3　从造园组到造园专业

北京农业大学迁回北京后采取了学分学年制度，在园艺系共开设有 4 门专业课，内容均以园艺学为主。其中原金陵大学副教授汪菊渊先生主授观赏园艺课程，包括庭园设计和蔬菜园艺[①]。中华人民共和国成立以来，面对社会迫切需要造园专业人才这一现实，汪菊渊先生决心改革农科体系下的园艺学课程，开始尝试与工科结合，成立造园专组[②]。这一想法得到了北京农业大学的校委会、清华大学营建学系以及北京市都市规划委员会的支持。1951 年，汪菊渊先生和清华大学吴良镛先生共同计划筹建造园组。不久教育部正式下达批文，批准北京农业大学园艺系成立“造园艺术教研组”。

清华大学营建学系开办造园学课程也并非偶然。梁思成先生在进行《清华大学工学院营建系（建筑工程系）学制及学程计划草案》的草案拟定中，曾对造园学系课程的构建提出了构思。吴良镛先生也与造园学科颇有渊源。吴先生早年曾选修过对毛宗良先生的庭园学课程，并于 1948 年访美留学期间专程拜访了哈佛大学景观研究院。在与北京农业大学合办造园组后，清华大学营建学系城市计划教研组改名为“城市计划与园林建设教研组”。

造园组与早期金陵大学、复旦大学观赏组的区别在于，它并没有单纯引入西方的造园教育观念，而是更加重视对我国传统园艺学专业在新历史时期的继承和发扬。造园组课程设置与 1946 年北京农业大学开设的园艺学课程相比，系统专业化特征更加明显，更能满足社会的需求（图 5-3）。从课程单上可以得知，水彩、素描属于艺术学范畴；城市计划、测量学、制图、营造学、中国建筑属于工学范畴；森林学、植物分类属于农学范畴；公园设计以及园林工程则更倾向于农、工学科交叉课程。两大主干学科的结合既是我国景观专业与国际接轨的里程碑，也是景观学科建设上重要的突破。

1951 至 1952 年，汪先生先后从北京农业大学园艺系选送 20 人进入清华大学营建学系借读。同时，造园组以实践的需求为基础不断对课程进行调整和补充。1952 年中旬，造园组组织学生前往江浙一带实习，第二年又在承德避暑山庄实地考察。1953 年造园组 8 名学生顺利毕业。同年 8 月，清华大学与北京农业大学的造园组合约到期，造园组迁回北京农业大学自办，后于 1956 年调整至北京林学院。在国家再次进行了大规模专业设置改革和院系调整后，清华大学调整为综合性重点工业大学，建筑系城市计划

① 汪菊渊先生 1929—1931 年就读于苏州东吴大学理学院化学系，后转入南京金陵大学农学院农艺系就读，主系园艺。1936—1944 年间任教金陵大学。1946 年任北京大学农学院园艺系副教授，讲授观赏树木、造园艺术、蔬菜园艺及花卉园艺学等课程。

② 1951 年 8 月 15 日，汪菊渊教授报告提出：“自新中国建设展开后，造园专才收到各方面的迫切需求，都市计划委员会希望我们为此专设一组，系里均已赞成，但设组需清华建筑系合作。也曾与清华周培源教务长及梁思成商洽，已荷同意。”

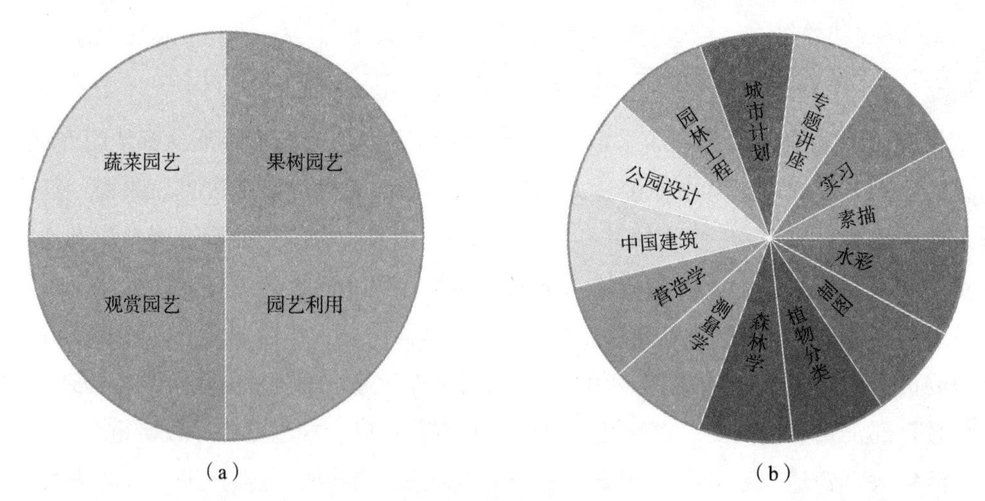

图 5–3　1946 年北京农业大学园艺系专业课程与 1951 年造园艺术教研组课程的比较

（a）1946 年园艺系课程；（b）1951 年造园艺术教研组课程

与园林建设教研组恢复了先前的“城市计划教研组”名称。尽管清华大学退出合办园组，但从此奠定了古典园林研究基础，为 2003 年该校开办景观学专业积累了丰富经验。

从 1950 年开始高校开始了教学改革的序幕，大学更加注重对专业型人才的培养。同年高等教育部提出，高校主要目标是培养各行业建设人才，各高校应当积极配合业务部门，向专门化人才培养方面发展，不断满足日益增长的国家建设需要。

1952 年教育部发布《关于全国农学院院长会议的报告》，提出借鉴苏联相关经验，重点研究专业设置等相关问题。报告还做出改革专业课程、调整办学方针的决定，强调以满足学校所在地区的生产需要为专业设置基本原则。由此，造园组发展为国家唯一批准设立的造园专业。至此，造园学在被我国大学森林系、园艺系、建筑系选定为专业课程 30 年余后正式成为专业。

1953 年造园专业迁回北京农业大学自办后，因师资所限，造园专业停止招生。造园专业在社会范围内引起广泛反响，此后各级省、市园林处、局相继成立，负责各地园林设计管理，极大推动了我国城市建设事业的发展。

5.1.4　城市居民区绿化专业

造园组的创立使造园专业得到了快速发展，与此同时关于专业名称的讨论也逐渐增多。1952 年北京农业大学在高等教育部的支持下，获得了列宁格勒林学院的教学大纲，并且希望将造园专业更名为城市及居民区绿化专业。但高等教育部希望参考苏联在专业设置方面的成熟经验，将造园专业从农业院校调整到林业院校。此时北京林学院新成立不久，在师资力量、基础教学、课程设置等方面与苏联的同类专业设置条件上存在较大差异，因此未能实现。

1954 年国家高等教育部以苏联大学专业目录为蓝本，制定了《高等学校专业目录分类设置草案》。草案共确定 257 种高校专业，分为 40 个种类，涉及 11 个部门。这一草案在列举专业名称时，对培养目标也进行了注明。在这份草案中，依然可以看到童玉明先生关于园艺学专业的分类影响，如将造林专业设置在林学大类、果树专业和蔬菜专业设置在农学类中等。在土木工程类中，城市建筑与经营专业是为数不多的相关专业之一。这些专业的设置与逐渐成熟，为城市及居民区绿化专业、园林建筑专业的设立提供了参考依据。

1956 年初国务院发布《关于知识分子问题的报告》，报告要求国家计划委员会和各相关部门相互协同，商讨未来 10 年科学发展的前景。同时要求制定合理有效的计划，使我国科技水平有较大程度的提升。按照中央指示，高等教育部出台《高等教育十二年规划》，正式将北京农业大学造园专业归入北京林学院，并以“城市及居民区绿化”专业定名。造园专业从农学院园艺系调整到林学院，是继 1939 年造园学课程被国民政府确定为园艺系必修课以来又一历史性变革，从此景观专业体系开始逐步建立。

城市及居民区绿化专业取代造园专业，标志着我国景观专业开始了长达半个世纪的正名之争。这一更名被认为是“向苏联学习”的产物，引起了包括陈植先生在内的许多学者的质疑。大多数学者认为其既不能清晰地指代本专业的特色，也无法继承我国悠久的园林教育传统，反而缩小了专业及实践范畴。事实上在苏联高校中，城市及居民区绿化专业的设置也不多见。在莫斯科林业大学的专业目录中，仅设有城市及居民区绿化专门化，且从属于造林专业（郦芷若，1957）。并且 1954 年颁布的《高等学校专业目录分类设置草案》也未提到城市及居民区绿化专业，因此有学者认为造园专业更名为城市及居民区绿化专业很大程度上受国家行政官员参与制定相关教育规划的影响[124，125]。

城市及居民区绿化专业在汇集了全国范围内优秀教员参与专业建设的同时，也削弱了建筑学系统的教学力量，成为景观专业分化的原因之一。1957 年北京林学院城市及居民区绿化系成立，这是城市及居民区绿化专业最早在全国设立的学科建制。1958 年中国共产党召开八大二次会议后，许多高校在“大跃进”形势的推动下，纷纷地设置新命名的城市及居民区绿化专业以及园林绿化专业，办学规模一度膨胀[126]。但受办学条件局限，专业课程开设数量非常有限，而且大多由刚毕业的年轻教员任教。随着 1961 年中共八届九中全会的召开，这些专业很快被取消。

5.2　由农转工：景观专业从一体走向分化

5.2.1　都市计划与经营专业

20 世纪 40 年代金经昌先生留德归国后到上海任教，于 1947 年起在同济大学开设了都市计划、都市工程设计课程。冯纪忠先生由奥地利回国后在南京都市计划委员会工作，并在同济土木系兼课，讲授建筑学。早在1950年金、冯二先生就倡导同济土木系高年级成立市政组，金先生讲授都市计划、城市道路；冯先生讲授建筑设计、建筑艺术、建筑构造、建筑史；陈盛铎先生教素描[127]；在上海都市计划委员会工作的钟耀华兼任教授。1951年毕业的市政组学生包括陈盛沅、董鉴泓、邓述平等十余人，成为专业及学科建设的骨干。这可以说是建立都市计划与经营专业的前奏。

1952年全国高校按照苏联模式进行院系调整，同济大学在原有的土木工程专业基础上，综合了华东地区圣约翰大学建筑系、之江大学建筑系、浙江美院建筑组、交通大学、复旦大学土木系等十几所高校的土建专业，组建起全国最大土建类工科大学[128]。这些院校部分教师组成了同济大学建筑系，并组成了都市计划教研室，后改为城市规划教研室。1952年成立专业时，一年新生为统一招生，二、三年级学生由原同济、交大、圣约翰、上海工专等校并入的学生转入，由原同济土木系毕业班的部分学生作为本专业第一届学生于1953年初毕业。1953年秋三年级学生提前毕业，大部分分配到中央建筑工程部的城市建设局工作，成为中华人民共和国成立后第一批自己培养的专业工作者[129]。

在建筑系筹建期间，金经昌、冯纪忠等鉴于建筑学科的发展趋势，提出参考苏联土建类专业目录中"都市建筑与经营"(Городское Строительство и Хозяиство) 专业名称及教学计划，建立"都市计划与经营"专业。当时国家教育主管部门规定要学习苏联的专业设置及教学计划，因此虽采用苏联专业目录中的专业名称，但实际培养目标定位在培养城市规划人才。在教学计划中，根据城市规划专业的知识结构对原苏联教学计划做了修改，如对课程设置加以修改，将城市规划课增至三个学期；安排总体规划与详细规划设计课，增加了规划初步、建筑学、设计课的课程时数；将原教学计划的几个施工性质的实习，改为城市现状调查及规划实践。由于以苏联教学计划为蓝本，又增加了城市规划及建筑学的课时，开设课程多达30门。但根据城市规划学科中社会经济学知识的需要，还开出了"基本建设经济"课，由当时上海市城市建设局局长汪季琦兼职讲授，后改为"城市建设经济"课。

在都市计划与经营专业创建过程中，有两点一直贯彻在以后的专业建设中，一是专业应具有市政工程及建筑设计两方面的基础，二是城市规划应成为独立的专业。因此专业开办之初，就强调了教学实践的密切结合，师生同去现场访问、调查、测绘、作规划方案，这一传统一直坚持下来。这些工作在国内是较早开展的，不仅为城市建设服务，在学术上也做了一些探讨。

都市计划与经营专业顺应了建筑学科的发展趋势，为今后大规模的建设培养了专门人才，不久后该专业改名为"城市建设与经营"专业。

5.2.2　城市规划专业的触媒

1955 年底冯纪忠先生担任同济大学建筑系主任后，正式申报国家高等教育部设置城市规划专业。这是我国的第一个城市规划专业，也是世界上最早设立的四个城市规划专业之一[130]。1956 年获批后即将 1955 年入学的城建专业（60 届）的 60 人中分出 30 人，改为城规专业的第一班。同年新建的城市规划专业与原城市建设与经营专业（61 届）同时面向全国招生，并在入学后加试素描。1958 年城市规划专业中抽调出十几名学生，按园林专门化方向培养，成为后来风景园林专业的前奏。

1956 年同济大学将城市建设与经营专业由建筑系调出，新建城市建设系。1958 年原建筑系撤销，建筑学专业调入建筑工程系，城市规划专业也调到城市建设系。当时不少学者认为城建与城规专业在培养目标及课程设置上有不少重复，曾一度合并成立了城市规划与建设专业，一年后又将两专业分开。城建专业的培养目标强调了城市道路、给水排水、城市桥梁等工程方面，后来改称城市建设工程专业；城市规划专业的教学计划则增加了建筑基础训练，增加了建筑设计与城市设计的分量。1956 至 1958 年，城市规划专业在发展初期就积极扩大国际交流，城规专业聘请德国专家雷台尔教授两次来同济大学，教授“欧洲城市建设史”及“城市规划原理”。同时指导进修教师，参与合肥市、上海市等地小区规划的实践。城建专业也聘请苏联专家都拉也夫讲授“城市道路与设计”课。

为了配合当时“大跃进”的形式，城规专业学生针对江西、浙江等地一些缺乏地形图的城镇做了快速规划，这些内容在当时国内也是较早开展，推动了城规专业的发展。

5.2.3　分设园林规划专门化

在“大跃进”的浪潮下，同济大学在 1958 年秋季将 1956 级城市建设系城市规划专业四年级两个班共 60 人中分出陈久昆、丁文魁、何绿萍、阎文武、陈奇等 15 人，分设了绿化专业。直到 1960 年这一专业才逐步确定为“园林规划专门化”。园林规划专门化专业为下一阶段创办园林专业奠定了基础，同时也开创了由工学土建类专业培养景观专业人才的先河。

园林规划专门化由同济大学城市建设系副主任李德华先生负责，同时臧庆生以及潘百顺共同管理相关事宜。该校的教师在实践中学习成长，弥补了没有相关课程讲授经验的不足，学生也利用专家讲座和各地实地规划设计的实践机会获得了牢固的专业知识。

就景观专业的发展而言，同济大学园林规划专门化的设立具有承前启后的重要意义。其一，园林规划专门化的设立有其历史渊源，传承了早期景观教育家的教育理念。同济大学的主要教师对于园林规划领域并不陌生。上海市政府 1946 年 3 月成立都市计划小组，黄作燊、金经昌、钟耀华、程世抚、陆谦受以及陈占祥等8人是都市计划图的主要制定者。1951年同济大学中初创建筑系时，主要的教师中就包括了黄作燊以及金经昌等，说明该专业肇建伊始就与园林规划领域紧密联系。而1956年陈从周《苏州园林》的出版，表明部分教师对于古典园林的兴趣。因此园林规划专门化是早期景观专业多元化探索的结果。

再者，园林规划专门化强调景观环境的规划与设计，后来成为景观实践的主要趋势。这为这一专业由"农专工"提供了前提，是景观专业分化的重要标志之一。同济大学1979年建立了建筑系园林绿化专业，而全国同一时期开设该专业的仅有3所院校。1986年创建的城市规划系包含有风景园林专业，说明其和工学存在的紧密联系。1996年，风景园林专业并入城市规划专业。2006年风景园林专业恢复设立时，教育部将其划归到工学门类。

最后，园林规划专门化的教学成果很大程度上促进了建筑院系景观专业的开设。"在战斗中学习"是园林规划专门化的重要特征。1956年城规教研室由邓述平负责筹建资料室，系统收集及制作教学用幻灯片。1957年由城建系编印"城市建设资料集编"，城规专业调整至城建系后，改为铅印的《城乡建设资料汇编》，先后出版了20期，这是后来的《城市规划汇刊》的前身。受教育部委托，同济大学在结合两年来的项目实践经验基础上，组织学生们编写《风景区休疗养规划》和《动物园规划》两本教材，并于1961年油印出版。1961年11月武汉城市建设学院城市建设系园林规划教研组、同济大学城市建筑系规划教研组和南京工学院建筑系规划教研组进行了《城市园林绿化》的编写，次年更名《绿化建设》出版。广大师生在这些教材的编撰期间对相关的素材进行了收集和积累，为三所大学合作完成的《城市园林绿地规划》积累了经验。此后，该书被作为重要的教材被建筑院系长期使用。这些教材对于我国的建筑院系景观专业发展影响是极大的。南京工学院建筑系以及重庆建筑工程学院依次在1986年以及1987年设置风景园林专业，可见教材编撰起了积极作用。

5.2.4 探索时期的园林专业

"园林"一词来源于我国的古语，明代造园专著《园冶》曾经产生过广泛的影响。近代童寯先生的《江南园林志》、陈从周先生的《苏州园林》等著述使得园林的研究更倾向于学术化。而园林以专业名称得以确立，与1958年中共八届六中全会提出的"大地园林化"密切相关。大会提出了《关于人民公社若干问题的决议》，其中要求以地方现有条件为基础，把种农作物面积削减三分之一；土地另外三分之一肥田草、种牧草，轮休使用；剩余土地围湖蓄水、开荒造林，在若干年内实现"大地园林化"。大地园林化作为流行的政治口号，促成了现代园林范畴的泛化。此后，园林不仅是深居江南藏而不露的庭院假山，祖国万里疆域中的田草、林木都可以看作园林。在此背景下，北京林学院将沿袭多年的“观赏树木学”课程名称改作“园林树木学”，同时将“花卉园艺学”课程名称也作了简化,称为“花卉学”。“园林树木学”与“花卉学”共同称为“园林植物”。1960 年北京林学院成立了园林植物教研组，与园林设计教研组相对应，两者构成了园林专业的核心。

1960 年国家建筑工程部在武汉城市建设学院中设立“园林”专业，当年开始招生。该专业由余树勋先生负责，他曾在北京林学院任教。此外也包括了众多从北京林学院城市及居民区绿化专业毕业的教员，其中以阎林甫、冯桂从先生等为代表。武汉城市建设学院的园林专业招生人数不多，一届的人数仅为 20 左右，次年停止招生。虽然园林专业开设时间不长，但却开创性地将建筑学与园艺学结合，这是继森林造园教研组、造园组之后的重要革新。

1963 年教育部会同国家计划委员会编制了统一的《高等学校通用专业目录》和《高等学校绝密、机密专业目录》。国务院对此进行批示，提出专业名称必须充分考虑原名称的沿袭传统，要求简洁明确，在体现专业内容的前提下尽可能地进行统一。报告对少部分缺乏准确性的专业名称做了修改。随后北京林学院按林业部批示将城市及居民区绿化系进行更名，对应专业也改称园林专业。不久后国家下达指示撤销行政及企事业单位盆花以及庭园工作。1965 年 3 月中央出台文件，林业部会同教育部、建设部正式宣布停办园林专业 [131]。

实际上我国“文化大革命”在北京林学院的“园林教育革命运动”时已初露端倪。1964 年北京林学院园林系开始了以“主攻园林”为口号的园林教育革命。同年底，林业部相关人员前往北京林学院对园林专业进行清查，园林系教师也被园林教育革命小组冠以集“封、资、修”之大成等罪名。1965 年 7 月 1 日北京林学院被迫取消了园林系建制，教师成立了园林教研组并入林业系，学院停止了园林专业招生。1966 年夏全国爆发了“文化大革命”,北京林学院大部分师生去林区搞“四清”①。1969 年全校疏散到云南，前后四次搬迁，最后落脚在云南省安宁县，改名云南林业学院 [31]。

1974 年云南林业学院重设园林系并招收工农兵学员。1977 年园林专业在高考恢复后开始招生。不久云南林业学院更名北京林学院并迁回北京，1980 年北京林学院复校后第一次招生，在城市园林系中设置城市园林专业 ②。城市园林专业成立后，学院对专

① 四清运动是指 1963 年至 1966 年，中共中央在全国城乡开展的清政治、清经济、清思想、清组织的社会主义教育运动。

② 1979 年北京林学院因搬迁学校暂停招生。1980 年是复校后第一次招生，共有 6 个专业：林业专业、森林病虫害防治专业、水土保持专业、城市园林专业（按园林植物和园林规划设计两个专门化培养）、木材机械加工专业、林业机械设计与制造专业。招收本科生 229 名，在校生人数为 934 名。——北京林业大学校史编辑部. 北京林业大学校史:1952-2002[M]. 北京：中国林业出版社，2002：244.

业方向的发展产生了分歧。由于北京林学院上报林业部将本科"城市园林"专业分为"园林规划与设计"专业和"园林植物"专业的招生计划没有获得批准，因此国家恢复公开招生后，北京林学院只能对"城市园林"本科专业按"园林规划与设计专门化"以及"园林植物专门化"两个方向进行培养。虽然国家没有认可这两个专业，原则上只能称为"专门化"，但学校还是自称为"专业"并拟定了分专业招生计划。于是，刚刚恢复的园林专业开始出现了分化[125]。1980年城市园林专业试招了自费走读班，这是北京林学院在招生分配制度改革上的一次尝试。

5.2.5 风景园林专业的调整

1982至1987年教育部对高等学校专业目录进行了第二次修订。由于院校师资水平、学科背景各异，教师、学者们在各专业教学模式上存在的不同见解，最终使得园林专业的两大领域：园林植物和园林规划与设计独立开来。1986年教育改革会议上，有委员针对建设部提议提出三点意见：（1）在农学门类加设"观赏园林"专业，侧重于花木培育；（2）针对工学门类专业系目增加"风景园林"专业，侧重园林规划设计；（3）"园林"专业调整到林学资源环境类，侧重于林业生态。由此可见三个专业对于园林专业分化的影响是显而易见的。

随后国家教委颁布了园林、观赏园艺和风景园林的专业目录，各高校在此专业目录的基础上修订了学校原设置的专业名称和培养目标，明确各专业的主干学科和主要课程。1985年北京林学院改名为北京林业大学，次年国家教委颁布了农科林科的专业目录。北京林业大学在此专业目录的基础上修订了学校原设置的专业名称和专业培养目标，确定了各专业的主干学科和主要课程，将原设的8个本科专业中7个专业变更了名称，其中"城市园林"专业改为"园林"专业，学制均为四年，并于当年开始正式招生[35]。

1987年经国家教委批准，在园林规划与设计专门化的基础上设置了工科类风景园林专业（教高字〔1987〕129号文件）。该专业是培养以生态、园林艺术、工程和园林植物应用为综合基础，掌风景区及各类型城市绿地的总体规划、风景园林建筑方案设计及植物配置设计的高级专门人才[35]。由于第二次全国高校专业目录修订时间跨度过长，武汉城市建设学院于1984年先行设立风景园林专业。1985年同济大学在建筑系的基础上成立建筑与城市规划学院，下设建筑系、城市规划系，城市规划系下设城市规划专业与风景园林专业[127]。1987年同济大学建筑与城市规划学院设立风景园林规划与设计专业硕士点。1988年北京林业大学园林系一分为二，成立风景园林系和园林系。1990年10月国务院学位委员会颁发新的研究生专业及学科的目录，将"园林规划设计"专业更名"风景园林规划与设计"，同时其属性也转变成工学门类建筑学。

1993 年北京林业大学园林系扩建为园林学院，将 1986 年国家教育委员会决定设置的“园林”“风景园林”和“观赏园艺”三个专业，扩展为四个专业：“园林”专业综合性较强、以林科院校居多；“城市规划专业（含：风景园林规划与设计）”侧重规划设计，多设于工科及城建院校；“观赏园艺”专业侧重园林植物，多设于农科院校；新增设“旅游管理”专业。各专业在校本科生共约 1300 余人。另招收“园林植物”“观赏园艺”“城市规划专业（含：风景园林规划与设计）”硕士及博士研究生和“旅游管理”硕士研究生，逐渐成为国内外一个专业设置齐全、具有一定规模和影响力的人才培养单位[31]。

20 世纪末城市园林建设事业相对低落，园林教育也受到一定程度影响。1998 年教育部开始第三次全国高校专业目录调整，对同类专业目录进行大量裁减。此次调整将农学“观赏园艺”专业归入“园艺”专业，建设部系统开设的“风景园林”专业调整至“城市规划”的专业中。观赏园艺和风景园林专业的撤销，使得风景园林学科的权威性受到了严重的削弱。风景园林学科被农林学科背景学者认为是与国际 L.A. 学科的相对应的学科，因而风景园林专业在国内具有广泛的影响力。例如“中国园林学会”以“中国风景园林学会”的新名称申请建立一级学会时，英文名称仍为“Chinese Society of Landscape Architecture”。因此风景园林专业的撤销使得许多农林院校的专家、学者致力于恢复该专业。经过 7 年的努力，2005 年国家设立了风景园林专业硕士学位点，并于次年恢复设立风景园林本科专业。

1998 年风景园林专业目录的调整对我国景观教育格局影响深远，一定程度上改变了 21 世纪前 10 年的景观教育资源的分布比例，是造成了 21 世纪初由农学园林专业、工学风景园林专业为主导的园林教育，逐步转型为农、工、理、文多学科并存的景观教育的主要原因之一。从此景观教育涉及的专业范畴更广、学科定位也更为模糊。这是我国景观专业发展的必由之路，也是景观学科和行业内容由城市园林绿化向国土资源保护规划、自然文化遗产管理等领域拓展的必然结果。

5.3 文理并蓄：景观专业多元化的新实践

5.3.1 专业设置政策导向

在国家“十五”建设规划期间，为了进一步增强创新人才培养和选拔机制，鼓励发展创新学科，同时加强对各高校本科专业设置的引导，国家有关部门制定了高校专业目录以外本科专业设置的政策。

2000 年教育部相继出台《高等学校本科专业设置规定》和《关于近期高等学校本科专业设置几个具体问题处理意见的通知》，对设置程序进行了详细说明。根据《2000

年度普通高等学校本科专业设置情况通报》的数据显示当年各类院校新增目录外专业40多个，教育部予以备案的调整专业达1993个。

早在1996年国务院学位委、教育部就已经在研究生专业层面批准部分高校按一级学科行使博士、硕士学位授予权。在此基础上，根据国务院学位委员会颁发的“学位〔2000〕41号”文件——《关于批准部分学位授予单位进行自行审批硕士点工作的通知》，以及教育部“学位〔2002〕47号”文件——《关于做好博士学位授权一级学科范围内自主设置学科、专业工作的几点意见》等相关政策，学位授予单位可以根据现行培养研究生的学科、专业目录在博士学位授权一级学科下的二级学科、专业招收并培养研究生并授予学位。这项措施有利于高校根据实际需求选择研究生专业，一定程度上获得了更大地办学自主权，同时促进了人才培养结构的调整和新兴学科的建设发展，逐渐成为我国研究生培养工作和学位授权审核体制改革的重要方向。

为了优先解决建设西部所需的紧缺专业等问题，国家相关部门还制定了《关于做好高等学校本科专业结构调整工作的几点原则意见（征求意见稿）》，采取多项措施加大对西部地区高校政策倾斜力度。其中主要包括鼓励和支持西部地区重点院校优化专业结构，探索符合专业发展规律的跨学科本科专业设置模式，按二级学院（或系）组织招生。这些措施极大地促进了西部地区景观专业的发展。在2003年国务院学位委员会公布的自主设置二级学科专业名单备案中，西南交通大学的景观工程位列其中。正是在国家一系列教育政策和扶持西部地区教育发展的背景下，西南交通大学开始申请成立国内第一个景观建筑设计本科专业。

5.3.2 景观建筑设计专业

景观建筑设计专业的创立经过了长期准备和多方论证，具有广泛的社会基础。1994年西南交通大学教师邱健赴英国攻读博士学位时，曾重点考察了欧美景观专业的学科建设情况。与此同时，校方在该专业的前景预测、设置条件、培养方案等方面做了充分准备。2001年11月西南交通大学组织国内外著名专家、学者召开申报成立教育部本科专业目录外专业论证会，正式提交了设置“景观建筑学”本科专业的申请。经过一系列论证程序，2002年底教育部最终批准设置“景观建筑设计”专业，西南交通大学由此成为我国第一个开办该本科专业的高校。

2003年西南交通大学正式以景观建筑设计本科专业招收新生，学生毕业可授予工学学士学位。同时教育部批准了该校在土木工程一级学科博士学位点下设置景观工程硕、博士点的申请。景观建筑设计本科专业和景观工程研究生学位点均设置在建筑学院，截至2008年底已招收七届本科生和四届研究生。

景观建筑设计专业的设立是新时期景观教育与社会、经济、行业发展相适应的必然结果，离不开景观教育界同仁的不懈探索。随着市场需求对景观专业人才定位的变化，国家相关部门对景观专业内涵的认识也不断深化。1996 年国家教育部门关于《开展景观学（暂定名）本科（工学）专业教育论证报告》讨论时，建筑学界就有学者提出应以“景观学”代替“园林学”，旨在培养与农林院校有较大差异的景观建筑与工程设计人才。继西南交通大学之后，2004 年又有华南理工大学、四川大学、云南大学等 7 所院校开始招收景观建筑设计专业本科生；2003 年北京大学成立景观设计学(地理学) 研究院开展研究生教育；2004 年清华大学、东南大学、重庆大学等多所高校利用一级学科博士学位点下自主设置二级学科政策招收景观建筑学研究生，华中科技大学等许多高校也正在筹备之中。

截至 2008 年，已有北京大学、北京林业大学、南京林业大学、湖北工业大学、四川农业大学等 16 所高校开设有景观建筑设计专业，至此景观建筑设计专业的发展呈现出燎原之势。景观建筑设计专业对全国城市和环境建设起到了巨大的推动作用，成为建筑学与风景园林学学科交叉发展的新探索。

5.3.3　景观学的生态倾向

从 1869 年海克尔（Heakel）提出“生态学（Ecology）”概念至今，生态学已经有了百余年的发展历史。生态学也由一个研究生物与环境关系的学科发展为当前的纵贯生物、景观等不同领域的综合学科。我国第一个生态学专业由内蒙古大学于 1977 年创立，至 2008 年已有近 40 所高校开办了这一专业。

景观生态学是一门基于地理、生态、经济和系统科学的交叉学科，在经历了景观综合生态学、空间结构生态学发展阶段后，目前进入了区域建设生态学发展阶段。在国外，生态学科与景观学科的关系非常密切，甚至有学者认为国际景观学科所具有的生态学特质是区别于国内风景园林学科的重要特征之一（俞孔坚，2004）。我国自 20 世纪 80 年代初开始介绍国际上景观生态学的发展，立刻受到各方面人士的关注。1989 年 10 月在沈阳召开了全国首届景观生态学学术讨论会，会后出版了这次讨论会的论文集《景观生态学——理论、方法及应用》，此后景观生态学研究日益成为研究的热点问题。

相对于景观生态学研究而言，我国景观生态学的专业教育发展还很短暂。2008 年全国只有中央民族大学生命与环境科学学院和石河子大学理学院招收地理学景观生态学研究生，前者不区分研究方向，后者分为景观生态遥感与地理信息系统、全球变化与生态响应和绿洲资源开发与环境管理三个研究方向，年招生 18 人次。随着景观生态学在协调土地资源的开发利用与保护生态环境方面的作用日益凸显，这一专业无疑将得到更大的发展[132]。

5.3.4 景观艺术设计方向

景观艺术设计是艺术设计专业（环境艺术设计方向）以设计学范式体系来划分实践和研究对象的一个交叉专业方向，强调以环境生态学的观念来指导艺术设计行为，其本质是具有环境意识的、广义上的环境艺术设计，具体表现在室外环境设计方面。从专业角度来理解，艺术设计专业景观艺术设计是以室内外人工环境为中心，通过植物、标识引导系统、公共设施、雕塑和色彩设计等环境艺术创作手段，进行场地景观规划的设计学专业方向。2008年在696个本科层次艺术设计院校中，有超过了77%的院校（共536个学校）设置了环境艺术设计和景观艺术设计方向。

景观艺术设计方向的前身是1984年中国美术学院创立的“环境与室内设计专业”。1987年环境艺术设计专业在西安美术学院试办，1987年12月《普通高等学校社会科学本科专业目录》将环境艺术设计专业列入其中，并于1988年正式招生。该专业1999年被取消，合并入艺术设计专业。至此它在艺术院系已经拥有了广泛的办学基础，并形成了一定的教学特色。

例如中央美院景观专业侧重于城市景观设计和生态环境规划，逐步形成理论类、设计类、技术类、社会实践类的主题课程结构体系；中国美术学院景观设计系的本科教学定位结合审美与生态，融合室内、建筑和景观，培养复合型三位一体人才；以建筑为主体向室内外双界面衍生，形成室内设计、建筑设计和景观设计三条办学思路。

景观艺术设计是一门新兴的综合专业方向，内容覆盖相当广泛。其专业内容是以城市空间视觉形象设计为基础的与建筑景观系统的综合设计，涉及城市规划设计、建筑设计、园林绿化设计、造型艺术以及公共设施等专业门类。专业方向以“景观艺术设计”系列课程为核心，按照专业基础、专业设计、专业理论、实习与社会实践、毕业设计与论文五个环节展开。

由于景观艺术设计是为了满足人类需求而进行的人工环境景观与乡野自然景观的空间设计，因此具有现代城乡文明发展形态的双重特征，其最重要的功能在于创造与保存人类生存的环境、扩展乡村景观的自然美。景观艺术设计同时又是风景园林、城市规划和艺术设计专业三者的综合，所有建筑外部空间的环境，包括庭院、街道、公园、广场等一切室外空间都是其设计对象。因此在进行景观艺术设计时，还需与室内设计以及建筑设计保持和谐。

从目前景观艺术设计专业方向的名称来看，相似的还有环境艺术设计、室外环境设计、景观设计、公共空间设计等。每一个名称都代表了其内涵的扩展方向，从而体现出了强大的适应能力。

20世纪90年代前后，我国的艺术设计教育传统意义上的专业方向开始出现交叉交融、相互借鉴甚至合并重组的局面。随着市场经济的深入，一些与国民经济建设、社会文化事业关系密切的新兴行业不断涌现。

与此同时，艺术设计与农科、理科、工科及其他门类学科密切相关的专业方向也相继出现并逐步拓展。以景观艺术设计为代表的专业方向具有典型的交叉学科特征，有着广阔的发展空间，日益受到社会各界的重视。

5.4　小结

通过本章研究，初步厘清了景观专业从农学门类逐步扩展到目前涉及农、工、文、理多个学科十几个专业的发展轨迹。20 世纪 50 年代初，北京农业大学园艺系与清华建筑系合作办理造园组。1956 年，造园专业被高等教育部更名为“城市及居民区绿化专业”，并转属北京林学院；其后，城市及居民区绿化专业更名为园林（城市园林、园林绿化），并在 1985 年分设为园林、观赏园艺、风景园林 3 个专业；20 世纪 90 年代风景园林从工科土建类调整至农学环境保护类，可授农学或工学学士学位。1999 年起园林、观赏园艺、风景园林 3 个专业合并成为园林专业；21 世纪初，国家增设景观建筑设计、景观学专业，并恢复风景园林专业。在漫长的演变过程中，景观专业经历萌芽时期、探索时期和形成时期，最终从单一走向多元（图 5-4）。

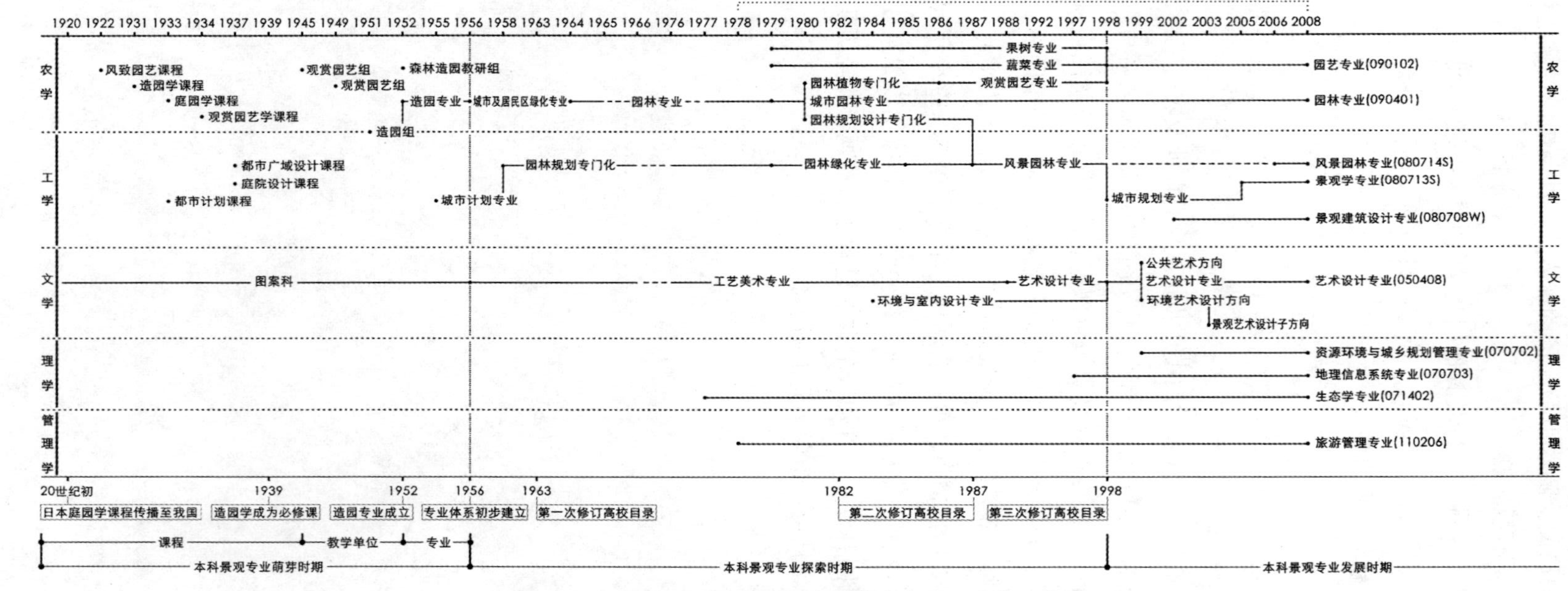

图 5–4　1922 ~ 2008 年景观本科专业发展、演变脉络图

第6章　景观学科与专业教育的发展趋势

6.1　若干景观学科体系及其评价

6.1.1　园林学三层次的理论体系

风景园林学是通过综合运用自然生态因素和社会因素来创建优美生活环境的应用学科，其学科内涵及外延是随着社会、行业和教育的发展而不断丰满和拓展的。在建立景观教育本土化探索中，由汪菊渊先生所倡导的园林学三层次理论体系对我国风景园林学科的建立和景观教育的发展影响深远。

园林艺术是我国宝贵的文化遗产，对园林的研究开始于对园林景物的记叙，之后拓展到从艺术视角探讨造园特色及表现手法；或从工程技术方面总结叠山理水的经验。20世纪30年代，通过陈植等学者对日本造园思想的引入进而形成造园学科。其中包含艺术、史学、植物、建筑和工程等分支学科在内的主要内容，即是园林学三层次理论中的传统园林学（Landscape Gardening）部分。迄今为止，传统园林学仍是风景园林学的核心基础。

中华人民共和国成立以来各行业对于改变我国环境面貌的愿望十分迫切，“绿化祖国”成为国情所需。以研究绿化对城市建设的作用、规划城市园林绿地系统和明确城市绿地定额指标为内容，包括城市绿地系统的规划、建设、管理等相关理论及科学技术的城市绿化学（Urban Greening）孕育而生，由此实现了园林学三层次理论中的第二个层次。

改革开放后由于国内生产力水平的提高，为了丰富人民群众日益增长的物质、文化需求，风景名胜区的设计与管理成为国内行业和学科发展的重点。园林学顺利实现了向风景园林学的内涵转变。

受国外学科思潮和国内教育体制改革及专业目录调整的影响，在实现汪菊渊先生园林学三层次理论中的第三个层次——大地景物规划学（Earthscape Planning）时[①]，国内各学科出现了分歧，最终在21世纪初形成了以农工学结合的风景园林学、工学体系下的景观学和景观建筑学、理学体系下的景观设计学为主体，文学体系下的设计学（景

① 有学者也将其称为：“大地景观规划”，本书遵照汪菊渊先生的初始提法，未作改动。

观艺术设计方向）为辅的多元并存景观教育格局。

在汪菊渊先生园林学三层次理论体系的第三个层次中，将大地景物规划学科定位为发展中的课题，涵盖了大地景观的价值评估，城市各功能区的保护、利用及管理和风景名胜区规划理论及科学技术等内容。其任务及目标是将大地的人文景观和自然景观当作资源来看待，从审美价值、经济价值和生态价值三方面来进行评价，在开发的同时最大限度地保护自然景观，实现土地使用最优化。

李嘉乐先生在园林学三层次论的基础上提出了风景园林学科设置方案，在教学以及科研的专业设置方面，将风景园林学划分为 4 个分支学科，分别为：传统园林学、风景园艺学、城市绿化学和大地景观规划学①。2006 年下半年在农林学科专业目录的修订方案研究工作中，李树华先生又将传统园林学和城市绿化合并到风景园林规划设计方向中，并且提出风景园林学三个分支的基本构架，即农学门类的园林植物与观赏园艺、农学和工学结合的风景园林规划设计和工学门类的大地景观规划②。

6.1.2 地球表层规划学科的构想

景观学科发展至今内容丰富庞杂，以致几乎没有可能全面掌握这门学科所包含的全部理论和技术。为了继续发展、提高景观学科，在内容上需要适当进行分支，同时结合其他相关学科的实践经验形成一套完整的理论技术体系。

在理解汪菊渊先生大地景物规划层次的学科构想时，学界主要出现了两种不同的声音。风景园林学科主张继续推进，并提出了大地规划及地球表层空间规划的教育思想；而景观设计学科表示否定，主张以新的学科模式重新定义，提出了以寻求解决人地矛盾为目标的景观生态学教育体系。

孙筱祥先生是我国著名的风景园林学科教育家，对北京林业大学风景园林规划设计学科的创建及发展做出了极大贡献，同时他也是汪菊渊先生园林学三层次理论体系的有力推动者。早在 1952 ~ 1953 年浙江大学森林造园教研组期间，孙筱祥先生就担任了观赏园艺的课程讲师，其中浙江大学的教学思路与 1951 年清华大学和北京农业大学合办的造园组较为接近。

在长期的教学实践中，孙筱祥先生一直保持了对国际 Landscape Architecture 学科的关注，并作为国际景观设计师协会（The International Federation of Landscape Architects，简称：IFLA）国内会员理事长的身份，与国际 Landscape Architecture 教育界保持着密切的联系。孙筱祥先生长期思考如何将国外先进的学科体系和教育理念与

① 李嘉乐先生 1946 年毕业于中央大学园艺系，长期从事园林设计和管理工作，并于 1989 ~ 1993 年担任第一届中国风景园林学会副理事长兼秘书。

② 时任中国农业大学观赏园艺与园林系主任。

我国实际相结合，最终在汪菊渊先生的园林学三层次理论体系基础上形成了大地规划及地球表层空间规划的构想。

2006 年孙筱祥先生提出了大地规划的人才培养方案及学科教育体系，通过《关于建立与国际接轨的大地与风景园林规划设计学科的建议》《地球表层空间与大地规划、现代城市园林绿地生态系统工程和人类生存空间可持续发展及其人才培养》和《大地规划及地球表层空间联合国宏观控规与建设和谐世界——人类生存空间的可持续发展》等主题报告，传达了建立大地规划及地球表层空间规划学科的构想。

这一学科构想建立在对园艺专业（Landscape Gardening）和风景园林专业（Landscape Architecture）性质区分的基础上。前者由英国造园家汉菲·勒普敦（Humphrey Repton）于 18 世纪末 19 世纪初创立，后者由美国人弗雷德里克·奥姆斯特德（Frederick L. Olmsted）创立。两者的产生背景不同，应用领域不同，培养的是不同的人才。因此孙筱祥先生倡议恢复原属于工科的风景园林专业（1998 年被撤销），并将属农科的园艺专业更名为环境园艺专业。

2005 ~ 2006 年间，孙筱祥先生建议设置地球表层规划研究生院，同时将北京林业大学园林学院发展成两部分：环境园艺学院下设园林养护管理、环境园艺、园林植物遗传工程、园林植物保护和森林旅游 5 个专业，属农学，培养 4 年制农学学士；大地与风景园林规划设计学院下设大地与风景园林规划设计学、城市规划学、建筑专学、园林工程 4 个专业，属工学，培养 5 年制工学学士。这一系列构想为 2006 年我国风景园林专业的恢复，并最终在 2012 年成为一级学科奠定了理论和应用基础。

6.1.3　寻求解决人地矛盾的途径

俞孔坚先生 1995 年获哈佛大学设计学博士，1997 年回国创办北京大学景观设计学研究院，并在北京大学创办两个硕士学位点：景观设计学硕士和风景园林职业硕士。俞孔坚先生促成了景观设计师成为国家正式认定的职业，并推动了地理学科景观设计学教育在中国的确立。

在思考我国 Landscape Architecture 教育的未来发展模式时，俞孔坚先生并不认同风景园林学科目前的设置规划，主张重新定位。他指出风景园林学及其专业与国际主流专业的范畴、定位和职业都存在偏差，学科设置过于偏重传统园林学，缺乏现代 Landscape Architecture 学科在设计层面的重视，缺乏生态学基础，难以解决我国目前普遍存在的生态环境恶化问题。

Landscape Architecture 学科不是基于惟审美论的消遣艺术，而是解决人地矛盾的生存艺术。景观设计学学者将传统园林学和园林专业（Landscape Gardening）归结为 Landscape Architecture 学科的过去，主张以广泛的人文学科和自然学科为基础，建立理学范畴下的景观设计学（Landscape Architecture）。

从学术主张和学科定位来看，俞孔坚先生将景观设计学未来的发展目标定义为土地设计学（Landscape Architecture）[29]，这与汪菊渊先生提出的大地景物规划学（Earthscape Planning）、孙筱祥先生倡导的大地规划及地球表层空间规划学（Earthscape Planning）有相似之处，然而所依托的学科内核却截然不同。

俞孔坚先生的景观设计学定位是基于理学的，理学在生态科学、能源科学和环保领域都具有广泛的学科基础。比如地理学、生态学一级学科，景观设计学、地图学与地理信息系统二级学科，资源环境与城乡规划管理专业、地理信息系统专业、生态学专业等。这是学科划分体系使然，也是依托园艺学、农业资源利用等一级学科的农学和依托建筑学、土木工程学、水利工程学等一级学科的工学所难以具备的。因此在以地球作为研究对象时，景观设计学的理学背景具有一定的学科优势，对实现这一领域的设置目标具有较强说服力。

此外，两者之间存在学术理念述求及其实现路径的差异。俞孔坚先生认识到我国人地关系矛盾的解决途径，并不仅在于学科理念的推广，更为迫切的是必须建立起国土生态安全格局。早在哈佛大学就读博士期间（1992 ~ 1995 年），俞孔坚先生受围棋空间布局的启发，提出通过建立具有战略意义的空间局部及位置联系以保障国土自然和人文过程的安全，即景观安全格局。

这一理论在我国土地资源有限的情况下，对协调保护与开发土地资源之间的矛盾具有实际应用价值。1998 年以后俞孔坚先生先后主持三项自然科学基金，继续开展景观安全格局研究。在这一思想框架和理论体系下，北京大学完成国家环保部、北京市国土资源局以及多个城市委托的科研项目，实施了大量景观生态基础设施规划，从而检验了从国土到区域和地方各个不同尺度的生态基础设施构建的系统方法。反观大地景物规划学和地球表层空间规划学，较多地停留在理论体系的研究上，在实际应用层面没有引起足够的社会重视和国际反响。

针对我国目前严重的人地关系矛盾问题，俞孔坚先生提出了一系列的解决途径：第一，空间规划途径：通过基于生态学理论的空间规划建立生态基础设施，充分利用其生态系统服务能力，重建人地关系的和谐。对应于传统的城市规划方法论，这一途径概括为“反规划”途径。第二，倡导新美学的设计：通过设计低能耗、低排放的城市及建筑环境，改变固有“城市性”的定义，倡导建立在土地与环境伦理上的新美学。这两个方面构成了景观设计学科教学、研究和实践的核心价值观和方法论，对我国景观教育影响深远。

6.2　景观学科的定位与专业领域

6.2.1　景观学科与行业的核心领域

在我国目前农、工、理、文学科多元并存的景观教育格局之下，要给景观学科做出一个明确的定位是比较困难的。一个学科的定位必须准确，应该具备和其他学科的不可替代性。既不能包含太广，导致学科内涵与相关学科重合；又不能范围过窄，造成学科未来发展的局限性。只有准确定位景观学科，才能制定出合理有效的教育目标。

通过对改革开放以来的景观教育史、学科发展思潮的梳理以及对景观专业的起源、发展和演化过程的总结，我们逐渐发现了各景观学派的相关性。这些相关性可以作为共性提炼出景观学科共同的行为准则和方法论，从而划分出景观学科的核心和边缘领域。

1. 共同的学科认同。目前风景园林学和景观设计学等学科都将 Landscape Architecture 学科作为国际通用名，表明了对 L.A. 教育体系的广泛认同。虽然以景观规划设计作为主要方向的景观学为了避免学科争议，选择将 Landscape Studies 作为通用名，但得不到多数学者的支持，国际上也没有此类专业名称。加上同属工学系统的景观建筑学早已以直译的方式表明立场，可见国内中文名称繁多的景观学派将自己的学科直接或间接理解为 Landscape Architecture 反而没有过多的疑义。

在 Landscape Architecture 的中文名称方面，在叙述一个整体学科概念时无法逐一列举上述所有学科名称，只能求同存异，以大多数学科认同的景观作为学科抬头，统称景观学科、景观专业和景观教育。

2. 共同的认知对象。除了风景园林学坚持将 Landscape 翻译为风景以外，国内其他主流学科还是普遍将 Landscape 理解为景观。Landscape 所包含的多学科属性使学术界意识到问题的实质是认知范畴差异大于翻译名称差异。但无论是理解为风景还是景观，都是同一个认知对象——Landscape。因此只要是以 Landscape 作为研究对象的学科，其本身就具有包含了相同的属性。

3. 共同的学科目标。无论是景观设计学倡导的生存艺术，或是景观学强调审美、生态和行为心理三元合一的和谐艺术，或者风景园林学以人的活动类型为出发点构建庭园—城市—地球三层审美层次的景域艺术，其实质都是为了实现“大地园林化”，构建和谐的人居环境，将追求生存环境的艺术化作为学科最高理想。

4. 共同的合作意愿。景观设计学和景观学都把自己的学科定位在广泛的人文科学和自然科学基础之上，风景园林学更是具有农学和工学双重属性。面对实践领域的日新月异，各学科只有实现最广泛的多学科交叉融贯，才能得到长远的发展。

5. 共同的研究课题。景观设计学在建立之初就将景观生态学作为专业基础，景观学也将生态确立为景观规划设计三元素之一。在风景园林学大地规划及地球表层空间规划学构想中，实现土地资源使用的审美价值、经济价值和生态价值成为评价标准。在应对生态、环境和能源危机的同时，各主流学科在研究领域和研究课题上达成了共识。

为了进一步明确景观学科的主要专业技能，还需要划分出景观行业的核心领域以及边缘领域。国民经济行业的分类对于景观行业执业范围作出了明确的划分，景观行业主要涉及对公共环境及设施的设计和管理，从业范围涉及国土资源部、国家建设部、国家林业局、国家旅游局、国家文物局等多个国家职能部门，在城市景观、自然景观、交通景观、森林公园、湿地公园、风景名胜区及旅游休闲地以及城市生态基础设施建设、城乡景观规划设计与管理等领域均发挥出主导或重要作用。

就景观工程项目的设计资质而言，景观行业的核心领域是城市公共环境设计、旅游风景区设计管理、城乡生态基础设施建设、国土生态安全评估、生态植被修复和环境综合治理等。景观设计行业是具有工程性质的空间规划服务行业，隶属建设部履行监督管理职能。

综上所述，建设领域与景观行业最为密切相关，林业和农业领域次之，其他领域更次之。当前景观行业的核心从业范围是城市景观设计和生态资源的修复和管理，以空间规划设计为核心技能，涵盖生态、文化、审美等多重意义。

6.2.2 人居环境科学体系作为基石

人居环境科学（The Sciences of Human Settlements）是一门以城市、乡镇、村落等人类聚居空间环境为研究对象，探讨人与环境相互之间关系的科学。吴良镛先生在广义建筑学中明确提出建筑、地景（或称景观、风景园林）和城市规划三位一体，构成人居环境科学系统中的主导专业。

将景观学科与建筑学、城市规划纳入同一个科学体系已经成为学界的普遍共识。我国早在20世纪50年代就提出要实现大地园林化，景观成为优美的人居环境中不可或缺的重要元素。景观设计学将其定位为生存的艺术，风景园林学、景观学也将构建和谐的人居环境作为学科目标。

事实上国外很早就确立了这三者的相互依存关系。20世纪30年代，哈佛大学倡导加强学科间的合作与交流，1936年哈佛大学将景观设计研究生院（Graduate School of Landscape Architecture）、建筑研究生院（Graduate School of Architecture）和城市规划研究生院（Graduate School of City Planning）合并，成立设计研究生院（Graduate School of Design，简称：GSD）。为了培养复合型的专业和教育人才，哈佛大学于1986年开始设立景观设计、城市规划与设计和建筑学三个方向的设计研究硕士学位（Master in Design Studies，缩写为：MDesS）和设计学博士学位（Doctor of Design，缩写为：DDes）[74]。哈佛大学设计学科对三门学科独立而相互联系的划分体系延续至今，在世界范围内影响广泛。

我国对三门学科关系的认定首先来源于 20 世纪 80 年代初，当时中国科学院在学科划分中确立了广义建筑科学的建筑学、城市规划学和园林学三大分支。1988 年出版的《中国大百科全书——建筑 · 园林 · 城市规划》也将园林学与建筑学、城市规划学并列。次年全国林学名词审定委员会将园林学词条收入《林学名词：1989》作为行业规范名词。1996 年，全国自然科学名词审定委员会颁布的《建筑 · 园林 · 城市规划名词》再次强化和巩固了三者的紧密关系。

21 世纪以来多元并存的景观教育发展迅速，此后建筑学、城市规划学和景观学作为三个独立而又密切相关的人居环境科学成为学界普遍的认识。

6.2.3　绿色空间学科下的专业系统

景观学科体系建立在广泛的自然科学和社会科学基础之上，从而不可避免地造成各学科与景观学科内容上产生不同层次的重叠。要想全面理解景观学科的实质，必须具备广泛的知识素养。

在专业层面，目前除了风景园林学、景观设计学、景观学和景观建筑学等的主要景观专业，工学类的建筑学、城市规划、土木工程，农学类的森林资源保护与游憩、观赏园艺学、园林，理学类的资源环境与城乡规划管理、地理信息系统、生态学，艺术类的艺术设计、公共艺术等专业都与景观专业有着紧密的联系，但也有着非常大的区别。在景观相关专业之中，观赏园艺学缺失了空间，城市规划缺失了生命，艺术设计缺失了科学，森林资源保护与游憩缺失了文化，生态学缺失了艺术。可见景观专业的本质特点就在于综合性。

要建立以自然科学和社会科学为基础的景观专业，必须寻求一种空间体系，将应用于不同层面的专业广泛地联系起来。希腊人类聚居学家 C.A. 道萨迪亚斯（C. A. Doxiadis）将整个人类聚居系统划分为 15 个单元，归并为 10 个层次；① 挪威学者克里斯坦 · 诺伯舒茨（Christain Norbergshulz）根据人及其所处的环境将存在空间分为 5 个阶段；② 吴良镛先生也将我国人居环境范围划分为 5 个层次 ③。

我国可以根据存在的实际问题和学科研究的实际情况，建立起城乡统筹、景观学科一体化的绿色空间学科体系，综合生态、环保、资源、农林、城建、规划和艺术等

① 即：家具—居室—住宅—居住组团—邻里—城市—大都市—城市连绵区—城市洲—普世城。

② 存在空间划分为：用具—住房—城市—景观—地理。

③ 人居环境范围划分为：建筑—社区（村镇）—城市—区域—全球。

多个领域，最终将这种空间体系纳入人居环境科学范围。2001年《国务院关于加强城市绿化建设的通知》强调发挥绿色空间在生态、环境、减灾等方面的综合作用，构筑适应宜居城市建设要求的绿色空间体系。此项举措表明国土资源部门已经对绿色空间体系有了明确的政策导向。

6.3 以课程为中心的景观教育模式

6.3.1 跨专业的景观学院思路

在建筑学占有优势的学院中，一般寻求设置建筑学、城市规划和景观（风景园林、景观建筑设计、景观学）三个专业，但是也可以存在另一种思路，把资源环境与城乡规划管理、景观和艺术设计（景观艺术设计方向）设置在同一个学院，成为理、工、文相结合的新模式。

艺术设计教育在我国开展广泛，开设景观艺术设计方向和环境艺术设计方向的艺术设计专业成为一种重要趋势。2008年全国开设艺术设计本科专业环境艺术设计及景观艺术设计方向的院系共有536所，开设比例占艺术设计专业的77%。纵观全国各类专业如此规模都是十分庞大的，足以看出在艺术设计专业当中有景观教育倾向的院校不在少数。

在课程设置上，目前全国有434所艺术设计本科专业院系开设有景观艺术设计相关主修课程，此外另有45所非景观艺术设计方向的艺术设计院系开设了景观艺术设计主修课程。由于我国景观教育学科内涵尚未统一，而景观所具有的视觉美学上的涵义和景观学科所具有的多学科特质，也为艺术设计专业跨出文科领域，涉足农林、建筑和地理等学科的传统领域提供了可能。

艺术设计专业景观艺术设计方向是以建筑为中心，融合场地规划和室内外环境设计，以硬质景观营建和环境艺术创作为主的专业方向。20世纪60～70年代，景观学科受现代主义思潮影响，加深了与艺术学科的天然联系。尤其在城市公共环境领域，景观设计方案的创作方式受工程技术的局限较小，有着较为灵活的创作环境和多维的解决方式。这些都成为以发散性思维见长，善于寻求创意，有着良好的空间想象力的艺术类学生的特长。就业市场回馈的信息有力地证明了这一点，景观行业每年都会吸纳大量艺术设计专业的毕业生。此外许多艺术设计专业的本科毕业生会选择转入风景园林学、景观设计学、城市规划与设计等二级学科深造。

资源环境与城乡规划管理专业是以保护和管理自然和人文资源以及规划城乡开放空间为主的理学专业，以区域规划、土地利用规划和人文地理与地理信息系统等相关学科知识为基础。这是在我国当前的本科专业目录中与景观学科的土地资源利用领域最为接近的一个专业。2000 ~ 2008 年间该专业保持了快速的增长速度，引起了景观学科规划者的注意。

将这三个专业放置在同一个学院可以发挥各自的专业优势，形成层次鲜明的专业体系。

6.3.2　跨院系的教学组织设置

景观学科所具有的综合性特点，决定了景观教育具有跨专业、跨领域的特殊性。整合不同院系和学科的教学资源，建设集约型、综合性大学已经成为我国 21 世纪高等教育的大势所趋。在我国高校现行院系管理体制下，如何避免学科重复设置，有效整合教学资源，培养同时具备工程、规划、植物、生态和艺术等多方面专业技能的人才已成为我国景观教育发展的思考方向。

我国已有四川大学生命科学学院、福建农林大学园艺学院和北京林业大学园林学院等部分院校尝试建立起横跨不同的学院和学系的景观学科和专业教育体系，但这些设置大部分只是开设非本学科专业的积极探索，还不能实现将强调硬质景观形态的建筑工程类专业和侧重植物应用、生态效应的农林专业实现有效融合。因此在学科和专业层面难以形成合力的背景下，尝试将以课程为中心的教育改革可能会从另一个角度建立起统一的景观教育格局。

美国康奈尔大学（Cornell University）的景观学科横跨了两个不同的学院，同时隶属农业与生命科学学院和建筑、艺术与规划学院的行政管理。因此康奈尔大学的景观学科具有独特的优势，它既集合了土壤学、自然资源等生命和环境系统学科的教学和科研资源，同时又获得了城市规划以及艺术等学科的支持，真正意义上实现了跨学科的知识融合。康奈尔大学的跨学院模式使我国教育界充分意识到景观学科可以新的教学组织形式存在。

景观学科在保持独立性的同时，涉及的行业领域也非常广泛。从国家经济行业的分类来看，景观行业是一种对公共环境的设计和服务行业。包括城市景观、道路绿化、休闲度假村、森林公园、湿地公园和自然保护区等领域都在景观学的研究和实践范畴之内，这些行业也为跨院系的教学组织模式提出了要求。

目前以学科领域划分专业的教育模式存在许多弊端，农林背景的院校相对缺乏规划设计和空间造型能力，建筑规划院校则缺少形式感和美学基础，艺术设计专业的毕业生又相对缺乏生态学和园艺学的学科知识。当前将一个专业同时设立在两个学院之下还有相当大的行政管理难度，但设立共同的景观学科研究基地或产业中心应该是现实可行的。正如我国景观教育的起点——1951 年北京农业大学园艺系和清华大学营建系共同合办“造园组”即是典型的案例。

6.4 小结

基于前文章节关于景观教育、学科和专业沿革的认识，本章探讨了景观学科与专业教育在未来阶段的发展趋势。

具体针对改革开放30年来三个最具代表性的学科体系：汪菊渊先生的园林学三层次论、孙筱祥先生的地球表层规划学科构想和俞孔坚先生以寻求解决人地矛盾为目标的学科体系建设展开了评述。其中特别强调了关键教育人物对我国景观教育的影响，这些教育家对我国景观学科的建立、景观教育的发展与转型起到了重要作用。通过研究，阐述了他们对于本学科的理论构建及学术主张，有助于我们更好地了解我国景观教育多元并存的思想根源。

在此基础上，本章逐步理清了景观学科的定位与专业领域，明晰了景观学科的核心领域与边缘领域，提出以人居环境科学体系作为学科依托，构建绿色空间体系统领下的专业领域。文章最后提出了以课程为核心，跨专业、院系的景观学院模式及教学研究体系的构想。

结 语

1. 研究成果

改革开放三十年来我国景观教育发展研究是涉及诸如经济、政治、文化及社会的复杂问题，研究系统的复杂性需要我们以多学科的视野，从宏观至微观，从局部到整体地把握景观教育演进中的诸多命题。这也是我国当前景观教育发展研究中的重要特征之一，在前人大量的研究成果中，全面性地梳理我国景观教育的发展脉络显得尤为必要，也有一些成果较为成功地构建了系统论意义上的景观教育发展研究框架。因此在研究范围庞杂、学科界限模糊、学术观点各异的背景下，本书基于正史资料，试图在更为深层次的探讨中揭示景观教育发展过程中的本质性、关键性问题，并将这些关键问题的成因和解答置于更具基础性的教育发展规律中予以看待。总体而言本次研究在以下几个方面做了具体的工作：

（1）通过对全国景观学科与专业的设置、规模及分布情况的普查分析，认为我国现阶段的景观教育已初具规模，具有院系名称复杂、学科设置多样、专业名称变更频繁等特点，同时景观艺术设计专业方向成为景观教育的重要组成部分。

本书通过对景观专业点的年度数据的统计分析，厘清了景观学科群的类别和特点，从而对我国景观教育的规模有了直观认识。依据《2008 年具有普通高等学历教育招生资格的高等学校名单》和《教育部批准的高等学校名单、新批准的学校名单（截至 2009 年 6 月 19 日）》中公布的数据，本书对全国 1983 所普通高校、387 所成人高校、334 所民办普通高校、2 所民办成人高校进行了统计分析。

在全国具备普通高等学历教育的招生资格的普通本科院校、普通高职院校、经国家批准设立的独立学院和经国家审定的分校办学点范围内，认定目前全国专科、本科及研究生三个层次的景观相关专业共有 48 个，共计 4072 个专业点（不含军事院校和港澳台高校）。在全国 696 所艺术设计本科专业院校中，开设景观艺术设计方向的院校 536 所，开设景观艺术设计课程的院校 434 所。以上都是评价我国景观教育规模、讨论景观专业的内涵和外延、开展景观教学评估以及申报景观一级学科等方面的基础资料。

本次研究总结了我国景观专业的学科建设成就。本科层面，2008 年全国共有环境生态类园林本科专业点 150 个、园艺专业点 98 个；土建类风景园林本科专业点 18 个、城市规划专业点159个、景观建筑设计专业点16个、景观学专业点19个。在研究生层面，有林学一级学科园林植物与观赏园艺专业硕士点33个；建筑学一级学科城市规划与设计专业硕士点51个；风景园林专业硕士点18个。在此基础上各高校利用一级学科博士点单位自主设置二级学科的政策平台，在园艺学一级学科内自主设置5个硕士专业；在土木工程一级学科内设置2个硕士专业；在农业资源利用、草学、水利工程、地理学、生态学一级学科内各设置1个硕士专业。初步建立起具有中国特色的景观学科学士、硕士、博士学位授权体系。

本书研究了目前我国景观学科设置的特点。我国景观学科几经动荡，相应名称随着国家教育政策变化而频繁变更，这些变化集中在三个主要的历史时期。这造成了景观学科与相关学科的内涵界限不明晰，从而在学科设置上呈现出多样化的特点。这一特点在各高校的院系名称上也得以体现。就目前而言"景观"一词已经初步得到学界的认同，广泛出现在各院系名称中。

从景观学科的分布范围来看，全国景观院校具有明显的分散性，遍布全国31个省、市、区中的81个大中城市。改革开放三十年间，开设景观专业的院校数量和城市数量总体而言发展平稳，相对的波动时期出现在1978年、1986年和2003年。这些数据成为我们划分景观学科和专业发展阶段的重要依据。

（2）通过对1978～2008年我国景观教育发展历程的回顾，认为其中经历了从农学为主体的园林教育—农工结合的风景园林教育—农工理文多元并存的景观教育转变。这一转变可分为：景观教育多元化开始时期（1978～1991年）、高速增长时期（1992～2002年）和多元化格局形成时期（2003～2008年）三个阶段。同时，研究认为社会和经济结构转型、消费观念的转变、行业发展的影响和景观学界的分歧是目前景观教育多元并存格局形成的主要原因。

本书通过对大量史料文献的整理以及两条线索的并行描述，较为完整地勾绘了我国景观教育三十年的发展脉络。其中主线主要描述从传统的园林教育向风景园林教育转型，最后走向多元化景观教育的历史轨迹；副线则描写了工艺美术教育恢复后，经过艺术设计教育的调整，衍生出景观艺术设计教育的发展过程。这一历史过程可以概括为三个阶段：

1978年至1991年是景观教育多元化发展历程的开始时期。这一阶段经历了20世纪70年代园林教育的复苏和园林专业的重新启动，通过教学秩序的恢复和整顿、学年和学分制的实行、课程体系的建设及教学方式改革等一系列措施，在80年代中期开始由农学主导的园林学教育走向工农结合的风景园林教育。

从1992年到2002年是景观教育的高速增长时期。1992年邓小平同志南方谈话带动了全国性的大发展，随之而来的全国房地产开发热潮促成了景观行业的繁荣。风景园林教育规模在这一时期迅速扩大，但随着 1997 年教育部对高校专业目录的再次调整，取消了风景园林专业，也瓦解了学科的统一性。

2003 ~ 2008 年是景观教育多元化格局的形成时期。随着中国经济全球化趋势的加剧，风景园林教育开始向多学科的景观教育转型。2003 年景观教育及研究机构相继建立，2006 年国家重新恢复了风景园林专业。至 2008 年，景观教育多元化格局逐步形成。

研究认为，社会和经济结构的转型、住房商品化引发的消费观念转变、行业发展的影响和学术界在教育理念上的分歧等因素是我国景观教育多元并存格局形成的主要原因。纵览我国景观教育三十年发展历程，其每一发展阶段都不可避免受到当时政治经济形势、体制改革和教育政策等因素的影响。改革开放以来历次政治、经济和社会活动的调整都引发了景观教育观念相应地改变。

另一方面，目前我国以市场为导向的住房开发政策逐渐形成以房地产开发商为主体的垄断供给行业格局。由于住房政策最终必定将落实在城市空间资源的有效利用上，这决定了景观教育必须要同新形势下的人才培养要求相适应，进而加速了景观教育资源的整合。多学科交叉的景观设计成为行业发展的必然选择，景观教育也出现了越来越多的跨学科的特质。

（3）通过对东西方教育体系下对“Landscape Architecture”学科实践领域的不同理解以及对各主流学科体系的思潮根源进行深入挖掘，引发了本书对景观学科范畴和定位的探讨。文章对“Landscape Architecture”学科的形成发展、融入我国的教育体系，进而引发学科名称变更的背景、原因及所造成的影响都做了较为详实的论述。

“Landscape”在“Landscape Architecture”学科中，经历了从视觉审美到造园行为、从地域综合体到景观规划的含义转变。20 世纪后半叶开始，伴随着城市化、工业化和环境污染等问题的出现，“Landscape”的词义开始中性化。在中文语境中的“景观”最早由日文汉字引入，经过 20 世纪 50 ~ 60 年代苏联地理学的推广逐渐为国内学界熟悉。经过 80 年代风景名胜资源评价活动的推广和城市规划部门景观规划设计概念的提出，使得“景观”的概念在当今学界逐渐泛化。

通过对东西方景观学科内涵和外延的比较，研究认为景观概念与学科体系的标准从未统一，世界各国的发展都存在独特性与独立性，我国的景观学科也不例外。美国常用“Landscape Planning”和“Landscape Design”作为“Landscape Architecture”的两个子学科，而我国的景观学科被归纳为风景园林学、景观设计学和景观规划设计以及众多边缘学科如：景观生态学、景观艺术学、旅游管理学等的综合体。这两种分类方法并无可比性，其内涵和外延都存在着很大差异。而对我国景观学科范畴进行统一有待于学术界的协同和自律。

本书通过对改革开放三十年景观学科思潮脉络的系统梳理，指出目前景观学科的核心从业范围仍然是城市环境下的景观设计以及自然环境下的景观生态规划，提出采用广义的空间体系来统领学科领域，以人居环境科学体系下的多学科协同为依托，系统构建景观学科及研究体系。与此同时，学科的方向也需要进一步凝聚和拓展。上述研究奠定了对我国景观学科的基本认识，同时也是与国外“Landscape Architecture”学科进行比较研究的基础。

（4）基于系统研究我国景观学科与专业范畴的必要，本次研究对景观专业的起源、发展、形成和演变过程做了全面论述，并阐明了其背后的深层动因。景观专业最早开始于农学学科，随后转向工学，在 20 世纪末又扩展到了文学和理学学科，这一历程始终伴随着我国教育体制的改革和完善。

20 世纪初至 1956 年是我国景观专业的萌芽时期。20 世纪早期在一些高等学校的建筑科和园艺科开设的庭园学课程是现代景观专业最早的专业课程，随着造园学由我国学者从日本景观学科翻译引进，逐渐成为庭园学科目的统一称谓。

1949 ~ 1952 年，金陵大学、复旦大学等高校园艺系中开设的观赏园艺组标志着专业意义上的教学单位开始出现。1952 年国家批准设立的造园专业，四年后造园专业归入北京林学院，并以城市及居民区绿化专业定名。这一调整标志着景观专业体系开始逐步建立，也由此开始了长达半个世纪的专业正名之争。

1956 ~ 1998 年是我国景观专业的探索时期。20 世纪 50 年代同济大学设立的都市计划与经营专业是景观专业的另一个开端。1958 年同济大学城市规划专业中部分学生按园林专门化方向培养，成为后来风景园林专业的前奏。园林规划专门化专业为下一阶段创办园林专业奠定了基础，同时也开创了由工学土建类专业培养景观专业人才的先河。

1963 年城市及居民区绿化专业更名为园林专业，经过“文化大革命”动荡之后，恢复的园林专业分化为园林规划与设计专门化以及园林植物专门化两个方向。1982 ~ 1987 年教育部对高等学校专业目录进行了第二次修订，由于各类院校在专业教学模式上存在的不同见解，最终使得园林专业的两大领域——园林植物和园林规划与设计独立开来。

1998 ~ 2008 年是我国景观专业的发展时期。在国家学位授予单位可在博士学位授权一级学科下的二级学科、专业招收并培养研究生并授予学位政策的影响下，景观学、景观建筑学、景观设计学、景观生态学等本科和研究生专业大量出现。以农学园林专业、工学风景园林专业为主导的园林教育，逐步转型为农、工、理、文多学科并存的景观教育，景观教育涉及的专业范畴更广、学科定位也更为模糊。

2. 研究限制

本书对改革开放三十年来我国景观教育发展的阶段性研究工作至此基本结束。文章虽然对景观教育本体的认知特征、景观教育、学科和专业发展过程进行了较为系统和深入地研究，但由于涉及的学科体系过于庞大，内容十分丰富，笔者仍深感知识面和理论水平的局限。

到目前为止，本书仍存在一些不足之处有待完善和进一步研究，具体包括以下四个方面：

（1）史料文献获取的广泛性与精确性。

本书研究对象在时间和空间维度上范围较广，尽管在前期文献采集和整理方面已付出了漫长时间和极大精力，但仍无法确保文中所使用数据绝对的权威性和准确性。

就文中景观教育现状的研究结果来看，尽管本书以调查最广泛意义上的景观学科和专业为初衷，但对一些具体描述，如景观部分相关专业间是并列还是包含关系仍有一些语焉不详之处，将建筑学、城市规划等专业数量纳入统计是否妥当等问题仍需要讨论。一些高校教职员和在校学生的准确数据等难以获得，这也一定程度上增加了准确评估全国景观教育规模的难度。

就教育层次而言，本书研究较多地停留在本科层面，并没有在高职高专与研究生教育层面进一步展开讨论和分析。此外，对我国景观教育发展史的叙述较为粗略，第一手资料的获取数量与质量仍显不足，这也与该领域还处于研究的初级阶段有关。文章对于史料文献的引注和各方观点的取舍、评述还需要进一步凝练。

（2）研究成果与宏观社会环境的关联。

全文对于景观教育的研究背景是基于一个社会、政治及经济环境下的综合视角，其研究成果应该与社会学、政治学、经济学等研究内容相互印证。同时，景观教育还与景观行业发展的兴衰、景观建成品的风格流派、景观专业奖项的评选取向存在密切联系。而事实上这些因素也很大程度上左右了我国的景观教育理念。笔者因研究时间限制和知识结构的局限，未进行更为深入的论述。因此，在论述过程中给社会、行业与教育三者之间的衔接造成了一定的困难。这在某些关键性时间节点上的影响尤为明显，造成难以深度阐析一些国家相关政策出台的原因。

（3）定性描述和定量分析的权重。

文中部分章节的主要观点采用了数据统计和图表分析的方式，但整体而言仍以定性分析和语言描述为主，在研究方法上缺乏新的突破。同时，为了确保研究材料的客观性和原真性，评论的内容相对弱化，使得笔者自身持有的观点难以突显。

就教育管理体制的解读而言，文中虽然尝试对专业变更和学科思潮的转变作了政策导向性分析，但由于研究手段的局限，难以从数据层面更为直观地判断国家在教育管理体制层面做出专业撤销、增加、变更和调整的依据，这也在一定程度上降低了本书提出多元化景观教育格局形成原因的客观性及科学性。

（4）分析个案选取的代表性。

本次研究选取了国内四所高教育水准的景观院系作为研究案例进行了比较，但这并不能全面而真实地反映整个国家景观教育的整体水平。实际上我国绝大多数的景观行业从业人员是这四所高校之外的专业院系培养出来的，其中艺术设计专业的实际从业人数更是不容忽视，这些院系的教育及管理水平是真正衡量我国景观教育整体发展现状的标尺，因此案例选择的局限一定程度上导致了本书研究视野的偏颇。当然，如果要突破这种局限，还要在研究材料、研究时间上付出更多的精力，这是在现阶段研究工作中难以完成的。

3. 研究展望

根据 2011 年国务院学位委员会、教育部最新颁布的《学位授予和人才培养学科目录》，景观专业所涉及的一级学科发生了变化。最为显著的变化是工学门类土建类风景园林专业上升为风景园林学一级学科；艺术学上升为学科门类，设计学成为一级学科。这两个变化反映出我国风景园林学、设计学学科的逐渐成熟，分别由专业方向发展为独立的一级学科，同时印证了本书关于国家对景观各相关专业未来主要发展方向整合趋势的推断。

本书所采取的研究方法和研究视角可以在广度上延伸到如对美国、日本、德国等其他国家的相同或相似发展时期，成为我国景观教育和行业进行比较研究的基础；在高度上，可以从更为宏观的角度论述教育、社会和行业三者的关系，发掘其中关键性影响因素，为我国景观教育的现实状态做出多维度的诠释，更准确的预测其发展趋势。

我国疆域辽阔，地区经济发展水平不平衡，因此行业发展水平与教育理念的差异在局部层面更为明显。从微观角度来看，还可以深入研究我国华北地区、华南地区、华东地区和西部地区的景观教育发展情况；最后，本书内容驳杂，部分章节均有单独展开研究的可能性，如研究生、高职高专的景观教育定位、学位的制度体系和组织管理系统研究等。

本书的研究基于对当前景观教育和专业改革的使命感以及笔者对于这个学科、行业和教育事业的热爱。本书追求的篇章结构过于概括，或许有损深入探索问题症结的机会，这是笔者当前的取向以及自身学识有所不及的地方，只能留待日后加以改进。

附 录

附录一：2008 年全国 536 所开设艺术设计本科专业环境艺术设计及景观艺术设计方向的院系[①]

省市区	城市	办学类型	学校	学院	系	专业名称（方向）
北京市（16 所）	北京	普通本科	清华大学	美术学院	环境艺术设计系	艺术设计（环境艺术设计方向）
	北京	普通本科	北京交通大学	……	建筑与艺术系	艺术设计（室内外环境设计方向）
	北京	普通本科	北京工业大学	艺术设计学院	环境艺术设计系	艺术设计（景观艺术设计方向）
	北京	普通本科	北京理工大学	设计与艺术学院	环境艺术设计系	艺术设计（环境艺术设计方向）
	北京	普通本科	北方工业大学	艺术学院	艺术设计系	艺术设计（环境艺术设计方向）
	北京	普通本科	北京工商大学	艺术与传媒学院	艺术设计系	艺术设计（展示环境设计方向）
	北京	普通本科	北京服装学院	艺术设计学院	……	艺术设计（环境艺术设计方向）
	北京	普通本科	北京联合大学	师范学院	……	艺术设计（环境艺术设计方向）
	北京	普通本科	北京城市学院	艺术学部	……	艺术设计（环境艺术设计方向）
	北京	普通本科	北京林业大学	材料科学与技术学院	艺术设计系	艺术设计（环境艺术设计方向）
	北京	普通本科	北京农学院	园林学院	……	艺术设计（城市环境艺术方向）
	北京	普通本科	中央美术学院	建筑学院	……	艺术设计（景观设计方向）
	北京	普通本科	中国人民大学	艺术学院	艺术设计系	艺术设计（景观建筑设计方向）
	北京	普通本科	中央民族大学	美术学院	环境艺术设计系	艺术设计（环境艺术设计方向）
	北京	独立学院	首都师范大学科德学院	艺术设计学院	……	艺术设计（环境艺术设计方向）
	北京	独立学院	北京工业大学耿丹学院	……	艺术设计系	艺术设计（建筑环境艺术设计方向）

① 本表信息来源于教育部高考信息平台，主要数据来源于 2008 年高校艺术类专业录取信息，截止日期为 2008 年 6 月 19 日。所有信息均通过教育部《2008 年具有普通高等学历教育招生资格的高等学校名单》《教育部批准的高等学校名单、新批准的学校名单（截至 2008 年 6 月 19 日）》及各高校招生网站联合确认，涵盖普通本科院校（共 770 所），经国家批准设立的独立学院（共 318 所）。

续表

省市区	城市	办学类型	学校	学院	系	专业名称（方向）
天津市(13所)	天津	普通本科	南开大学	文学院	艺术设计系	艺术设计（环境形态设计）
	天津	普通本科	天津科技大学	艺术设计学院	……	艺术设计（环境艺术设计方向）
	天津	普通本科	天津理工大学	艺术学院	……	艺术设计（环境艺术设计方向）
	天津	普通本科	天津师范大学	美术与设计学院	艺术设计系	艺术设计（环境艺术设计方向）
	天津	普通本科	天津商业大学	艺术学院	艺术设计系	艺术设计（商业环境设计方向）
	天津	普通本科	天津财经大学	艺术学院	……	艺术设计（环境艺术设计方向）
	天津	普通本科	天津美术学院	设计艺术学院	环境艺术设计系	艺术设计（环境艺术设计方向）
	天津	普通本科	天津城市建设学院	……	艺术系	艺术设计（环境艺术设计方向） 艺术设计（景观艺术设计方向）
	天津	独立学院	南开大学滨海学院	……	艺术系	艺术设计（环境艺术设计方向）
	天津	独立学院	天津大学仁爱学院	……	建筑系	艺术设计（环境艺术设计方向）
	天津	独立学院	天津商业大学宝德学院	……	艺术设计系	艺术设计（环境艺术设计方向）
	天津	独立学院	天津师范大学津沽学院	……	艺术设计系	艺术设计（环境艺术设计方向）
	天津	独立学院	天津财经大学珠江学院	……	艺术系	艺术设计（环境艺术设计方向）
河北省(20所)	石家庄	普通本科	河北科技大学	艺术学院	环境艺术设计系	艺术设计（环境艺术设计方向）
	石家庄	普通本科	河北经贸大学	艺术学院	……	艺术设计（环境艺术设计方向）
	石家庄	普通本科	河北传媒学院	艺术设计学院	……	艺术设计（环境艺术设计方向）
	石家庄	普通本科	石家庄铁道大学 （原石家庄铁道学院）	……	艺术设计系	艺术设计（景观设计方向）
	三河	普通本科	华北科技学院	建筑工程学院	……	艺术设计（环境艺术设计方向）
	保定	普通本科	河北大学	艺术学院	艺术设计系	艺术设计（环境艺术设计方向）
	保定	普通本科	河北农业大学	艺术学院	……	艺术设计（环境艺术设计方向）
	邯郸	普通本科	河北工程大学	建筑学院	……	艺术设计（环境艺术设计方向）

续表

省市区	城市	办学类型	学校	学院	系	专业名称（方向）
河北省（20所）	天津	普通本科	河北工业大学	建筑与艺术设计学院	……	艺术设计（环境艺术设计方向）
	唐山	普通本科	河北联合大学（原河北理工大学）	艺术学院	……	艺术设计（环境艺术设计方向）
	张家口	普通本科	河北建筑工程学院	……	建筑系	艺术设计（环境艺术设计方向）
	秦皇岛	普通本科	河北科技师范学院	艺术学院	……	艺术设计（环境艺术设计方向）
	秦皇岛	普通本科	燕山大学	艺术与设计学院	艺术设计系	艺术设计（环境艺术设计方向）
	衡水	普通本科	衡水学院	美术学院	……	艺术设计（环境艺术设计方向）
	邢台	普通本科	邢台学院	……	美术系	艺术设计（环境艺术设计方向）
	石家庄	独立学院	河北科技大学理工学院	文法学部	……	艺术设计（建筑环境设计方向）
	秦皇岛	独立学院	燕山大学里仁学院	……	文法外语系	艺术设计（环境艺术设计方向）
	邯郸	独立学院	河北工程大学科信学院	……	……	艺术设计（环境艺术设计方向）
	天津	独立学院	河北工业大学城市学院	……	建筑与艺术设计系	艺术设计（环境艺术设计方向）
	保定	独立学院	河北农业大学现代科技学院	……	……	艺术设计（环境艺术设计方向）
山西省（7所）	太原	普通本科	太原科技大学	艺术学院	……	艺术设计（环境艺术设计方向）
	太原	普通本科	太原理工大学	轻纺工程与美术学院	设计艺术系	艺术设计（环境艺术设计方向）
	太原	普通本科	太原师范学院	……	美术系	艺术设计（环境艺术设计方向）
	太原	普通本科	太原工业学院	……	设计艺术系	艺术设计（环境艺术设计方向）
	太谷（县）	普通本科	山西农业大学	园艺学院	艺术设计系	艺术设计（景观设计方向）
	太原	独立学院	山西大学商务学院	……	艺术系	艺术设计（环境艺术设计方向）
	太原	独立学院	太原理工大学现代科技学院	……	艺术设计系	艺术设计（环境艺术设计方向）

续表

省市区	城市	办学类型	学校	学院	系	专业名称（方向）
内蒙古自治区（4所）	呼和浩特	普通本科	内蒙古工业大学	建筑学院	艺术设计系	艺术设计（室内外设计方向）
	呼和浩特	普通本科	内蒙古农业大学	材料科学与艺术设计学院	……	艺术设计（环境艺术设计方向）
	包头	普通本科	内蒙古科技大学	艺术与设计学院	……	艺术设计（环境艺术设计方向）
	呼伦贝尔	普通本科	呼伦贝尔学院	美术学院	……	艺术设计（环境艺术设计方向）
辽宁省（23所）	沈阳	普通本科	东北大学	艺术学院	……	艺术设计（环境艺术设计方向）
	沈阳	普通本科	沈阳航空航天大学（原沈阳航空工业学院）	设计艺术学院	……	艺术设计（环境艺术设计方向）
	沈阳	普通本科	沈阳理工大学	艺术设计学院	……	艺术设计（环境艺术设计方向）
	沈阳	普通本科	沈阳建筑大学	设计艺术学院	……	艺术设计（景观环境设计方向）
	沈阳	普通本科	沈阳师范大学	美术与设计学院	环境艺术系	艺术设计（环境艺术设计方向）
	沈阳	普通本科	沈阳大学	美术学院	环境艺术设计系	艺术设计（环境艺术设计方向）
	沈阳	普通本科	鲁迅美术学院	……	环境艺术设计系	艺术设计（环境艺术设计方向） 艺术设计（城市规划设计方向）
	大连	普通本科	大连理工大学	建筑与艺术学院	……	艺术设计（环境艺术设计方向）
	大连	普通本科	大连工业大学	艺术设计学院	环境艺术设计系	艺术设计（环境艺术设计方向） 艺术设计（景观设计方向）
	大连	普通本科	大连艺术学院	……	艺术设计系	艺术设计（景观环境艺术设计方向）
	大连	普通本科	大连民族学院	设计学院	……	艺术设计（景观设计方向）
	大连	普通本科	大连外国语学院	国际艺术学院	……	艺术设计（环境艺术设计方向）
	大连	普通本科	大连大学	美术学院	……	艺术设计（环境艺术设计方向）
	大连	普通本科	辽宁师范大学	美术学院	……	艺术设计（环境艺术设计方向）

续表

省市区	城市	办学类型	学校	学院	系	专业名称（方向）
辽宁省（23所）	锦州	普通本科	辽宁工业大学	艺术设计与建筑学院	……	艺术设计（环境艺术设计方向） 艺术设计（景观设计方向）
	锦州	普通本科	渤海大学	艺术与传媒学院	美术系	艺术设计（环境艺术设计方向）
	鞍山	普通本科	鞍山师范学院	……	美术系	艺术设计（环境艺术设计方向）
	兴城	普通本科	辽宁财贸学院	……	艺术设计系	艺术设计（环境艺术设计方向）
	本溪	普通本科	辽宁科技学院	人文艺术学院	……	艺术设计（装潢与环境艺术设计方向）
	丹东	普通本科	辽东学院	艺术与设计学院	……	艺术设计（环境艺术设计方向）
	沈阳	独立学院	沈阳理工大学应用技术学院	艺术与传媒学院	……	艺术设计（环境艺术设计方向）
	大连	独立学院	大连理工大学城市学院	艺术与传媒学院	……	艺术设计（环境艺术设计方向）
	大连	独立学院	大连工业大学 艺术与信息工程学院	……	艺术设计系	艺术设计（环境艺术设计方向）
吉林省（19所）	长春	普通本科	吉林大学	艺术学院	设计系	艺术设计（环境设计方向）
	长春	普通本科	吉林建筑工程学院	艺术设计学院	……	艺术设计（景观环境设计方向）
	长春	普通本科	吉林工程技术师范学院	艺术学院	……	艺术设计（环境艺术设计方向）
	长春	普通本科	吉林艺术学院	设计学院	……	艺术设计（环境艺术设计方向）
	长春	普通本科	东北师范大学	美术学院	环境艺术设计系	艺术设计（环境艺术设计方向）
	长春	普通本科	长春工业大学	艺术设计学院	……	艺术设计（环境艺术设计方向）
	长春	普通本科	长春工程学院	建筑与设计学院	……	艺术设计（环境艺术设计方向）
	长春	普通本科	长春师范学院	美术学院	……	艺术设计（环境艺术设计方向）
	长春	普通本科	长春建筑学院 （原吉林建筑工程学院 建筑装饰学院）	公共艺术学院	……	艺术设计（景观环境设计方向）
	长春	普通本科	长春大学	美术学院	艺术设计系	艺术设计（环境艺术设计方向）

续表

省市区	城市	办学类型	学校	学院	系	专业名称（方向）
吉林省（19所）	吉林	普通本科	东北电力大学	艺术学院	环艺系	艺术设计（景观设计方向）
	吉林	普通本科	北华大学	美术学院	设计系	艺术设计（环境艺术设计方向）
	延吉	普通本科	延边大学	艺术学院	美术系	艺术设计（环境艺术设计方向）
	四平	普通本科	吉林师范大学	美术学院	……	艺术设计（环境艺术设计方向）
	长春	独立学院	长春大学光华学院	美术学院	……	艺术设计（环境艺术设计方向）
	长春	独立学院	长春大学旅游学院	艺术分院	……	艺术设计（环境艺术设计方向）
	长春	独立学院	长春理工大学光电信息学院	传媒艺术分院	……	艺术设计（环境艺术设计方向）
	长春	独立学院	东北师范大学人文学院	设计学院	……	艺术设计（环境艺术设计方向）
	长春	独立学院	吉林农业大学发展学院	视觉艺术学院	……	艺术设计（环境艺术设计） 艺术设计（园林景观设计方向）
黑龙江省（24所）	哈尔滨	普通本科	黑龙江大学	艺术学院	……	艺术设计（环境艺术设计方向）
	哈尔滨	普通本科	哈尔滨工业大学	建筑学院	艺术设计系	艺术设计（环境艺术设计方向）
	哈尔滨	普通本科	哈尔滨理工大学	艺术学院	环境艺术设计系	艺术设计（环境艺术设计方向）
	哈尔滨	普通本科	哈尔滨师范大学	美术学院	环境艺术系	艺术设计（环境艺术设计方向）
	哈尔滨	普通本科	哈尔滨商业大学	设计艺术学院	环境艺术设计系	艺术设计（环境艺术设计方向）
	哈尔滨	普通本科	哈尔滨学院	艺术与设计学院	艺术设计系	艺术设计（环境艺术设计方向）
	哈尔滨	普通本科	东北农业大学	艺术学院	数字媒体艺术系	艺术设计（景观设计方向）
	哈尔滨	普通本科	东北林业大学	园林学院	……	艺术设计（环境艺术设计方向）
	哈尔滨	普通本科	黑龙江工程学院	……	艺术与设计系	艺术设计（环境艺术设计方向）
	哈尔滨	普通本科	黑龙江东方学院	艺术设计学部	……	艺术设计（环境艺术设计方向）
	哈尔滨	普通本科	黑龙江外国语学院（原哈尔滨师范大学恒星学院）	……	艺术系	艺术设计（环境艺术设计方向）

续表

省市区	城市	办学类型	学校	学院	系	专业名称（方向）
黑龙江省（24所）	哈尔滨	普通本科	哈尔滨德强商务学院	……	艺术系	艺术设计（环境艺术设计方向）
	哈尔滨	普通本科	哈尔滨剑桥学院（原黑龙江大学剑桥学院）	艺术设计学院	……	艺术设计（环境艺术设计方向）
	哈尔滨	普通本科	哈尔滨华德学院（原哈尔滨工业大学华德应用技术学院）	……	艺术设计系	艺术设计（环境艺术设计方向）
	牡丹江	普通本科	牡丹江师范学院	……	美术系	艺术设计（环境艺术设计方向）
	齐齐哈尔	普通本科	齐齐哈尔大学	美术与艺术设计学院	艺术设计系	艺术设计（环境艺术设计方向）
	大庆	普通本科	东北石油大学（原大庆石油学院）	艺术学院	美术系	艺术设计（环境艺术方向）
	大庆	普通本科	大庆师范学院	艺术学院	美术与艺术设计系	艺术设计（室内外环境艺术设计方向）
	绥化	普通本科	绥化学院	艺术设计学院	……	艺术设计（环境艺术设计方向）
	黑河	普通本科	黑河学院	……	美术系	艺术设计（环境艺术设计方向）
	哈尔滨	独立学院	哈尔滨理工大学远东学院	……	艺术系	艺术设计（环境艺术设计方向）
	哈尔滨	独立学院	哈尔滨商业大学广厦学院	……	艺术设计系	艺术设计（环境艺术设计方向）
	哈尔滨	独立学院	东北农业大学成栋学院	艺术与传媒学院	……	艺术设计（园林景观方向）
	哈尔滨	独立学院	黑龙江工程学院昆仑旅游学院	……	应用技术系	艺术设计（环境艺术设计方向）
上海市（15所）	上海	普通本科	同济大学	设计创意学院	……	艺术设计（环境艺术设计方向）
	上海	普通本科	上海交通大学	媒体与设计学院	设计系	艺术设计（景观与环境艺术设计方向）
	上海	普通本科	上海理工大学	出版印刷与艺术设计学院	艺术设计系	艺术设计（环境艺术设计方向）
	上海	普通本科	上海师范大学	美术学院	……	艺术设计（环境艺术设计方向）

续表

省市区	城市	办学类型	学校	学院	系	专业名称（方向）
上海市（15所）	上海	普通本科	上海应用技术学院	艺术与设计学院	环境艺术设计系	艺术设计（环境艺术设计方向）
	上海	普通本科	上海大学	数码艺术学院	公共艺术教学部	艺术设计（环境艺术设计方向）
	上海	普通本科	东华大学	服装・艺术设计学院	环境艺术设计系	艺术设计（环境艺术设计方向）
	上海	普通本科	华东理工大学	艺术设计与传媒学院	……	艺术设计（景观艺术设计方向）
	上海	普通本科	华东师范大学	设计学院	……	艺术设计（景观设计方向）
	上海	普通本科	上海第二工业大学	应用艺术设计学院	……	艺术设计（现代生活空间设计方向）
	上海	普通本科	上海杉达学院	人文学院	艺术设计系	艺术设计（环境艺术设计方向）
	上海	普通本科	上海建桥学院	艺术设计学院	……	艺术设计（环境艺术设计方向）
	上海	普通本科	上海商学院	艺术设计学院	环境艺术设计系	艺术设计（环境艺术设计方向）
	上海	独立学院	复旦大学上海视觉艺术学院	设计学院	……	艺术设计（室内与景观设计方向）
	上海	独立学院	上海师范大学天华学院	……	艺术系	艺术设计（空间艺术设计方向）
江苏省（36所）	南京	普通本科	南京航空航天大学	艺术学院	……	艺术设计（环境艺术设计方向）
	南京	普通本科	东南大学	艺术学院	设计系	工业（艺术）设计
	南京	普通本科	南京林业大学	艺术设计学院	环境艺术设计系	艺术设计（环境设施设计方向） 艺术设计（城市景观艺术设计方向）
	南京	普通本科	南京理工大学	设计艺术与传媒学院	设计艺术系	艺术设计（环境设施设计方向）
	南京	普通本科	南京工业大学	艺术设计学院	……	艺术设计（景观设计方向）
	南京	普通本科	南京工程学院	艺术与设计学院	……	艺术设计（环境艺术设计方向）
	南京	普通本科	南京师范大学	美术学院	设计艺术系	艺术设计（环境艺术设计方向）
	南京	普通本科	南京财经大学	艺术设计学院	……	艺术设计（环境艺术设计方向）
	南京	普通本科	南京艺术学院	设计学院	……	艺术设计（景观设计方向）
	南京	普通本科	金陵科技学院	艺术学院	……	艺术设计（环境艺术设计方向）
	南京	普通本科	三江学院	艺术学院	……	艺术设计（环境艺术设计方向）

续表

省市区	城市	办学类型	学校	学院	系	专业名称（方向）
江苏省 (36所)	苏州	普通本科	苏州大学	艺术学院	环境艺术系	艺术设计（环境艺术设计方向）
	常州	普通本科	常州大学 （原江苏工业学院）	文法与艺术学院	……	艺术设计（环境艺术设计方向）
	常州	普通本科	常州工学院	艺术与设计学院	……	艺术设计（环境艺术设计方向）
	常州	普通本科	江苏技术师范学院	艺术设计学院	……	艺术设计（环境艺术设计方向）
	扬州	普通本科	扬州大学	艺术学院	……	艺术设计（环境艺术设计方向）
	徐州	普通本科	中国矿业大学	艺术与设计学院	……	艺术设计（环境景观设计方向）
	徐州	普通本科	徐州工程学院	艺术学院	……	艺术设计（环境艺术设计方向）
	无锡	普通本科	江南大学	设计学院	建筑与环境艺术设计系	艺术设计（环境艺术设计方向）
	无锡	普通本科	无锡太湖学院 （原江南大学太湖学院）	……	艺术系	艺术设计（环境艺术设计方向）
	镇江	普通本科	江苏大学	艺术学院	环境艺术系	艺术设计（环境艺术设计方向）
	南通	普通本科	南通大学	艺术学院	……	艺术设计（环境艺术设计方向）
	盐城	普通本科	盐城工学院	设计艺术学院	艺术设计专业系	艺术设计（环境艺术设计方向） 艺术设计（城市景观艺术设计方向）
	淮安	普通本科	淮阴工学院	设计艺术学院	……	艺术设计（环境艺术设计方向）
	淮安	普通本科	淮阴师范学院	美术学院	艺术设计系	艺术设计（环境艺术设计方向）
	常熟	普通本科	常熟理工学院	艺术与服装工程学院	美术与设计系	艺术设计（环境艺术设计方向）
	连云港	普通本科	淮海工学院	艺术学院	……	艺术设计（环境艺术设计方向）
	南京	独立学院	东南大学成贤学院	……	建筑与艺术系	艺术设计（环境艺术设计方向）
	南京	独立学院	中国传媒大学南广学院	艺术设计学院	……	艺术设计（环境艺术设计方向）
	南京	独立学院	南京大学金陵学院	艺术学院	艺术设计系	艺术设计（景观园林方向）
	南京	独立学院	南京航空航天大学金城学院	……	艺术系	艺术设计（环境艺术设计方向）

续表

省市区	城市	办学类型	学校	学院	系	专业名称（方向）
江苏省（36 所）	南京	独立学院	南京工业大学浦江学院	……	土木与建筑工程系	艺术设计（环境艺术设计发型方向）
	南京	独立学院	南京师范大学中北学院	……	美术系	艺术设计（环境艺术设计方向）
	泰州	独立学院	南京理工大学泰州科技学院	土木工程学院	……	艺术设计（环境艺术设计方向）
	徐州	独立学院	中国矿业大学徐海学院	……	文学与艺术系	艺术设计（景观设计方向）
	镇江	独立学院	江苏大学京江学院	人文学部	艺术设计系	艺术设计（环境艺术设计方向）
浙江省（27 所）	杭州	普通本科	浙江大学	……	艺术学系	艺术设计（环境艺术设计方向）
	杭州	普通本科	浙江工业大学	艺术学院	环境艺术设计系	艺术设计（环境艺术设计方向）
	杭州	普通本科	浙江理工大学	艺术与设计学院	……	艺术设计（环境艺术设计方向）
	杭州	普通本科	浙江工商大学	艺术设计学院	……	艺术设计（环境艺术设计方向） 艺术设计（景观设计方向）
	杭州	普通本科	浙江树人大学	艺术学院	……	艺术设计（环境艺术设计方向）
	杭州	普通本科	浙江科技学院	艺术设计学院	……	艺术设计（环境艺术设计方向）
	杭州	普通本科	浙江传媒学院	设计艺术学院	……	艺术设计（环境艺术设计方向）
	杭州	普通本科	杭州师范大学	美术学院	设计系	艺术设计（环境艺术设计方向）
	杭州	普通本科	中国计量学院	艺术与传播学院	……	艺术设计（环境艺术设计方向）
	杭州	普通本科	中国美术学院	建筑艺术学院	环境艺术设计系	艺术设计（环境艺术设计方向）
					景观设计系	艺术设计（景观设计方向）
	上海			上海设计学院	建筑与环境艺术设计系	艺术设计（环境艺术设计方向）
	湖州	普通本科	湖州师范学院	艺术学院	艺术设计系	艺术设计（环境艺术设计方向）
	温州	普通本科	温州大学	美术与设计学院	……	艺术设计（环境艺术设计方向）
	台州	普通本科	台州学院	艺术学院	美术系	艺术设计（环境艺术设计方向）
	宁波	普通本科	浙江万里学院	设计艺术与建筑学院	环境艺术设计系	艺术设计（环境艺术设计方向）
	金华	普通本科	浙江师范大学	美术学院	艺术设计系	艺术设计（环境艺术设计方向）

续表

省市区	城市	办学类型	学校	学院	系	专业名称（方向）
浙江省（27所）	绍兴	普通本科	绍兴文理学院	美术学院	……	艺术设计（环境艺术设计方向）
	丽水	普通本科	丽水学院	艺术学院	美术系	艺术设计（环境艺术设计方向）
	嘉兴	普通本科	嘉兴学院	设计学院	艺术设计系	艺术设计（环境艺术设计方向）
	杭州	独立学院	浙江大学城市学院	创意与艺术设计学院	……	艺术设计（环境艺术设计方向）
	杭州	独立学院	浙江工业大学之江学院	创意设计分院	……	艺术设计（环境艺术设计方向）
	杭州	独立学院	浙江理工大学科技与艺术学院	……	艺术与设计系	艺术设计（环境艺术设计方向）
	杭州	独立学院	浙江工商大学杭州商学院	……	艺术设计系	艺术设计（环境艺术设计方向）
	湖州	独立学院	湖州师范学院求真学院	艺术学院	……	艺术设计（环境艺术设计方向）
	温州	独立学院	温州大学瓯江学院	艺术分院	……	艺术设计（环境艺术设计方向）
	宁波	独立学院	浙江大学宁波理工学院	传媒与设计学院	……	艺术设计（环境艺术方向）
	金华	独立学院	浙江师范大学行知学院	艺体分院	……	艺术设计（环境艺术设计方向）
	绍兴	独立学院	绍兴文理学院元培学院	……	人文科学系	艺术设计（环境艺术设计方向）
安徽省（16所）	合肥	普通本科	安徽大学	艺术学院	设计系	艺术设计（环境艺术设计方向）
	合肥	普通本科	安徽农业大学	轻纺工程与艺术学院	艺术设计系	艺术设计（环境艺术设计方向）
	合肥	普通本科	安徽建筑工业学院	艺术学院	环境艺术设计系	艺术设计（环境艺术设计方向）
	合肥	普通本科	合肥工业大学	建筑与艺术学院	……	艺术设计（环境艺术设计方向）
	合肥	普通本科	合肥师范学院	艺术传媒学院	……	艺术设计（环境艺术设计方向）
	合肥	普通本科	合肥学院	……	艺术设计系	艺术设计（环境艺术设计方向）
	马鞍山	普通本科	安徽工业大学	机械工程学院	艺术设计系	艺术设计（环境艺术设计方向）
	芜湖	普通本科	安徽工程大学（原安徽工程科技学院）	艺术学院	……	艺术设计（环境艺术设计方向）
	蚌埠	普通本科	蚌埠学院	……	艺术设计系	艺术设计（环境艺术设计方向）

续表

省市区	城市	办学类型	学校	学院	系	专业名称（方向）
安徽省（16所）	黄山	普通本科	黄山学院	……	艺术系	艺术设计（环境艺术设计方向）
	六安	普通本科	皖西学院	艺术学院	……	艺术设计（环境艺术设计方向）
	宿州	普通本科	宿州学院	美术学院	……	艺术设计（环境艺术设计方向）
	淮南	普通本科	淮南师范学院	……	美术系	艺术设计（环境艺术设计方向）
	合肥	独立学院	安徽建筑工业学院城市建设学院	……	艺术系	艺术设计（城建环境艺术方向）
	芜湖	独立学院	安徽师范大学皖江学院	……	美术系	艺术设计（景观与室内设计方向）
	阜阳	独立学院	阜阳师范学院信息工程学院	……	设计艺术系	艺术设计（环境艺术设计方向）
福建省（13所）	福州	普通本科	福建工程学院	……	建筑与规划系	艺术设计（环境艺术设计方向）
	福州	普通本科	福建农林大学	艺术学院园林学院（合署）	艺术设计系	艺术设计（环境艺术设计方向）
	福州	普通本科	福建师范大学	美术学院	艺术设计系	艺术设计（环境艺术设计方向）
	福州	普通本科	闽江学院	美术学院	……	艺术设计（环境艺术设计方向）
	厦门	普通本科	厦门大学	艺术学院	美术系	艺术设计（环境艺术设计方向）
	厦门	普通本科	华侨大学	建筑学院	城市景观系	艺术设计（建筑与城市环境艺术设计方向）
	厦门	普通本科	福州大学	厦门工艺美术学院	环境艺术系	艺术设计（环境艺术设计方向）
	厦门	普通本科	集美大学	美术学院	……	艺术设计（环境艺术设计方向）
	厦门	普通本科	厦门理工学院	……	设计艺术系	艺术设计（环境艺术设计方向）
	泉州	普通本科	泉州师范学院	美术与设计学院	艺术设计系	艺术设计（环境艺术设计方向）
	三明	普通本科	三明学院	艺术学院	……	艺术设计（环境艺术设计方向）
	武夷山	普通本科	武夷学院	……	艺术系	艺术设计（环境艺术设计方向）
	漳州	独立学院	厦门大学嘉庚学院	……	艺术设计系	艺术设计（环境艺术设计方向）

续表

省市区	城市	办学类型	学校	学院	系	专业名称（方向）
江西省(23所)	南昌	普通本科	江西农业大学	园林与艺术学院	……	艺术设计（环境艺术设计方向）
	南昌	普通本科	江西师范大学	美术学院	环境艺术设计系	艺术设计（景观设计方向）
	南昌	普通本科	江西财经大学	艺术学院	艺术设计系	艺术设计（环境艺术设计方向）
	南昌	普通本科	南昌大学	艺术与设计学院	景观设计系	艺术设计（景观艺术设计方向）
					艺术设计系	艺术设计（环境艺术设计方向）
	南昌	普通本科	南昌航空大学	艺术与设计学院	艺术设计系	艺术设计（环境艺术设计方向）
	南昌	普通本科	华东交通大学	艺术学院	……	艺术设计（环境艺术设计方向）
	南昌	普通本科	江西蓝天学院	……	艺术设计系	艺术设计（环境艺术设计方向）
	南昌	普通本科	江西科技师范学院	艺术设计学院	……	艺术设计（环境艺术设计方向）
	南昌	普通本科	南昌工程学院	人文与艺术学院	……	艺术设计（环境艺术设计方向）
	南昌	普通本科	南昌理工学院	艺术学院	……	艺术设计（环境艺术设计方向）
	九江	普通本科	九江学院	艺术学院	……	艺术设计（环境艺术设计方向）
	抚州	普通本科	东华理工大学	文法与艺术学院	艺术设计系	艺术设计（环境艺术设计方向）
	景德镇	普通本科	景德镇陶瓷学院	设计艺术学院	……	艺术设计（环境艺术设计方向）
	宜春	普通本科	宜春学院	美术与设计学院	……	艺术设计（环境艺术设计方向） 艺术设计（园林艺术设计方向）
	赣州	普通本科	赣南师范学院	美术学院	……	艺术设计（环境艺术设计方向）
	吉安	普通本科	井冈山大学	艺术学院	美术系	艺术设计（环境艺术设计方向）
	南昌	独立学院	南昌大学科学技术学院	人文学科部	艺术系	艺术设计（环境艺术设计方向）
	南昌	独立学院	华东交通大学理工学院	土木建筑分院	……	艺术设计（环境艺术设计方向）
	南昌	独立学院	江西农业大学南昌商学院	……	人文与艺术系	艺术设计（环境艺术设计方向）
	南昌	独立学院	江西科技师范学院理工学院	艺体学科部	……	艺术设计（环境艺术设计方向）

续表

省市区	城市	办学类型	学校	学院	系	专业名称（方向）
江西省(23 所)	景德镇	独立学院	景德镇陶瓷学院科技艺术学院	……	美术系	艺术设计（环境艺术设计方向）
	赣州	独立学院	江西理工大学应用科学学院	……	人文科学系	艺术设计（环境艺术方向） 艺术设计（景观园林方向）
	赣州	独立学院	赣南师范学院科技学院	……	美术系	艺术设计（环境艺术设计方向）
山东省(32 所)	济南	普通本科	山东建筑大学	艺术学院	……	艺术设计（环境艺术设计方向）
	济南	普通本科	山东师范大学	美术学院	艺术设计系	艺术设计（环境艺术设计方向）
	济南	普通本科	山东艺术学院	设计学院	……	艺术设计（环境艺术设计方向）
	济南	普通本科	山东交通学院	……	人文科学系	艺术设计（交通环境艺术设计方向）
	济南	普通本科	山东轻工业学院	艺术设计学院	……	艺术设计（环境艺术设计方向）
	济南	普通本科	山东工艺美术学院	建筑与景观设计学院	……	艺术设计（环境艺术设计方向）
	济南	普通本科	济南大学	美术学院	设计系	艺术设计（环境艺术设计方向）
	青岛	普通本科	山东科技大学	艺术与设计学院	艺术设计系	艺术设计（环境艺术设计方向）
	青岛	普通本科	青岛科技大学	艺术学院	……	艺术设计（环境艺术设计方向）
	青岛	普通本科	青岛理工大学	艺术学院	……	艺术设计（环境艺术设计方向） 艺术设计（景观设计方向）
	青岛	普通本科	青岛农业大学	艺术与传媒学院	……	艺术设计（环境艺术设计方向）
	青岛	普通本科	青岛滨海学院	艺术学院	……	艺术设计（环境艺术设计方向）
	青岛	普通本科	青岛大学	美术学院	环境艺术系	艺术设计（环境艺术设计方向）
	威海	普通本科	山东大学威海分校	艺术学院	艺术设计系	艺术设计（景观艺术设计方向）
	淄博	普通本科	山东理工大学	美术学院	艺术设计系	艺术设计（环境艺术设计方向）
	潍坊	普通本科	潍坊学院	美术学院	……	艺术设计（环境艺术设计方向）
	泰安	普通本科	山东农业大学	水利土木工程学院	……	艺术设计（环境艺术设计方向）

续表

省市区	城市	办学类型	学校	学院	系	专业名称（方向）
山东省(32所)	泰安	普通本科	泰山学院	……	美术系	艺术设计（环境艺术设计方向）
	曲阜	普通本科	曲阜师范大学	美术学院	艺术设计系	艺术设计（环境艺术设计方向）
	聊城	普通本科	聊城大学	美术学院	艺术设计系	艺术设计（环境艺术设计方向）
	德州	普通本科	德州学院	……	美术系	艺术设计（环境艺术设计方向）
	滨州	普通本科	滨州学院	……	美术系	艺术设计（环境艺术设计方向）
	烟台	普通本科	鲁东大学	艺术学院	……	艺术设计（环境艺术设计方向）
	烟台	普通本科	烟台大学	建筑学院	……	艺术设计（景观设计方向）
	烟台	普通本科	烟台南山学院	艺术学院	……	艺术设计（环境艺术设计方向）
	临沂	普通本科	临沂大学（原临沂师范学院）	美术学院	艺术设计系	艺术设计（环境艺术设计方向）
	济宁	普通本科	济宁学院	……	美术系	艺术设计（环境艺术设计方向）
	烟台	独立学院	烟台大学文经学院	……	建筑工程系	艺术设计（景观设计方向）
	聊城	独立学院	聊城大学东昌学院	……	美术系	艺术设计（环境艺术设计方向）
	青岛	独立学院	青岛理工大学琴岛学院	……	艺术系	艺术设计（环境艺术设计方向）
	东营	独立学院	中国石油大学胜利学院	……	美术系	艺术设计（环境艺术设计方向）
	莱阳	独立学院	青岛农业大学海都学院	……	人文艺术系	艺术设计（环境艺术设计方向）
河南省(35所)	郑州	普通本科	华北水利水电学院	建筑学院	……	艺术设计（景观设计方向）
	郑州	普通本科	河南工业大学	设计艺术学院	……	艺术设计（环境艺术设计方向） 艺术设计（景观艺术设计方向）
	郑州	普通本科	河南农业大学	林学院	艺术系	艺术设计（环境艺术设计方向）
	郑州	普通本科	河南工程学院	……	艺术设计系	艺术设计（环境艺术设计方向）
	郑州	普通本科	河南财经政法大学（原河南财经学院）	……	艺术系	艺术设计（环境艺术设计方向）

续表

省市区	城市	办学类型	学校	学院	系	专业名称（方向）
河南省(35所)	郑州	普通本科	郑州轻工业学院	艺术设计学院	环境艺术设计系	艺术设计（环境艺术设计方向）
	郑州	普通本科	郑州航空工业管理学院	……	艺术设计系	艺术设计（环境艺术设计方向）
	郑州	普通本科	郑州大学	建筑学院	环境艺术系	艺术设计（环境艺术设计方向）
	郑州	普通本科	郑州华信学院	艺术学院	……	艺术设计（环境艺术设计方向）
	郑州	普通本科	郑州科技学院	……	艺术系	艺术设计（环境艺术设计方向）
	郑州	普通本科	黄河科技学院	艺术设计学院	……	艺术设计（环境艺术设计方向）
	郑州	普通本科	中原工学院	艺术设计学院	……	艺术设计（环境艺术设计方向）
	开封	普通本科	河南大学	艺术学院	环境艺术设计系	艺术设计（环境艺术设计方向）
	洛阳	普通本科	河南科技大学	艺术与设计学院	……	艺术设计（环境艺术设计方向）
	洛阳	普通本科	洛阳理工学院	……	艺术设计系	艺术设计（环境艺术设计方向）
	洛阳	普通本科	洛阳师范学院	美术学院	艺术设计系	艺术设计（环境艺术设计方向）
	焦作	普通本科	河南理工大学	建筑与艺术设计学院	艺术设计系	艺术设计（环境艺术设计方向）
	新乡	普通本科	河南师范大学	美术学院	……	艺术设计（环境艺术设计方向）
	新乡	普通本科	新乡学院	……	艺术设计系	艺术设计（环境艺术设计方向）
	信阳	普通本科	信阳师范学院	美术学院	……	艺术设计（环境艺术设计方向）
	周口	普通本科	周口师范学院	美术学院	……	艺术设计（室内外环境艺术设计方向）
	安阳	普通本科	安阳师范学院	美术学院	……	艺术设计（环境艺术设计方向）
	南阳	普通本科	南阳理工学院	……	艺术设计系	艺术设计（环境艺术设计方向）
	南阳	普通本科	南阳师范学院	美术与艺术设计学院	……	艺术设计（环境艺术设计方向）
	商丘	普通本科	商丘师范学院	现代艺术学院	……	艺术设计（环境艺术设计方向）
	商丘	普通本科	商丘学院（原河南农业大学华豫学院）	传媒与艺术学院	……	艺术设计（环境艺术设计方向）
	许昌	普通本科	许昌学院	美术学院	……	艺术设计（环境艺术设计方向）

续表

省市区	城市	办学类型	学校	学院	系	专业名称（方向）
河南省 (35 所)	平顶山	普通本科	河南城建学院	……	艺术系	艺术设计（景观设计专业方向）
	平顶山	普通本科	平顶山学院	艺术设计学院	……	艺术设计（环境艺术设计方向）
	驻马店	普通本科	黄淮学院	艺术设计学院	……	艺术设计（环境艺术设计方向）
	郑州	独立学院	中原工学院信息商务学院	……	艺术设计系	艺术设计（环境艺术设计方向）
	开封	独立学院	河南大学民生学院	……	艺术与传媒系	艺术设计（环境艺术设计方向）
	信阳	独立学院	信阳师范学院华锐学院	……	艺术系	艺术设计（环境艺术设计方向）
	焦作	独立学院	河南理工大学万方科技学院	……	艺术系	艺术设计（环境艺术设计方向）
	巩义	独立学院	河南财经政法大学成功学院 （原河南财经学院成功学院）	……	艺术设计系	艺术设计（环境艺术设计方向）
湖北省 (43 所)	武汉	普通本科	华中科技大学	建筑与城市规划学院	艺术设计系	艺术设计（环境艺术设计方向）
	武汉	普通本科	湖北大学	艺术学院	……	艺术设计（环境艺术设计方向）
	武汉	普通本科	湖北工业大学	艺术设计学院	……	艺术设计（环境艺术设计方向）
	武汉	普通本科	湖北经济学院	艺术学院	……	艺术设计（环境艺术设计方向）
	武汉	普通本科	湖北美术学院	……	环境艺术设计系	艺术设计（环境艺术设计方向）
	武汉	普通本科	湖北第二师范学院	艺术学院	……	艺术设计（环境艺术设计方向）
	武汉	普通本科	武汉科技大学	艺术与设计学院	建筑与艺术设计系	艺术设计（环境艺术设计方向） 艺术设计（景观设计方向）
	武汉	普通本科	武汉工程大学	艺术设计学院	……	艺术设计（环境艺术设计方向）
	武汉	普通本科	武汉工业学院	艺术与传媒学院	……	艺术设计（环境艺术设计方向）
	武汉	普通本科	武汉纺织大学 （原武汉科技学院）	艺术与设计学院	艺术系	艺术设计（环境艺术设计方向）
	武汉	普通本科	武汉理工大学	艺术与设计学院	……	艺术设计（环境艺术设计方向）
	武汉	普通本科	武汉东湖学院 （原武汉大学东湖分校）	传媒与艺术设计学院	……	艺术设计（环境艺术设计方向）

续表

省市区	城市	办学类型	学校	学院	系	专业名称（方向）
湖北省 (43所)	武汉	普通本科	武汉生物工程学院	……	艺术系	艺术设计（环境艺术设计方向）
	武汉	普通本科	武汉长江工商学院 （原中南民族大学工商学院）	传播与设计学院	……	艺术设计（环境艺术设计方向）
	武汉	普通本科	中国地质大学（武汉）	艺术与传媒学院	环境艺术系	艺术设计（环境艺术设计方向）
	武汉	普通本科	中南民族大学	美术学院	……	艺术设计（环境艺术设计方向）
	荆州	普通本科	长江大学	艺术学院	美术系	艺术设计（环境艺术设计方向）
	荆门	普通本科	荆楚理工学院	艺术学院	……	艺术设计（环境艺术设计方向）
	黄石	普通本科	湖北师范学院	美术学院	艺术设计系	艺术设计（环境艺术设计方向）
	黄石	普通本科	黄石理工学院	艺术学院	艺术设计系	艺术设计（环境艺术设计方向）
	黄冈	普通本科	黄冈师范学院	美术学院	艺术设计系	艺术设计（环境艺术设计方向）
	恩施	普通本科	湖北民族学院	艺术学院	……	艺术设计（环境艺术设计方向）
	襄樊	普通本科	襄樊学院	美术学院	……	艺术设计（环境艺术设计方向）
	孝感	普通本科	孝感学院	美术与设计学院	……	艺术设计（环境艺术设计方向）
	咸宁	普通本科	咸宁学院	艺术学院	……	艺术设计（环境艺术设计方向）
	宜昌	普通本科	三峡大学	艺术学院	艺术设计系	艺术设计（环境艺术设计方向）
	汉口	普通本科	汉口学院 （原华中师范大学汉口分校）	艺术设计学院	……	艺术设计（环境艺术设计方向）
	武汉	独立学院	华中科技大学武昌分校	艺术与设计学院	……	艺术设计（环境艺术设计方向）
	武汉	独立学院	华中科技大学文华学院	城市建设工程学部	艺术设计系	艺术设计（环境艺术设计方向）
	武汉	独立学院	中国地质大学江城学院	艺术与传媒学部	……	艺术设计（环境艺术设计方向）
	武汉	独立学院	中南财经政法大学武汉学院	……	艺术系	艺术设计（环境艺术设计方向）
	武汉	独立学院	华中师范大学武汉传媒学院	……	艺术设计系	艺术设计（环境艺术设计方向）
	武汉	独立学院	华中农业大学楚天学院	环境设计学院	……	艺术设计（环境艺术设计方向）

续表

省市区	城市	办学类型	学校	学院	系	专业名称（方向）
湖北省（43所）	武汉	独立学院	湖北工业大学工程技术学院	……	艺术设计系	艺术设计（环境艺术设计方向）
	武汉	独立学院	湖北工业大学商贸学院	艺术与传媒学院	……	艺术设计（环境艺术设计方向）
	武汉	独立学院	湖北经济学院法商学院	……	艺术系	艺术设计（环境艺术设计方向）
	武汉	独立学院	武汉理工大学华夏学院	……	人文与艺术系	艺术设计（环境艺术设计方向）
	武汉	独立学院	武汉科技大学城市学院	艺术学部	……	艺术设计（环境艺术设计方向）
	武汉	独立学院	武汉纺织大学外经贸学院（原武汉科技学院外经贸学院）	艺术与设计学院	……	艺术设计（环境艺术设计方向）
	武汉	独立学院	武汉工业学院工商学院	……	艺术与设计系	艺术设计（环境艺术设计方向）
	恩施	独立学院	湖北民族学院科技学院	艺术学院	……	艺术设计（环境艺术设计方向）
	宜昌	独立学院	三峡大学科技学院	艺术学院	……	艺术设计（环境艺术设计方向）
	襄樊	独立学院	襄樊学院理工学院	……	人文艺术系	艺术设计（环境艺术设计方向）
湖南省（28所）	长沙	普通本科	湖南大学	建筑学院	环境艺术系	艺术设计（环境艺术设计方向）
	长沙	普通本科	湖南商学院	设计艺术学院	……	艺术设计（环境艺术设计方向）
	长沙	普通本科	中南林业科技大学	家具与艺术设计学院	……	艺术设计（环境艺术设计方向）
	长沙	普通本科	长沙理工大学	设计艺术学院	……	艺术设计（环境艺术设计方向）
	长沙	普通本科	长沙学院	……	艺术设计系	艺术设计（环境艺术设计方向）
	长沙	普通本科	中南大学	建筑与艺术学院	环境艺术设计系	艺术设计（环境艺术设计方向）
	吉首	普通本科	吉首大学	美术学院	……	艺术设计（环境艺术设计方向）
	湘潭	普通本科	湖南科技大学	艺术学院	……	艺术设计（环境艺术设计方向）
	湘潭	普通本科	湖南工程学院	设计艺术学院	……	艺术设计（环境艺术设计方向）
	岳阳	普通本科	湖南理工学院	美术学院	……	艺术设计（环境艺术设计方向）
	衡阳	普通本科	衡阳师范学院	……	美术系	艺术设计（环境艺术设计方向）

续表

省市区	城市	办学类型	学校	学院	系	专业名称（方向）
湖南省（28所）	衡阳	普通本科	南华大学	设计与艺术学院	……	艺术设计（环境艺术设计方向） 艺术设计（景观设计方向）
	邵阳	普通本科	邵阳学院	……	艺术设计系	艺术设计（环境艺术设计方向）
	益阳	普通本科	湖南城市学院	美术与艺术设计学院	……	艺术设计（环境艺术设计方向）
	郴州	普通本科	湘南学院	……	艺术设计系	艺术设计（环境艺术设计方向）
	株洲	普通本科	湖南工业大学	包装设计艺术学院	……	艺术设计（环境艺术设计方向）
	怀化	普通本科	怀化学院	……	艺术设计系	艺术设计（环境艺术设计方向）
	常德	普通本科	湖南文理学院	美术学院	……	艺术设计（环境艺术设计方向）
	永州	普通本科	湖南科技学院	……	美术系	艺术设计（环境艺术设计方向）
	娄底	普通本科	湖南人文科技学院	……	美术系	艺术设计（环境艺术设计方向）
	长沙	独立学院	湖南商学院北津学院	……	艺术设计系	艺术设计（环境艺术设计方向）
	长沙	独立学院	长沙理工大学城南学院	……	设计艺术系	艺术设计（环境艺术设计方向）
	长沙	独立学院	中南林业科技大学涉外学院	……	艺术设计系	艺术设计（环境艺术设计方向）
	湘潭	独立学院	湖南工程学院应用技术学院	设计艺术学院	……	艺术设计（环境艺术设计方向）
	湘潭	独立学院	湖南科技大学潇湘学院	……	艺术系	艺术设计（环境艺术设计方向）
	株洲	独立学院	湖南工业大学科技学院	艺术设计教学部	……	艺术设计（环境艺术设计方向）
	衡阳	独立学院	南华大学船山学院	文科部	……	艺术设计（环境艺术设计方向） 艺术设计（景观设计方向）
	衡阳	独立学院	衡阳师范学院南岳学院	……	美术系	艺术设计（环境艺术设计方向）
广东省（27所）	广州	普通本科	华南理工大学	设计学院	艺术设计系	艺术设计（环境艺术设计方向）
	广州	普通本科	华南农业大学	艺术学院	环境艺术设计系	艺术设计（环境艺术设计方向）
	广州	普通本科	华南师范大学	美术学院	环境艺术系	艺术设计（环境艺术设计方向）
	广州	普通本科	广州美术学院	建筑与环境艺术设计学院	……	艺术设计（环境艺术设计方向）

续表

省市区	城市	办学类型	学校	学院	系	专业名称（方向）
广东省 (27 所)	广州	普通本科	广州大学	美术与设计学院	设计艺术系	艺术设计（室内与环境设计方向）
	广州	普通本科	广东技术师范学院	美术学院	……	艺术设计（环境艺术设计方向）
	广州	普通本科	广东工业大学	艺术设计学院	环境艺术设计系	艺术设计（环境艺术设计方向）
	广州	普通本科	仲恺农业工程学院	艺术设计学院	……	艺术设计（环境艺术设计方向）
	茂名	普通本科	广东石油化工学院 （原茂名学院）	建筑工程学院	……	艺术设计（环境艺术设计方向）
	湛江	普通本科	广东海洋大学	中歌艺术学院	……	艺术设计（环境艺术设计方向）
	韶关	普通本科	韶关学院	美术学院	……	艺术设计（环境艺术设计方向）
	惠州	普通本科	惠州学院	……	美术系	艺术设计（环境艺术设计方向）
	潮州	普通本科	韩山师范学院	……	美术系	艺术设计（环境艺术设计方向）
	梅州	普通本科	嘉应学院	美术学院	……	艺术设计（环境艺术设计方向） 艺术设计（景观艺术设计方向）
	深圳	普通本科	深圳大学	艺术设计学院	……	艺术设计（环境艺术设计方向）
	江门	普通本科	五邑大学	……	艺术设计系	艺术设计（环境艺术设计方向）
	广州	独立学院	广州大学松田学院	……	艺术系	艺术设计（室内与环境设计） 艺术设计（城市景观设计方向）
	广州	独立学院	广东工业大学华立学院	传媒与艺术学部	艺术设计系	艺术设计（环境艺术设计） 艺术设计（景观艺术设计方向）
	广州	独立学院	广东技术师范学院天河学院	……	艺术系	艺术设计（环境艺术设计方向）
	广州	独立学院	广东商学院华商学院	……	艺术系	艺术设计（环境艺术设计方向）
	广州	独立学院	华南师范大学增城学院	……	艺术设计系	艺术设计（环境艺术设计方向）
	中山	独立学院	电子科技大学中山学院	艺术设计学院	……	艺术设计（环境艺术设计方向）
	湛江	独立学院	广东海洋大学寸金学院	……	艺术系	艺术设计（环境艺术设计方向）

续表

省市区	城市	办学类型	学校	学院	系	专业名称（方向）
广东省（27所）	珠海	独立学院	北京师范大学珠海分校	设计学院	……	艺术设计（环境艺术设计方向）
	珠海	独立学院	北京理工大学珠海学院	设计与艺术学院	……	艺术设计（环境艺术设计方向）
	珠海	独立学院	吉林大学珠海学院	……	艺术系	艺术设计（环境艺术设计方向）
	从化	独立学院	华南农业大学珠江学院	……	艺术与人文系	艺术设计（环境艺术设计方向）
海南省（4所）	海口	普通本科	海南大学	艺术学院	艺术设计系	艺术设计（景观艺术设计方向）
	海口	普通本科	海南师范大学	美术学院	艺术设计系	艺术设计（环境艺术设计方向）
	海口	普通本科	海口经济学院	艺术学院	……	艺术设计（环境艺术设计方向）
	三亚	独立学院	海南大学三亚学院	艺术分院	……	艺术设计（环境艺术设计方向）
广西壮族自治区（14所）	南宁	普通本科	广西大学	艺术学院	艺术设计系	艺术设计（环境艺术设计方向）
	南宁	普通本科	广西艺术学院	设计学院	环境艺术设计系	艺术设计（环境艺术设计方向） 艺术设计（景观艺术设计方向）
	南宁	普通本科	广西民族大学	艺术学院	美术与设计系	艺术设计（环境艺术设计方向）
	柳州	普通本科	广西工学院	……	艺术与设计系·文学艺术教学部	艺术设计（环境艺术设计方向）
	桂林	普通本科	广西师范大学	设计学院	……	艺术设计（环境艺术设计方向）
	桂林	普通本科	桂林电子科技大学	艺术与设计学院	环境艺术设计系	艺术设计（环境艺术设计方向）
	桂林	普通本科	桂林理工大学	艺术学院	……	艺术设计（环境艺术设计方向）
	贺州	普通本科	贺州学院	……	艺术系	艺术设计（园林景观设计方向）
	梧州	普通本科	梧州学院	……	艺术系	艺术设计（环境艺术设计方向）
	南宁	独立学院	广西民族大学相思湖学院	……	艺术系	艺术设计（环境艺术设计方向）
	南宁	独立学院	广西师范学院师园学院	……	艺术系	艺术设计（环境艺术设计方向）
	柳州	独立学院	广西工学院鹿山学院	……	艺术与设计系	艺术设计（环境艺术设计方向）
	桂林	独立学院	广西师范大学漓江学院	……	艺术设计系	艺术设计（环境艺术（景观设计）方向）
	桂林	独立学院	桂林理工大学博文管理学院	……	设计系	艺术设计（环境艺术设计方向）

续表

省市区	城市	办学类型	学校	学院	系	专业名称（方向）
四川省(22所)	成都	普通本科	四川大学	艺术学院	……	艺术设计（环境艺术设计方向）
	成都	普通本科	四川农业大学	风景园林学院	……	艺术设计（环境艺术设计方向）
	成都	普通本科	四川师范大学	美术学院	……	艺术设计（环境艺术设计方向）
	成都	普通本科	四川音乐学院	成都美术学院	环境艺术系	艺术设计（环境艺术设计方向）
	成都	普通本科	西南交通大学	艺术与传播学院	艺术设计系	艺术设计（环境艺术设计方向）
	成都	普通本科	西南民族大学	城市规划与建筑学院	……	艺术设计（环境艺术设计方向）
	成都	普通本科	成都理工大学	传播科学与艺术学院	……	艺术设计（环境艺术设计方向）
	成都	普通本科	成都大学	美术学院	……	艺术设计（环境艺术设计方向）
	成都	普通本科	西华大学	艺术学院	……	艺术设计（环境艺术设计方向）
	南充	普通本科	西华师范大学	美术学院	……	艺术设计（环境艺术设计方向）
	绵阳	普通本科	绵阳师范学院	美术与艺术设计学院	……	艺术设计（环境艺术设计方向）
	宜宾	普通本科	宜宾学院	美术与艺术设计学院	……	艺术设计（环境艺术设计方向）
	达州	普通本科	四川文理学院	……	美术系	艺术设计（环境艺术设计方向）
	乐山	普通本科	乐山师范学院	美术学院	……	艺术设计（环境艺术设计方向）
	攀枝花	普通本科	攀枝花学院	艺术学院	……	艺术设计（环境艺术设计方向）
	成都	独立学院	成都理工大学工程技术学院	……	艺术系	艺术设计（环境艺术设计方向）
	成都	独立学院	成都理工大学广播影视学院	……	艺术设计与动画系	艺术设计（景观设计方向）
	成都	独立学院	成都信息工程学院 银杏酒店管理学院	……	艺术设计系	艺术设计（环境艺术设计方向）
	成都	独立学院	四川师范大学文理学院	美术学院	……	艺术设计（景观设计方向）
	成都	独立学院	四川师范大学成都学院	……	艺术系	艺术设计（环境艺术设计方向）
	绵阳	独立学院	四川音乐学院绵阳艺术学院	……	造型与设计艺术系	艺术设计（环境艺术设计方向）
	彭山(县)	独立学院	四川大学锦江学院	……	艺术系	艺术设计（环境艺术设计方向）

续表

省市区	城市	办学类型	学校	学院	系	专业名称（方向）
重庆市（13所）	重庆	普通本科	重庆大学	艺术学院	……	艺术设计（环境艺术设计方向）
	重庆	普通本科	重庆邮电大学	传媒艺术学院	艺术设计系	艺术设计（环境艺术设计方向）
	重庆	普通本科	重庆交通大学	人文学院	艺术设计系	艺术设计（环境艺术设计方向）
	重庆	普通本科	重庆师范大学	美术学院	……	艺术设计（环境艺术设计方向）
	重庆	普通本科	重庆工商大学	设计艺术学院	艺术设计系	艺术设计（环境艺术设计方向） 艺术设计（景观艺术设计方向）
				建筑装饰艺术学院	……	艺术设计（环境艺术设计方向） 艺术设计（景观与室内设计方向）
	重庆	普通本科	重庆文理学院	美术学院	……	艺术设计（环境艺术设计方向）
	重庆	普通本科	重庆三峡学院	美术学院	……	艺术设计（环境艺术设计方向）
	重庆	普通本科	西南大学	美术学院	艺术设计系	艺术设计（环境艺术设计方向）
	重庆	普通本科	长江师范学院	美术学院	……	艺术设计（环境艺术设计方向）
	重庆	普通本科	四川美术学院	设计艺术学院	环境艺术系	艺术设计（环境艺术设计方向）
	重庆	独立学院	重庆大学城市科技学院	艺术设计学院	……	艺术设计（环境艺术设计方向）
	重庆	独立学院	重庆师范大学涉外商贸学院	艺术设计学院	……	艺术设计（环境艺术设计方向）
	重庆	独立学院	西南大学育才学院	美术学院	艺术设计1系	艺术设计（环境艺术设计方向）
贵州省（9所）	贵阳	普通本科	贵州大学	艺术学院	设计系	艺术设计（环境艺术设计方向）
	贵阳	普通本科	贵州师范大学	美术学院	……	艺术设计（环境艺术设计方向）
	贵阳	普通本科	贵州民族学院	美术学院	……	艺术设计（环境艺术设计方向）
	贵阳	普通本科	贵阳学院	……	美术系	艺术设计（环境艺术设计方向）
	铜仁	普通本科	铜仁学院	……	美术系	艺术设计（环境艺术设计方向）
	毕节	普通本科	毕节学院	美术学院	……	艺术设计（环境艺术设计方向）
	贵阳	独立学院	贵州大学科技学院	文学部	……	艺术设计（环境艺术设计方向）

续表

省市区	城市	办学类型	学校	学院	系	专业名称（方向）
贵州省(9所)	贵阳	独立学院	贵州民族学院人文科技学院	……	美术系	艺术设计（环境艺术设计方向）
	贵阳	独立学院	贵州师范大学求是学院	……	美术系	艺术设计（环境艺术设计） 艺术设计（景观艺术设计方向）
云南省(16所)	昆明	普通本科	云南大学	艺术与设计学院	环境艺术设计系	艺术设计（景观艺术设计方向）
	昆明	普通本科	云南师范大学	艺术学院	艺术设计系	艺术设计（环境艺术设计方向）
	昆明	普通本科	云南财经大学	现代设计艺术学院	……	艺术设计（环境艺术设计方向）
	昆明	普通本科	云南艺术学院	设计学院	……	艺术设计（景观设计方向）
	昆明	普通本科	云南民族大学	艺术学院	……	艺术设计（环境艺术设计方向）
	昆明	普通本科	昆明理工大学	艺术与传媒学院	环境艺术系	艺术设计（环境艺术设计方向） 艺术设计（景观艺术设计方向）
	昆明	普通本科	西南林业大学	艺术学院	……	艺术设计（城市环境艺术设计方向）
	昆明	普通本科	昆明学院	美术与艺术设计学院	……	艺术设计（环境艺术设计方向）
	大理	普通本科	大理学院	艺术学院	……	艺术设计（环境艺术设计方向）
	曲靖	普通本科	曲靖师范学院	美术学院	……	艺术设计（环境艺术设计方向）
	玉溪	普通本科	玉溪师范学院	艺术学院	艺术设计系	艺术设计（环境艺术设计方向）
	蒙自	普通本科	红河学院	美术学院	……	艺术设计（环境艺术设计方向）
	昆明	独立学院	云南师范大学商学院	设计学院	……	艺术设计（环境艺术设计方向）
	昆明	独立学院	云南师范大学文理学院	艺术传媒学院	……	艺术设计（环境艺术设计方向）
	昆明	独立学院	云南艺术学院文华学院	……	艺术设计系	艺术设计（环境艺术设计方向）
	丽江	独立学院	云南大学旅游文化学院	……	艺术系	艺术设计（环境艺术设计方向）
陕西省(22所)	西安	普通本科	西北大学	艺术学院	……	艺术设计（环境艺术设计方向）
	西安	普通本科	西安交通大学	人文社会科学学院	艺术系	艺术设计（环境艺术设计方向）
	西安	普通本科	西安理工大学	艺术与设计学院	环境艺术系	艺术设计（环境艺术设计方向）

续表

省市区	城市	办学类型	学校	学院	系	专业名称（方向）
陕西省(22所)	西安	普通本科	西安工业大学	艺术与传媒学院	艺术设计系	艺术设计（环境艺术设计方向）
	西安	普通本科	西安工程大学	艺术工程学院	……	艺术设计（环境艺术设计方向）
	西安	普通本科	西安科技大学	艺术学院	……	艺术设计（环境艺术设计方向） 艺术设计（景观设计方向）
	西安	普通本科	西安美术学院	……	建筑环境艺术系	艺术设计（环境艺术设计方向）
	西安	普通本科	西安翻译学院	人文艺术学院	……	艺术设计（环境艺术设计方向）
	西安	普通本科	西安建筑科技大学	艺术学院	……	艺术设计（环境艺术设计方向）
	西安	普通本科	陕西科技大学	设计与艺术学院	……	艺术设计（景观环艺方向）
	西安	普通本科	陕西师范大学	美术学院	环境艺术设计系	艺术设计（环境艺术设计方向）
	西安	普通本科	长安大学	建筑学院	艺术设计系	艺术设计（环境艺术设计方向）
	西安	普通本科	西京学院	艺术学院	……	艺术设计（环境艺术设计方向）
	杨凌（区）	普通本科	西北农林科技大学	林学院	……	艺术设计（环境艺术设计方向）
	汉中	普通本科	陕西理工学院	艺术学院	……	艺术设计（环境艺术设计方向）
	宝鸡	普通本科	宝鸡文理学院	……	美术系	艺术设计（环境艺术设计方向）
	咸阳	普通本科	咸阳师范学院	美术学院	……	艺术设计（环境艺术设计方向）
	榆林	普通本科	榆林学院	……	艺术系	艺术设计（环境艺术设计方向）
	西安	独立学院	西北工业大学明德学院	……	艺术与设计系	艺术设计（环境艺术设计方向）
	西安	独立学院	西安科技大学高新学院	人文与管理学院	艺术设计系	艺术设计（环境艺术设计方向）
	西安	独立学院	西安建筑科技大学华清学院	……	建筑系	艺术设计（环境艺术设计方向）
	西安	独立学院	西北大学现代学院	艺术传媒学院	……	艺术设计（环境艺术设计方向）
甘肃省(9所)	兰州	普通本科	兰州大学	艺术学院	……	艺术设计（环境艺术设计方向）
	兰州	普通本科	兰州交通大学	艺术设计学院	环境艺术设计系	艺术设计（环境艺术设计方向）

续表

省市区	城市	办学类型	学校	学院	系	专业名称（方向）
甘肃省 （9所）	兰州	普通本科	西北师范大学	美术学院	……	艺术设计（环境艺术设计方向）
	兰州	普通本科	西北民族大学	美术学院	……	艺术设计（环境艺术设计方向）
	兰州	普通本科	甘肃政法学院	艺术学院	……	艺术设计（环境艺术设计方向）
	庆阳	普通本科	陇东学院	美术学院	……	艺术设计（环境艺术设计方向）
	天水	普通本科	天水师范学院	美术学院	……	艺术设计（环境艺术设计方向）
	兰州	独立学院	西北师范大学知行学院	……	艺术系	艺术设计（环境艺术设计方向）
	兰州	独立学院	兰州商学院陇桥学院	……	艺术设计系	艺术设计（环境艺术设计方向）
宁夏回族 自治区 （2所）	银川	普通本科	宁夏大学	美术学院	……	艺术设计（环境艺术设计方向）
	银川	普通本科	北方民族大学	设计艺术学院	……	艺术设计（环境艺术设计方向）
青海省 （1所）	西宁	普通本科	青海民族大学	……	艺术系	艺术设计（环境艺术设计方向）
新疆维吾尔 自治区 （3所）	乌鲁 木齐	普通本科	新疆师范大学	美术学院	……	艺术设计（环境艺术设计方向）
	乌鲁 木齐	普通本科	新疆艺术学院	……	美术系	艺术设计（环境艺术设计方向）
	昌吉	普通本科	昌吉学院	……	美术系	艺术设计（环境艺术设计方向）

注 1. 根据相关参考文献整理而成。

2. 本次纳入统计的各院校经过严格甄别，主要认定依据为在各院校艺术类高考招生简章中，所公开的专业方向必须明确使用开设有“环境艺术设计方向”信息；若开设类似“环境艺术设计方向”而不以此命名的院校，则考查其培养计划、教学大纲、主干学位课程中是否包含环境艺术设计或景观艺术设计课程；另外，由于本次统计以考查景观艺术设计教育信息为主，本表不包含只开设有“室内设计方向”的院校。

3. 在本次统计中，开设艺术设计专业环境艺术设计方向的高校共计 535 所，其中普通本科院校 404 所，教育部公布的独立学院 131 所；“985”工程高校为 24 所，“211”工程高校为 61 所；教育部批准设立研究生院的院校为 33 所；未开设环艺方向，但开设环境艺术设计、景观艺术设计课程的本科院校 46 所。

附录二：2008年全国434所开设景观艺术设计相关主修课程的艺术设计本科专业院系

省市区	办学类型	院系	主修课程
北京市（13所）	普通本科	中国人民大学艺术学院艺术设计系	景观建筑设计及规划
	普通本科	清华大学美术学院环境艺术设计系	园林设计
	普通本科	北京工业大学艺术设计学院环境艺术设计系	景观设计
	普通本科	北京理工大学设计与艺术学院环境艺术设计系	景观设计
	普通本科	北方工业大学艺术学院艺术设计系	景观设计
	普通本科	北京林业大学材料科学与技术学院艺术设计系	景观设计
	普通本科	中央美术学院建筑学院	景观设计
	普通本科	北京联合大学师范学院	景观设计
	普通本科	北京城市学院艺术学部	景观设计
	普通本科	北京工商大学艺术与传媒学院艺术设计系	园林与景观设计
	普通本科	北京农学院园林学院	室外和城市景区设计
	独立学院	首都师范大学科德学院艺术设计学院	公共空间设计
	独立学院	北京工业大学耿丹学院艺术设计系	室内 / 景观设计
天津市（12所）	普通本科	天津大学建筑学院艺术设计系	景观环境设计
	普通本科	天津科技大学艺术设计学院	园林设计
	普通本科	天津工业大学艺术与服装学院环境艺术设计系	景观设计
	普通本科	天津理工大学艺术学院	景观规划设计
	普通本科	天津商业大学艺术学院艺术设计系	园林景观设计
	普通本科	天津财经大学艺术学院	景观设计
	独立学院	天津商业大学宝德学院艺术设计系	城市景观设计
	独立学院	南开大学滨海学院艺术系	景观设计
	独立学院	天津大学仁爱学院建筑系	景观环境艺术设计
	独立学院	天津财经大学珠江学院艺术系	城市景观设计
	独立学院	天津师范大学津沽学院艺术设计系	环境景观设计
	独立学院	天津城市建设学院艺术系	城市绿地景观设计
河北省（15所）	普通本科	河北大学艺术学院艺术设计系	景观设计
	普通本科	华北水利水电学院建筑学院	景观设计
	普通本科	河北工业大学建筑与艺术设计学院	景观设计
	普通本科	邢台学院美术系	景观设计
	普通本科	河北经贸大学艺术学院	景观设计
	普通本科	华北科技学院建筑工程学院	景观设计
	普通本科	河北建筑工程学院建筑系	环境景观设计
	普通本科	衡水学院美术学院	环境景观设计

续表

省市区	办学类型	院系	主修课程
河北省（15所）	普通本科	河北农业大学艺术学院	园林景观设计
	普通本科	河北传媒学院艺术设计学院	园林景观设计
	普通本科	河北科技师范学院艺术学院	城市公共环境设计
	普通本科	石家庄铁道大学艺术设计系	景观规划与设计
	独立学院	河北科技大学理工学院文法学部	园林景观设计
	独立学院	河北工业大学城市学院建筑与艺术设计系	景观设计
	独立学院	河北农业大学现代科技学院	景观设计
山西省（5所）	普通本科	太原科技大学艺术学院	景观设计
	普通本科	山西农业大学园艺学院艺术设计系	景观设计
	普通本科	太原师范学院美术系	环境景观设计
	普通本科	太原工业学院设计艺术系	室内外环境艺术设计
	独立学院	山西大学商务学院艺术系	景观设计
内蒙古自治区（2所）	普通本科	内蒙古科技大学艺术与设计学院	景观设计
	普通本科	内蒙古工业大学建筑学院艺术设计系	景观艺术设计
辽宁省（18所）	普通本科	大连理工大学建筑与艺术学院	景观设计
	普通本科	大连工业大学艺术设计学院环境艺术设计系	景观设计
	普通本科	辽宁工业大学艺术设计与建筑学院	景观设计
	普通本科	东北大学艺术学院	公共景观设计
	普通本科	沈阳建筑大学设计艺术学院	城市景观规划设计
	普通本科	辽宁师范大学美术学院	城市景观设计
	普通本科	鞍山师范学院美术系	3DMAX 园林设计
	普通本科	鲁迅美术学院环境艺术设计系	建筑与景观设计
	普通本科	大连艺术学院艺术设计系	景观规划设计概论
	普通本科	辽宁财贸学院艺术设计系	园林景观设计
	普通本科	沈阳大学美术学院环境艺术设计系	园林小品设计
	普通本科	大连大学美术学院	小区景观设计
	普通本科	大连民族学院设计学院	景观设计
	普通本科	辽宁科技学院人文艺术学院	公共空间设计
	普通本科	辽东学院艺术与设计学院	景观艺术设计
	独立学院	大连理工大学城市学院艺术与传媒学院	景观设计原理
	独立学院	大连工业大学艺术与信息工程学院艺术设计系	景观序列设计（A、B）
	独立学院	沈阳理工大学应用技术学院艺术与传媒学院	园林景观设计
吉林省（15所）	普通本科	东北电力大学艺术学院环艺系	景观设计
	普通本科	长春师范学院美术学院	景观设计
	普通本科	长春工业大学艺术设计学院	绿化设计

续表

省市区	办学类型	院系	主修课程
吉林省（15所）	普通本科	吉林建筑工程学院艺术设计学院	景观设计原理
	普通本科	东北师范大学美术学院环境艺术设计系	园林设计
	普通本科	吉林工程技术师范学院艺术学院	景观与绿化设计
	普通本科	吉林大学艺术学院设计系	室内外环境设计
	普通本科	吉林师范大学美术学院	室内外设计课程
	普通本科	长春大学美术学院艺术设计系	环境规划（园林）设计
	普通本科	长春工程学院建筑与设计学院	景观设计
	普通本科	长春建筑学院公共艺术学院	景观设计
	独立学院	长春大学光华学院美术学院	园林景观设计
	独立学院	长春大学旅游学院艺术分院	居住区景观设计
	独立学院	东北师范大学人文学院设计学院	景观设计
	独立学院	吉林农业大学发展学院视觉艺术学院	环境景观设计
黑龙江省（18所）	普通本科	黑龙江大学艺术学院	景观设计
	普通本科	燕山大学艺术与设计学院艺术设计系	园林设计
	普通本科	东北林业大学园林学院	园林设计
	普通本科	哈尔滨师范大学美术学院环境艺术系	园林设计
	普通本科	绥化学院艺术设计学院	园林设计
	普通本科	东北农业大学艺术学院数字媒体艺术系	景观规划设计
	普通本科	大庆师范学院艺术学院美术与艺术设计系	景观园林设计
	普通本科	哈尔滨商业大学设计艺术学院环境艺术设计系	园林景观设计
	普通本科	黑龙江东方学院艺术设计学部	景观设计原理
	普通本科	黑龙江外国语学院艺术系	园林设计
	普通本科	哈尔滨德强商务学院艺术系	园林设计
	普通本科	哈尔滨剑桥学院艺术设计学院	景观设计
	普通本科	黑河学院美术系	景观设计
	普通本科	哈尔滨华德学院艺术设计系	居住环境设计
	独立学院	东北农业大学成栋学院艺术与传媒学院	园林景观设计
	独立学院	哈尔滨理工大学远东学院艺术系	环境小区设计
	独立学院	黑龙江工程学院昆仑旅游学院应用技术系	城规环艺工程设计
	独立学院	哈尔滨商业大学广厦学院艺术设计系	景观设计
上海市（11所）	普通本科	华东理工大学艺术设计与传媒学院	景观设计原理
	普通本科	上海大学数码艺术学院公共艺术教学部	景观设计原理
	普通本科	上海理工大学出版印刷与艺术设计学院艺术设计系	建筑与景观设计
	普通本科	东华大学服装·艺术设计学院环境艺术设计系	景观设计
	普通本科	上海应用技术学院艺术与设计学院环境艺术设计系	景观设计

续表

省市区	办学类型	院系	主修课程
上海市（11 所）	普通本科	华东师范大学设计学院	景观设计
	普通本科	上海杉达学院人文学院艺术设计系	景观设计
	普通本科	上海商学院艺术设计学院环境艺术设计系	环境艺术设计原理
	普通本科	上海建桥学院艺术设计学院	景观设计
	普通本科	上海第二工业大学应用艺术设计学院	城市环境设计
	独立学院	复旦大学上海视觉艺术学院设计学院	环境设施设计
江苏省（30 所）	普通本科	东南大学艺术学院设计系	景观设计
	普通本科	南京理工大学设计艺术与传媒学院设计艺术系	景观设计
	普通本科	中国矿业大学艺术与设计学院	景观设计
	普通本科	江苏大学艺术学院环境艺术系	景观设计
	普通本科	盐城工学院设计艺术学院艺术设计专业系	景观设计
	普通本科	南京师范大学美术学院设计艺术系	景观设计
	普通本科	淮阴师范学院美术学院艺术设计系	景观设计
	普通本科	南京艺术学院设计学院	景观设计
	普通本科	常熟理工学院艺术与服装工程学院设美术与设计系	景观设计
	普通本科	南京工业大学艺术设计学院	城市景观设计
	普通本科	江南大学设计学院建筑与环境艺术设计系	景观艺术设计
	普通本科	南京林业大学艺术设计学院环境艺术设计系	住宅区景观设计
	普通本科	南京财经大学艺术设计学院	环境景观设计
	普通本科	无锡太湖学院艺术系	城市景观设计
	普通本科	金陵科技学院艺术学院	景观设计
	普通本科	淮阴工学院设计艺术学院	景观设计与规划
	普通本科	淮海工学院艺术学院	环境规划
	普通本科	常州工学院艺术与设计学院	景观设计
	普通本科	南京工程学院艺术与设计学院	景观设计
	普通本科	扬州大学艺术学院	环境景观设计
	普通本科	江苏技术师范学院艺术设计学院	城市景观设计
	独立学院	东南大学成贤学院建筑与艺术系	环境景观设计原理
	独立学院	中国传媒大学南广学院艺术设计学院	城市公共空间景观规划
	独立学院	南京大学金陵学院艺术学院艺术设计系	景观设计
	独立学院	南京理工大学泰州科技学院土木工程学院	景观设计
	独立学院	南京航空航天大学金城学院艺术系	环境设计
	独立学院	中国矿业大学徐海学院文学与艺术系	景观设计
	独立学院	南京工业大学浦江学院土木与建筑工程系	城市景观设计

续表

省市区	办学类型	院系	主修课程
江苏省（30所）	独立学院	南京师范大学中北学院美术系	园林设计
	独立学院	江苏大学京江学院人文学部艺术设计系	景观设计原理
浙江省（21所）	普通本科	杭州师范大学美术学院设计系	景观设计
	普通本科	绍兴文理学院美术学院	景观设计
	普通本科	温州大学美术与设计学院	景观设计
	普通本科	浙江工商大学艺术设计学院	景观设计
	普通本科	嘉兴学院设计学院艺术设计系	景观设计
	普通本科	中国美术学院建筑艺术学院环境艺术设计系	景观设计
	普通本科	浙江工业大学艺术学院环境艺术设计系	园林设计
	普通本科	浙江师范大学美术学院艺术设计系	景观设施与空间设计
	普通本科	湖州师范学院艺术学院艺术设计系	城市景观设计
	普通本科	浙江万里学院设计艺术与建筑学院环境艺术设计系	景观设计
	普通本科	浙江科技学院艺术设计学院	景观设计
	普通本科	浙江树人大学艺术学院	环境景观设计
	独立学院	浙江大学城市学院创意与艺术设计学院	景观设计
	独立学院	浙江大学宁波理工学院传媒与设计学院	城市景观设计
	独立学院	浙江工业大学之江学院创意设计分院	景观设计
	独立学院	浙江师范大学行知学院艺体分院	环境艺术设计
	独立学院	浙江理工大学科技与艺术学院艺术与设计系	环境艺术设计
	独立学院	湖州师范学院求真学院艺术学院	城市景观设计
	独立学院	绍兴文理学院元培学院人文科学系	园林设计
	独立学院	温州大学瓯江学院艺术分院	城市景观设计
	独立学院	浙江工商大学杭州商学院艺术设计系	室内外设计
安徽省（14所）	普通本科	安徽大学艺术学院设计系	景观设计
	普通本科	安徽工程大学艺术学院	景观设计
	普通本科	黄山学院艺术系	景观设计
	普通本科	皖西学院艺术学院	景观设计
	普通本科	合肥工业大学建筑与艺术学院	环境景观设计
	普通本科	安徽工业大学机械工程学院艺术设计系	公共景观设计
	普通本科	安徽农业大学轻纺工程与艺术学院艺术设计系	园林初步设计
	普通本科	宿州学院美术学院	园林艺术设计
	普通本科	淮南师范学院美术系	园林与景观设计
	普通本科	安徽建筑工业学院艺术学院环境艺术设计系	环境艺术设计
	普通本科	合肥学院艺术设计系	园林与景观艺术设计
	普通本科	合肥师范学院艺术传媒学院	环境设施设计

续表

省市区	办学类型	院系	主修课程
安徽省（14 所）	独立学院	安徽建筑工业学院城市建设学院艺术系	环境设施设计
	独立学院	阜阳师范学院信息工程学院设计艺术系	景观设计
福建省（11 所）	普通本科	厦门大学艺术学院美术系	景观设计
	普通本科	武夷学院艺术系	景观设计
	普通本科	华侨大学建筑学院城市景观系	园林景观设计
	普通本科	集美大学美术学院	园林景观设计
	普通本科	福州大学厦门工艺美术学院环境艺术系	景观艺术设计
	普通本科	福建工程学院建筑与规划系	植物景观设计
	普通本科	福建农林大学艺术学院园林学院（合署）艺术设计系	景观设计基础
	普通本科	福建师范大学美术学院艺术设计系	环境景观设计
	普通本科	厦门理工学院设计艺术系	园林景观设计
	普通本科	三明学院艺术学院	景观设计
	独立学院	厦门大学嘉庚学院艺术设计系	景观设计
江西省（19 所）	普通本科	南昌大学艺术与设计学院艺术设计系	景观设计
	普通本科	井冈山大学艺术学院美术系	景观设计
	普通本科	华东交通大学艺术学院	园林景观设计
	普通本科	南昌航空大学艺术与设计学院艺术设计系	园林景观设计
	普通本科	江西师范大学美术学院环境艺术设计系	园林景观设计
	普通本科	东华理工大学文法与艺术学院艺术设计系	环境规划（园林）设计
	普通本科	景德镇陶瓷学院设计艺术学院	景观设计与原理
	普通本科	江西农业大学园林与艺术学院	景观建筑设计
	普通本科	宜春学院美术与设计学院	城市景观设计
	普通本科	赣南师范学院美术学院	园林设计
	普通本科	江西财经大学艺术学院景观设计系	园林规划设计
	普通本科	江西蓝天学院艺术设计系	园林景观设计
	普通本科	江西科技师范学院艺术设计学院	园林景观设计
	普通本科	南昌理工学院艺术学院	园林绿化设计
	普通本科	九江学院艺术学院	景观设计
	独立学院	华东交通大学理工学院土木建筑分院	园林景观设计
	独立学院	江西农业大学南昌商学院人文与艺术系	园林艺术
	独立学院	赣南师范学院科技学院美术系	园林设计
	独立学院	江西科技师范学院理工学院艺体学科部	环境规划设计
山东省（25 所）	普通本科	山东科技大学艺术与设计学院艺术设计系	园林设计
	普通本科	济南大学美术学院设计系	园林设计

续表

省市区	办学类型	院系	主修课程
山东省（25所）	普通本科	山东理工大学美术学院艺术设计系	园林设计
	普通本科	青岛科技大学艺术学院	景观设计
	普通本科	青岛农业大学艺术与传媒学院	景观设计
	普通本科	临沂大学美术学院艺术设计系	景观设计
	普通本科	泰山学院美术系	景观设计
	普通本科	济宁学院美术系	景观设计
	普通本科	青岛理工大学艺术学院	园林艺术
	普通本科	山东农业大学水利土木工程学院	园林与景观设计
	普通本科	聊城大学美术学院艺术设计系	城市景观设计
	普通本科	德州学院美术系	环境景观设计
	普通本科	鲁东大学艺术学院	景观规划设计
	普通本科	山东艺术学院设计学院	景观设计原理
	普通本科	山东工艺美术学院建筑与景观设计学院	景观设计
	普通本科	山东大学威海分校艺术学院艺术设计系	园林设计
	普通本科	青岛大学美术学院环境艺术系	景观园林艺术设计
	普通本科	青岛滨海学院艺术学院	景观设计
	普通本科	烟台大学建筑学院	景观设计
	普通本科	烟台南山学院艺术学院	园林规划与设计
	独立学院	烟台大学文经学院建筑工程系	景观设计
	独立学院	聊城大学东昌学院美术系	城市景观设计
	独立学院	青岛理工大学琴岛学院艺术系	园林艺术
	独立学院	中国石油大学胜利学院美术系	景观与公共设施设计
	独立学院	青岛农业大学海都学院人文艺术系	景观规划设计
河南省（25所）	普通本科	郑州大学建筑学院环境艺术系	景观规划
	普通本科	河南理工大学建筑与艺术设计学院艺术设计系	景观设计
	普通本科	河南工业大学设计艺术学院	景观设计
	普通本科	河南科技大学艺术与设计学院	景观设计
	普通本科	中原工学院艺术设计学院	景观设计
	普通本科	许昌学院美术学院	景观设计
	普通本科	洛阳师范学院美术学院艺术设计系	景观设计
	普通本科	郑州航空工业管理学院艺术设计系	景观设计
	普通本科	郑州轻工业学院艺术设计学院环境艺术设计系	绿化设计
	普通本科	信阳师范学院美术学院开设	景观设计原理
	普通本科	周口师范学院美术学院	景观规划设计
	普通本科	南阳师范学院美术与艺术设计学院	园林设计

续表

省市区	办学类型	院系	主修课程
河南省（25所）	普通本科	河南财经政法大学艺术系	园林设计
	普通本科	河南工程学院艺术设计系	城市景观设计
	普通本科	河南城建学院艺术系	景观设计
	普通本科	黄河科技学院艺术设计学院	景观设计
	普通本科	郑州科技学院艺术系	园林绿化设计
	普通本科	郑州华信学院艺术学院	景观设计
	普通本科	平顶山学院艺术设计学院	景观设计
	普通本科	洛阳理工学院艺术设计系	庭院环境设计
	普通本科	南阳理工学院艺术设计系	景观设计
	独立学院	信阳师范学院华锐学院艺术系	园林艺术设计
	独立学院	河南理工大学万方科技学院艺术系	环境绿化与园林设计
	独立学院	中原工学院信息商务学院艺术设计系	园林设计
	独立学院	河南财经政法大学成功学院艺术设计系	园林设计
湖北省（38所）	普通本科	华中科技大学建筑与城市规划学院艺术设计系	城市景观环境设计
	普通本科	武汉科技大学艺术与设计学院建筑与艺术设计系	景观设计
	普通本科	武汉理工大学艺术与设计学院	景观设计
	普通本科	湖北大学艺术学院	景观设计
	普通本科	湖北师范学院美术学院艺术设计系	景观设计
	普通本科	湖北美术学院环境艺术设计系	景观设计
	普通本科	孝感学院美术与设计学院	景观设计
	普通本科	长江大学艺术学院美术系	园林与景观设计课程
	普通本科	武汉工程大学艺术设计学院	园林景观设计
	普通本科	中国地质大学（武汉）艺术与传媒学院环境艺术系	园林景观设计
	普通本科	武汉纺织大学艺术与设计学院艺术系	室外景观设计
	普通本科	武汉工业学院艺术与传媒学院	室内景观设计
	普通本科	湖北工业大学艺术设计学院	景观及设施设计
	普通本科	中南民族大学美术学院	景观造型
	普通本科	湖北经济学院艺术学院	景观设计
	普通本科	湖北第二师范学院艺术学院	景观设计
	普通本科	武汉东湖学院传媒与艺术设计学院	环境艺术设计
	普通本科	武汉科技大学城市学院艺术学部	环境景观设计
	普通本科	武汉生物工程学院艺术系	庭院景观设计
	普通本科	武汉长江工商学院传播与设计学院	景观设计原理
	普通本科	武昌理工学院艺术学院环境艺术设计系	景观设计
	普通本科	黄石理工学院艺术学院艺术设计系	景观设计

续表

省市区	办学类型	院系	主修课程
湖北省（38所）	普通本科	咸宁学院艺术学院	园林景观设计
	普通本科	三峡大学艺术学院艺术设计系	景观专题设计
	普通本科	荆楚理工学院艺术学院	环境艺术设计原理
	普通本科	汉口学院艺术设计学院	环境艺术设计原理
	独立学院	中南财经政法大学武汉学院艺术系	园林景观设计
	独立学院	华中师范大学武汉传媒学院艺术设计系	景观设计
	独立学院	华中农业大学楚天学院环境设计学院	景观设计概论
	独立学院	中国地质大学江城学院艺术与传媒学部	园林景观设计
	独立学院	武汉理工大学华夏学院人文与艺术系	现代景观设计
	独立学院	华中科技大学武昌分校艺术与设计学院	小区景观设计
	独立学院	华中科技大学文华学院城市建设工程学部艺术设计系	园林小品设计
	独立学院	湖北工业大学商贸学院艺术与传媒学院	景观设计
	独立学院	湖北工业大学工程技术学院艺术设计系	城市园林景观设计
	独立学院	湖北民族学院科技学院艺术学院	园林设计
	独立学院	武汉工业学院工商学院艺术与设计系	现代景观设计
	独立学院	襄樊学院理工学院人文艺术系	景观设计
湖南省（19所）	普通本科	吉首大学美术学院	景观设计
	普通本科	中南林业科技大学家具与艺术设计学院	景观设计
	普通本科	湖南科技学院美术系	景观设计
	普通本科	湖南人文科技学院美术系	景观设计
	普通本科	南华大学设计与艺术学院	景观设计
	普通本科	湖南大学建筑学院环境艺术系	园林景观设计
	普通本科	湖南理工学院美术学院	园林景观设计
	普通本科	长沙理工大学设计艺术学院	城市景观设计
	普通本科	怀化学院艺术设计系	园林设计
	普通本科	长沙学院艺术设计系	景观设计
	普通本科	湖南工程学院设计艺术学院	环艺设计
	普通本科	湖南城市学院美术与艺术设计学院	景观设计
	普通本科	湖南工业大学包装设计艺术学院	空间环境综合设计
	独立学院	长沙理工大学城南学院设计艺术系	城市景观设计
	独立学院	湖南工程学院应用技术学院设计艺术学院	城市景观设计
	独立学院	湖南商学院北津学院艺术设计系	景观设计
	独立学院	中南林业科技大学涉外学院艺术设计系	景观设计
	独立学院	南华大学船山学院文科部	景观设计
	独立学院	衡阳师范学院南岳学院美术系	环境景观设计

续表

省市区	办学类型	院系	主修课程
广东省（22所）	普通本科	华南农业大学艺术学院环境艺术设计系	艺术景观设计
	普通本科	广东海洋大学中歌艺术学院	景观与园林设计
	普通本科	华南师范大学美术学院环境艺术系	景观设计基础
	普通本科	惠州学院美术系	环境景观设计
	普通本科	韩山师范学院美术系	园林设计
	普通本科	嘉应学院美术学院	景观艺术设计
	普通本科	深圳大学艺术设计学院	景观设计原理
	普通本科	广州大学美术与设计学院设计艺术系	园林设计
	普通本科	广东石油化工学院建筑工程学院	园林景观设计
	普通本科	广东工业大学艺术设计学院环境艺术设计系	景观设计
	普通本科	仲恺农业工程学院艺术设计学院	景观设计
	普通本科	五邑大学艺术设计系	景观设计
	独立学院	广东工业大学华立学院传媒与艺术学部艺术设计系	景观设计建筑学
	独立学院	广州大学松田学院艺术系	园林景观设计
	独立学院	华南师范大学增城学院艺术设计系	景观设计
	独立学院	北京师范大学珠海分校设计学院	景观环境设计
	独立学院	北京理工大学珠海学院设计与艺术学院	景观设计
	独立学院	广东商学院华商学院艺术系	园林设计
	独立学院	广东海洋大学寸金学院艺术系	景观设计
	独立学院	广东技术师范学院天河学院艺术系	园林景观设计
	独立学院	电子科技大学中山学院艺术设计学院	景观设计
	独立学院	华南农业大学珠江学院艺术与人文系	园林景观设计
海南省（4所）	普通本科	海南大学艺术学院艺术设计系	景观艺术设计
	普通本科	海南师范大学美术学院艺术设计系	滨海风情园林景观设计
	普通本科	海口经济学院艺术学院	公共空间设计
	独立学院	海南大学三亚学院艺术分院	园林学
广西壮族自治区（14所）	普通本科	广西大学艺术学院艺术设计系	园林艺术
	普通本科	广西工学院艺术与设计系·文学艺术教学部	景观设计
	普通本科	广西艺术学院设计学院环境艺术设计系	景观设计
	普通本科	广西民族大学艺术学院美术与设计系	景观设计
	普通本科	桂林电子科技大学艺术与设计学院环境艺术设计系	园林设计
	普通本科	桂林理工大学艺术学院	园林设计
	普通本科	广西师范大学设计学院	城市景观设计
	普通本科	梧州学院艺术系	景观设计

续表

省市区	办学类型	院系	主修课程
广西壮族自治区（14所）	普通本科	贺州学院艺术系	园林设计
	独立学院	广西工学院鹿山学院艺术与设计系	景观设计
	独立学院	广西民族大学相思湖学院艺术系	景观规划设计
	独立学院	广西师范大学漓江学院艺术设计系	景观设计
	独立学院	桂林理工大学博文管理学院设计系	园林景观规划与设计
	独立学院	广西师范学院师园学院艺术系	景观设计
四川省（20所）	普通本科	四川大学艺术学院	环境景观设计基础
	普通本科	西南交通大学艺术与传播学院艺术设计系	景观设计
	普通本科	四川师范大学美术学院	景观设计
	普通本科	四川文理学院美术系	景观设计
	普通本科	成都理工大学传播科学与艺术学院开	城市景观设计
	普通本科	西华大学艺术学院	园林设计
	普通本科	西南民族大学城市规划与建筑学院	园林设计
	普通本科	四川农业大学风景园林学院	现代景观设计
	普通本科	绵阳师范学院美术与艺术设计学院	园林景观设计
	普通本科	西华师范大学美术学院	环境景观设计
	普通本科	宜宾学院美术与艺术设计学院	环境景观设计
	普通本科	四川音乐学院成都美术学院环境艺术系	景观设计概论
	普通本科	成都大学美术学院	园林景观设计
	普通本科	攀枝花学院艺术学院	景观艺术
	独立学院	成都信息工程学院银杏酒店管理学院艺术设计系	景观设计
	独立学院	成都理工大学工程技术学院艺术系	景观设计
	独立学院	成都理工大学广播影视学院艺术设计与动画系	城市景观设计
	独立学院	四川师范大学文理学院美术学院	景观设计
	独立学院	四川师范大学成都学院艺术系	景观设计
	独立学院	四川大学锦江学院艺术系	景观规划设计
重庆市（12所）	普通本科	重庆邮电大学传媒艺术学院艺术设计系	景观设计
	普通本科	西南大学美术学院艺术设计系	景观设计
	普通本科	重庆三峡学院美术学院	景观设计
	普通本科	四川美术学院设计艺术学院环境艺术系	景观设计
	普通本科	重庆交通大学人文学院艺术设计系	环境景观设计
	普通本科	重庆文理学院美术学院	居住环境景观设计
	普通本科	长江师范学院美术学院	园林艺术设计
	普通本科	重庆工商大学设计艺术学院艺术设计系	园林设计
	普通本科	重庆工商大学建筑装饰艺术学院	建筑景观设计

续表

省市区	办学类型	院系	主修课程
重庆市（12所）	独立学院	重庆大学城市科技学院艺术设计学院	大地景观设计
	独立学院	重庆师范大学涉外商贸学院艺术设计学院	景观设计
	独立学院	西南大学育才学院美术学院艺术设计1系	景观规划设计
贵州省（8所）	普通本科	贵州大学艺术学院设计系	景观设计
	普通本科	铜仁学院美术系	环境景观设计
	普通本科	毕节学院美术学院	园林设计
	普通本科	贵州民族学院美术学院	园林设计
	普通本科	贵阳学院美术系	环境艺术设计
	普通本科	贵州大学科技学院文学部	景观设计
	独立学院	贵州民族学院人文科技学院美术系	环境艺术设计
	独立学院	贵州师范大学求是学院美术系	景观设计
云南省（12所）	普通本科	云南大学艺术与设计学院环境艺术设计系	景观设计入门
	普通本科	昆明理工大学艺术与传媒学院环境艺术系	景观艺术设计
	普通本科	西南林业大学艺术学院	景观设计
	普通本科	大理学院艺术学院	景观设计
	普通本科	云南师范大学艺术学院艺术设计系	景观设计
	普通本科	云南财经大学现代设计艺术学院	景观设计
	普通本科	云南艺术学院设计学院	景观设计
	普通本科	云南民族大学艺术学院	景观设计
	普通本科	昆明学院美术与艺术设计学院	室外设计
	独立学院	云南大学旅游文化学院艺术系	景观设计
	独立学院	云南师范大学商学院设计学院	园林景观设计
	独立学院	云南师范大学文理学院艺术传媒学院	园林规划设计
陕西省（19所）	普通本科	西北大学艺术学院	园林设计
	普通本科	西安科技大学艺术学院	园林设计
	普通本科	西安交通大学人文社会科学学院艺术系	环境景观设计
	普通本科	西北农林科技大学林学院	环境景观设计
	普通本科	陕西师范大学美术学院环境艺术设计系	环境景观设计
	普通本科	西安美术学院建筑环境艺术系	环境景观设计
	普通本科	西安理工大学艺术与设计学院环境艺术系	园林景观设计
	普通本科	西安工业大学艺术与传媒学院艺术设计系	艺术景观设计
	普通本科	西安建筑科技大学艺术学院	园林设计基础
	普通本科	陕西科技大学设计与艺术学院	中外风景园林史
	普通本科	西安工程大学艺术工程学院	景观设计
	普通本科	咸阳师范学院美术学院	景观设计

续表

省市区	办学类型	院系	主修课程
陕西省（19所）	普通本科	长安大学建筑学院艺术设计系	景观环境设计
	普通本科	陕西理工学院艺术学院	园林景观设计
	普通本科	西安翻译学院人文艺术学院	园林设计
	普通本科	西京学院艺术学院	景观设计
	独立学院	西北工业大学明德学院艺术与设计系	室内外环境设计
	独立学院	西北大学现代学院艺术传媒学院	景观设计
	独立学院	西安建筑科技大学华清学院建筑系	景观设计
甘肃省（7所）	普通本科	兰州大学艺术学院	景观设计
	普通本科	兰州交通大学艺术设计学院环境艺术设计系	景观设计
	普通本科	西北师范大学美术学院	景观设计
	普通本科	陇东学院美术学院	景观设计
	普通本科	西北民族大学美术学院	建筑景观设计
	普通本科	甘肃政法学院艺术学院	园林与景观设计
	独立学院	西北师范大学知行学院艺术系	景观设计
宁夏回族自治区（2所）	普通本科	宁夏大学美术学院	环境艺术设计
	普通本科	北方民族大学设计艺术学院	环境及景观设计
青海省	普通本科	青海民族大学艺术系	园林图式设计
新疆维吾尔自治区（2所）	普通本科	新疆师范大学美术学院	环境艺术设计基础
	普通本科	新疆艺术学院美术系	环境艺术设计

注：全国各省、直辖市、自治区艺术设计专业院校开设景观设计及相关主修课程情况：

（1）北京市

北京市开设艺术设计专业的本科院校（院系）28所，其中开设环境艺术设计方向、景观（艺术）设计方向16所；其中大部分高校设有独立的艺术设计系，将环境艺术设计作为自己的主要专业方向之一，学制均为4年。有13所高校开设了景观设计相关主干课程。未开设环境艺术设计方向，但设置有景观设计专业课程的高校2所。有部分高校结合自身的学科优势，进行了专业方向的资源整合，但从培养计划和课程设置的情况来看，其培养目标、学制及专业主干课程体系与环境艺术设计专业区别并不明显。如北京工商大学艺术与传媒学院艺术设计系的展示环境设计方向、北京农学院园林学院的城市环境艺术方向等。

（2）天津市

天津市有17所本科院校开设艺术设计专业，其中13所高校明确了环境艺术设计方向。其中2所高校使用"环境形态设计"或"商业环境设计"方向，实际上只是称谓上略有不同和培养目标的进一步细化。天津城市建设学院艺术系并行设置有环境艺术设计和景观艺术设计两个方向。其中南开大学文学院艺术设计系和天津美术学院设计艺术学院环境艺术设计系将景观设计作为环艺专业的主修方向。共有12所高校开设景观（园林）设计主修课程。

（3）河北省

河北省有31所高校开设本科艺术设计专业。共20所高校开设环境艺术设计或景观设计方向，其中2所高校将景观设计作为专业方向设置的重点，15所高校设置有景观（园林）设计的主干课程。3所高校未开设环境艺术设计专业方向，但设有环艺设计课程。

（4）山西省

山西省有15所高校开设艺术设计专业，7所高校开设环境艺术设计或景观设计方向。有5所高校开设景观设计主干课程。另有5所高校未开设环境艺术设计专业方向，但设有环艺设计或景观（园林）设计相关主干课程。

（5）内蒙古自治区

内蒙古自治区有10所普通高等院校具备艺术设计专业招生资格，4所高校开设环境艺术设计或室内外设计专业方向，2所高校开设景观设计主干课程。另外，内蒙古师范大学美术学院艺术设计系、鸿德学院未开设环境艺术设计方向，但设有环艺课程。

（6）辽宁省

辽宁省有34所高校开设艺术设计专业，23所高校开设环境艺术设计方向，其中沈阳建筑大学设计艺术学院使用“景观环境设计”专业方向名称。有3所高校同时并行设置了环艺方向和景观设计（或城市规划设计）方向。沈阳化工大学机械工程学院虽然开设了环境艺术设计方向，但却划归在工业设计专业目录下，不属于艺术设计专业范畴，故未予统计在内。辽宁省共有18所高校开设景观设计主修课程。另有5所高校未开设环境艺术设计方向，但设有环艺相关课程。

（7）吉林省

吉林省有共有25所高校开设艺术设计专业，19所高校开设环境艺术设计及相关专业。15所高校开设景观设计相关主修课程。2所高校开设室内外环境设计课程。

（8）黑龙江省

黑龙江省有25所高校开设艺术设计专业，除了佳木斯大学美术学院以外，有24所高校均开设有环境艺术设计或景观设计方向。有18所高校开设景观设计相关课程。东北农业大学艺术学院数字媒体艺术系开设有景观设计方向，另外成栋学院也成立有艺术设计系。

（9）上海市

上海市共有18所高校开设艺术设计专业，15所高校开设环境艺术设计方向，其中3所高校开设景观设计相关方向。共有11所高校开设景观设计相关课程。此外，复旦大学艺术教育中心（下设艺术设计系）开设有中国园林艺术课程。上海大学数码艺术学院在其学院概况——公共艺术教学部的介绍中将环境艺术设计作为四个主要的研修方向之一，然而在教学科研——教学部设置及课程设置中又变成了景观艺术设计研修方向。

（10）江苏省

江苏省开设艺术设计专业的高校有47所，开设环境艺术设计方向的35所，其中环艺相关方向的高校4所。其中南京林业大学艺术设计学院环境艺术设计系和盐城工学院设计艺术学院艺术设计专业系并行设置了环境艺术设计和城市景观艺术设计方向。有29所高校开设景观设计课程。有2所高校未开设环境艺术设计方向,但设有环艺或景观设计相关课程。苏州科技学院分别在建筑与城市规划学院和传媒与视觉艺术学院都开设了艺术设计专业，但均未设置环境艺术设计方向。

（11）浙江省

浙江省开设艺术设计专业的高校为33所，27所高校均开设了环境艺术设计方向，其中丽水学院和嘉兴学院把环艺方向设置在二级学院中。另外，浙江工商大学艺术设计学院在环境艺术设计方向中，设置有景观设计子方向。共有21所高校开设了景观设计相关课程。

（12）安徽省

安徽省具有艺术设计专业招生资格的普通高校有28所，16所高校开设了环境艺术设计方向，14所高校开设了景观设计相关主干课程。3所高校未开设环境艺术设计方向，但设有环艺设计相关课程。

（13）福建省

福建省共有16所高校开设艺术设计专业，13所设置了环境艺术设计方向。其中华侨大学美术学院和建筑学院分别开设了艺术设计专业，下分视觉传达设计、装潢设计、工业产品造型设计、建筑与城市环境艺术设计四个专业方向。前三个方向隶属艺术学院，后一个方向隶属建筑学院。另外，泉州师范学院将环境艺术设计方向设置在二级学院，即美术与设计学院艺术设计系中。共有11所高校开设了景观设计相关主干课程。另外，2所高校未开设环艺方向，但设置了环艺课程。

（14）江西省

江西省有27所高校开设艺术设计专业，23所高校开设环境艺术设计方向，其中1所高校开设环艺相关方向。共计19所高校开设景观设计主干课程，1所高校未开设环艺方向，但设置了环艺课程。其中，宜春学院美术与设计学院并行设置了环境艺术设计和园林艺术设计两个方向。江西财经大学也在艺术学院中并行设置了环境艺术设计和景观艺术设计方向，前者设置在艺术设计系，后者设置在景观设计系中。根据江西财经大学《2011年招生专业目录》，财大艺术学院景观设计系按艺术设计专业招生办法招收景观艺术设计方向考生。但据《江西财经大学学科、专业简介》介绍，该专业归属农学学科门类园林学科（风景园林设计方向）。据笔者了解，该系的课程体系与艺术设计专业存在一定分歧，但考虑该系毕业生学位授予情况为文学学士，学制4年，故仍予统计在内。

（15）山东省

山东省开设艺术设计专业的高校有38所，有32所开设环境艺术设计方向。其中青岛理工大学艺术学院并行设置了环艺及景观设计方向。共计25所高校开设景观设计主干课程。

（16）河南省

河南省开设艺术设计专业的高校有38所，共有35所高校开设环境艺术设计方向。其中河南工业大学设计艺术学院还并行设置有景观艺术设计方向。周口师范学院美术学院在室内外环境艺术设计方向中，设立景观设计子方向。25所高校开设的主干课程含有景观设计。

（17）湖北省

湖北省有50所高校开设艺术设计专业，有43所高校开设环境艺术设计方向。其中武汉科技大学艺术与设计学院建筑与艺术设计系并行设置了环境艺术设计和景观设计方向。38所高校开设景观设计主干课程。

（18）湖南省

湖南省有38所高校开设艺术设计专业，28所开设环境艺术设计方向。其中南华大学设计与艺术学院还并行设置有景观设计方向。湖南农业大学体育艺术学院艺术设计系虽然开设有景观设计方向，但设在公共艺术专业内，故不统计在内。共有19所高校专业主干课程含景观设计，3所高校未开设环境艺术设计方向，但设有环艺设计相关课程。

（19）广东省

广东省有35所高校开设艺术设计专业,27所高校开设环境艺术设计方向。其中华南农业大学艺术学院环境艺术设计系、华南师范大学美术学院环境艺术系和广州美术学院建筑与环境艺术设计系3所高校开设有景观设计子方向。嘉应学院美术学院并行设置有环艺和景观艺术设计两个方向。22所高校开设景观设计主干课程（注：广州美院课程信息不全）。3所高校未开设环境艺术设计方向，但开设有环境艺术设计课程。

（20）海南省

海南省5所高校开设艺术设计专业，4所高校开设环境艺术设计方向。其中海南大学开设有艺术设计专业，在其艺术学院艺术设计系开设有景观艺术设计方向。4所高校开设景观设计主干课程。

（21）广西壮族自治区

广西壮族自治区有21所高校开设艺术设计专业，14所高校开设环境艺术设计方向。其中桂林理工大学艺术学院开设室外（景观）设计子方向，广西艺术学院设计学院环境艺术设计系并行设置有环艺和景观艺术设计方向。14所高校均开设了景观设计主干课程。河池学院艺术系和玉林师范学院美术与设计学院等4所高校未开设环境艺术设计方向，但开设有环艺设计课程。

（22）四川省

四川省有26所高校开设艺术设计专业，22所高校设有环境艺术设计方向。其中四川音乐学院成都美术学院环境艺术系设置了景观规划设计子方向。20所高校开设有景观设计主干课程。2所高校未开设环艺专业，但开设有环艺相关课程。

（23）重庆市

重庆市16所高校开设艺术设计专业，13所高校设置了环境艺术设计方向。12所高校开设有景观设计主干课程（川美课程信息不全），1所高校未开设环艺专业，但开设有环艺相关课程。

（24）贵州省

贵州省有11所高校开设艺术设计专业，9所高校开设了环境艺术设计方向。共有8所高校开设有景观设计主干课程。凯里学院艺术学院未开设环艺方向，但开设有环境景观设计课程。

（25）云南省

云南省有17所高校开设艺术设计专业，16所设有环境艺术设计方向，其中3所设有环艺相关方向。其中，昆明理工大学艺术与传媒学院环境艺术系还并行设置有景观艺术设计方向。12所高校开设景观设计主干课程。

（26）陕西省

陕西省有33所高校开设艺术设计专业，22所开设有环境艺术设计方向，其中1所开设景观环艺方向。其中西安科技大学艺术学院并行设置有环境艺术设计及景观设计两个方向。19所高校开设景观设计主干课程。4所高校未开设环艺方向，但开设有环艺相关专业。

（27）甘肃省

甘肃省有13所高校开设艺术设计专业，9所开设有环境艺术设计方向。共有7所高校开设景观设计主干课程。

（28）宁夏回族自治区

宁夏回族自治区有2所高校开设艺术设计专业，2所开设有环境艺术设计方向。有2所高校开设景观设计主干课程。

（29）青海省

青海省有2所高校开设艺术设计专业，1所开设有环境艺术设计方向，1所高校开设景观设计主干课程。

（30）新疆维吾尔自治区

新疆维吾尔自治区有4所高校开设艺术设计专业，3所开设有环境艺术设计方向，2所高校开设景观设计主干课程。

（31）西藏自治区

西藏自治区只有西藏大学艺术学院设有艺术设计专业，但开设于2008年之后，未予统计。

附录三：2008 年全国 45 所开设景观艺术设计相关主修课程的艺术设计本科专业院系（非环艺方向）

省市区	办学类型	院系	课程
北京市（2 所）	普通本科	北京师范大学艺术与传媒学院美术与设计系	景观设计
	独立学院	北京交通大学海滨学院艺术系	景观设计原理
天津市	普通本科	天津大学建筑学院艺术设计系	景观环境设计
河北省（3 所）	普通本科	华北电力大学（保定）能源动力与机械工程学院机械工程系	环境艺术设计
	普通本科	华北电力大学科技学院	环境艺术设计
	普通本科	河北大学工商学院人文学部	景观设计
山西省（5 所）	普通本科	山西大学美术学院	景观设计
	普通本科	山西大同大学艺术学院	环艺设计
	普通本科	晋中学院美术学院	园林设计
	普通本科	运城学院美术与工艺设计系	环境艺术设计
	普通本科	山西农业大学信息学院人文科学与管理系	环境艺术
内蒙古（2 所）	普通本科	内蒙古师范大学美术学院艺术设计系	环艺设计
	独立学院	内蒙古师范大学鸿德学院	景观园林设计
辽宁省（5 所）	普通本科	沈阳工业大学机械工程学院	环境艺术设计
	普通本科	辽宁科技大学建筑与艺术设计学院艺术设计系	景观设计
	普通本科	大连交通大学艺术学院	室内外设计
	普通本科	沈阳建筑大学城市建设学院建筑与艺术系	景园设计
	普通本科	渤海大学文理学院艺术系	园林景观设计表现
江苏省（2 所）	普通本科	徐州师范大学美术学院	景观基础设计
	普通本科	盐城师范学院美术学院公共艺术设计系	景观设计
安徽省（3 所）	普通本科	阜阳师范学院美术学院	室内外环境设计
	普通本科	安庆师范学院美术学院	环境艺术设计
	普通本科	淮北师范大学美术学院艺术设计系	景观设计
福建省（2 所）	普通本科	莆田学院艺术系	景观设计
	独立学院	集美大学诚毅学院体育艺术系	景观艺术设计
江西省	独立学院	南昌航空大学科技学院人文社科系	环境设计与原理
河南省	普通本科	安阳工学院艺术与设计学院	景观环境设计
湖南省（3 所）	独立学院	吉首大学张家界学院	景观设计
	独立学院	湖南文理学院芙蓉学院艺术与体育系	环境艺术设计
	独立学院	湖南理工学院南湖学院美术系	园林景观设计
广东省（3 所）	普通本科	湛江师范学院美术学院艺术设计系	环境艺术设计
	普通本科	广东商学院艺术学院	景观设计
	独立学院	广州大学华软软件学院数码媒体系	景观及小区规划

续表

省市区	办学类型	院系	课程
广西省（4所）	普通本科	河池学院艺术系	环境艺术设计
	普通本科	玉林师范学院美术与设计学院	环境艺术设计
	独立学院	桂林电子科技大学信息科技学院设计系	景观设计
	独立学院	广西大学行健文理学院理工学部	园林艺术
四川省（2所）	普通本科	西南科技大学文学与艺术学院	环境艺术设计
	普通本科	内江师范学院张大千美术学院	园林设计
重庆市	普通本科	四川外语学院重庆南方翻译学院艺术学院	环艺初步
贵州省	普通本科	凯里学院艺术学院	环境景观设计
陕西省（4所）	普通本科	西安石油大学人文学院设计系	环境艺术设计
	普通本科	渭南师范学院艺术学院	环境艺术
	普通本科	西安外国语大学艺术学院	建筑园林设计
	普通本科	西安外事学院人文·文化产业学院环境景观系	环境景观设计

参考文献

[1] 过伟敏，史明 . 城市景观形象的视觉设计 [M]. 南京：东南大学出版社，2005：1-170.

[2] 过伟敏，史明 . 城市景观艺术设计 [M]. 南京：东南大学出版社，2011：1-240.

[3] 周林 . 近现代文化艺术思潮影响下的美国城市景观艺术设计 [D]. 无锡：江南大学，2004.

[4] Newton N T. Design on the Land：The Development of Landscape Architecture.Cambridge：The Belknap Press of Harvard University，1971：1-3.

[5] John O S. Landscape Architecture.New York：McGraw-Hill Professional，1997：1-5.

[6] 王浩，祝遵凌 . 关于风景旅游规划专业方向的设想 [C] . 风景园林教育的规范性、多样性和职业性：第三届全国风景园林教育学术年会论文集 . 北京：中国建筑工业出版社，2008：10-13.

[7] 欧百钢，郑国生，贾黎明 . 对我国风景园林学科建设与发展问题的思考 [J]. 中国园林，2006，22（2）：3-8.

[8] 俞孔坚 . 还土地和景观以完整的意义：再论“景观设计学”之于“风景园林”[J]. 中国园林，2004（7）：37-41.

[9] 林广思 . 中国风景园林学科和专业设置的研究 [D]. 北京：北京林业大学，2007.

[10] 陈植 . 造园与园林正名论 [J]. 南京林业大学学报（自然科学版），1983（1）：76-79.

[11] 俞孔坚 . 生存的艺术：定位当代景观设计学 [J]. 建筑学报，2006（10）：39-43.

[12] 吴静娴 . 对 Landscape 的释义及其理解的探讨和研究 [D]. 南京：南京林业大学，2006.

[13] 金柏苓 . 中国园林学的基础和领域 [J]. 中国园林，2004，20（3）：1-4.

[14] 王绍增 . 园林、景观与中国风景园林的未来 [J]. 中国园林，2005，21（3）：24-27.

[15] 余树勋 . 几个中英园林名词的诠释 [J]. 中国园林，1993，9（4）：55-57.

[16] 王秉洛，陈有民，刘家麒 . 对“《景观设计：专业 学科与教育导读》”一文的审稿意见 [J]. 中国园林，2004，20（5）：9-13.

[17] 秦佑国 .“LANDSCAPE”及“LANDSCAPE ARCHITECTURE”的中文翻译 [J]. 世界建筑，2009，（5）：118-119.

[18] 王晓俊 . LANDSCAPE ARCHITECTURE 是“景观 / 风景建筑学”吗？ [J]. 中国园林，1999，15（6）：46-48.

[19] 俞孔坚 . 哈佛大学景观规划设计专业教学体系 [J]. 建筑学报，1998，（2）：58-62.

[20] 刘滨谊 . 景观学学科发展战略研究 [J]. 风景园林，2005，1（2）：87-91.

[21] 王绍增 . 必也正名乎——再论 LA 的中译名问题 [J]. 中国园林，1999，15（6）：49-51.

[22] 孙筱祥 . 第一谈：国际现代 Landscape Architecture 和 Landscape Planning 学科与专业“正名”问题 [J]. 风景园林，2005（3）：12-14.

[23] 孙筱祥 . 风景园林（LANDSCAPE ARCHITECTURE）从造园术、造园艺术、风景造园：到风景园林、地球表层规划 [J]. 中国园林，2002，18（4）：7-12.

[24] 吴良镛 . 人居环境科学导论 [M]. 北京：中国建筑工业出版社，2001 ：1-412.

[25] 俞孔坚，李迪华 .《景观设计：专业 学科与教育》导读 [J]. 中国园林，2004，20（5）：7-8.

[26] 俞孔坚 . 理想景观探源：风水的文化意义 [M]. 北京：商务印书馆，1998：1-16.

[27] 俞孔坚．景观：文化、生态与感知 [M]. 北京：科学出版社，1998：1-416.

[28] 俞孔坚．反规划途径 [M]. 北京：中国建筑工业出版社，2005：1-439.

[29] 俞孔坚．还土地和景观以完整的意义：再论“景观设计学”之于“风景园林” [J]. 中国园林，2004，20（7）：37-41.

[30] 曹慧灵，陈伯超．20纪30年代初期中央大学建筑工程系史料 [C]. 2004-2004年中国近代建筑史研讨会．2004. 7：651-656.

[31] 陈俊愉．从城市及居民区绿化系到园林学院：本校高等园林教育的历程 [J]. 北京林业大学学报，2002（5）：277-279.

[32] 柳尚华．中国风景园林五十年：1949-1999[M]. 北京：中国建筑工业出版社，1999：172-174，194-195.

[33] 林广思，赵纪军．1949-2009风景园林60年大事记 [J]. 风景园林．2009（4）：14-18.

[34] 北京农业大学校史资料征集小组．北京农业大学校史：1949-1987[M]. 北京：北京农业大学出版社，1995. 104.

[35] 北京林业大学校史编辑部．北京林业大学校史：1952-2002[M]. 北京：中国林业出版社，2002，24-25，335，341.

[36] 吴良镛．追记中国第一个园林专业的创办：缅怀汪菊渊先生 [J]. 中国园林，2006，22（3）：1-3.

[37] 北京大学建筑与景观设计学院．北大设计学十三年：庆祝北京大学建筑与景观设计学院成立 [Z]. 北京：艺堂印刷有限公司，2010：1-261.

[38] 郭婧，李迪华，奚雪松．北京大学景观设计学研究院十年探索的回顾与展望 [J]. 城市建筑，2008，（5）：92-94.

[39] 邹德侬，王贤明，张向炜．中国建筑60年（1949-2009）：历史纵览 [M]. 北京：中国建筑工业出版社，2009：1-354.

[40] 华揽洪．重建中国：城市规划三十年（1949-1979）[M]. 李颖，译．北京：读书·生活·新知三联书店，2006：1-242.

[41] 牛凤瑞，潘家华，刘治彦．中国城市发展30年（1978-2008）[M]. 北京：社会科学文献出版社，2009：1-539.

[42] Carl S. A Framework for Theory and Practice in Landscape Planning.GIS Europe. July，1993，7（5）：13-14.

[43] Carl S. A Framework for Theory Applicable to the Education of Landscape Architects（and Other Environment Design Professionals）.Landscape Journal，1990，9（2）：136-143.

[44] Carl S. Design is a verb；Design is a Noun. Landscape Journal，1995（14）：36-43.

[45] Sasaki H. Thoughts on Education in Landscape Architecture.Landscape Architecture，1950，（6）：158-160.

[46] Ivan M. Some Observations Regarding the Education of Landscape Architects for the 21st Century. Landscape and Urban Planning，2002（60）：41-48，95-103.

[47] Charles A. B，Robin K，et al. Pioneers of American Landscape Design.New York：McGraw-Hill Companies，2000：1-2.

[48] 俞孔坚，刘东云．美国的景观设计专业 [J]. 国外城市规划，1999（2）：1-9.

[49] 孟亚凡．美国景观设计职业的形成 [J]. 中国园林，2003，19（4）：54-56.

[50] 陈晓彤．传承·整合与嬗变：美国景观设计发展研究 [M]. 南京：东南大学出版社，2005：1-328.

[51] Downing M F. Landscape Architectural Education in the United Kingdom in：Teaching Landscape Architecture in Europe，Erasmus Bureau（Brussels：European Foundation for Landscape Architecture（EFLA）），1992：71-76.

[52] Maggie R. Crystal G：British Landscape Architecture into the 21st Century.Landscape and Urban Planning，2007（5）：1-2.

[53] 邓位，申诚．英国景观教育体系简介 [J]. 世界建筑，2006（7）：78-81.

[54] 让・皮埃尔・勒・当泰克．法国景观设计教育的定义及特性，兼谈中法景观设计教育对比 [J]. 城市环境设计，2008（2）：10-11.

[55] Hans K. The Education of Landscape Architects and Planners in West Germany and West Europe：Development，Present Situation and Perspectives Education.Landscape and Urban Planning，1986，13（5-6）：379-387.

[56] 杜安，林广思．俄罗斯风景园林专业教育概况 [J]. 风景园林，2008（2）：48-52.

[57] Davorin G. Characteristics of Modern Landscape Architecture and its Education.Landscape and Urban Planning，2002（60）：117-133.

[58] 蓑茂寿太郎．日本东京农业大学关于造园学的研究机构 [J]. 中国园林，2003，19（10）：19-22.

[59] 章俊华，张安．日本园林专业的大学教育及千叶大学园艺学部的绿地环境教育课程 [J]. 风景园林，2006（5）：40-45.

[60] 李树华，李玉红．日本 LA 教育体系与学会组织对我国 LA 教育与学会发展的启示 [J]. 中国园林，2008（1）：24-28.

[61] 全国高等学校景观学（暂）专业教学指导委员会（筹），编．景观教育的发展与创新：2005 国际景观教育大会论文集 [M]. 北京：中国建筑工业出版社，2006：1-446.

[62] 中国风景园林学会教育研究分会，同济大学建筑与城市规划学院（筹），编．第三届全国风景园林教育学术年会论文集：风景园林教育的规范性、多样性和职业性 [M]. 北京：中国建筑工业出版社，2008：1-344.

[63] 翁经方．"景观"溯源 [C]// 风景园林教育的规范性、多样性和职业性：第三届全国风景园林教育学术年会论文集．北京：中国建筑工业出版社，2008：344.

[64] 李树华．景观十年、风景百年、风土千年：从景观、风景与风土的关系探讨我国园林发展的大方向 [J]. 中国园林，2004，20（12）：29-31.

[65] 稻垣光久，著．风景の心理学 [M]. 东京：所书店，1974：1-3.

[66] 藤泽和，编．景观环境论 [M]. 东京：地球社，2001：1-3.

[67] 陈植．观赏树木 [M]. 上海：商务印书馆，1930：90.

[68] 辻村太郎，著．景观地理学 [M]. 曹沉思，译．上海：商务印书馆，1936. 1-82.

[69] 北京特别市公署社会局观光科．北京景观 [M]. 2 版．北平：北京特别市公署，1940：1-65.

[70] 辞海编撰委员会．辞海 [M]. 1979 年版．上海：上海辞书出版社，1979：3210.

[71] McHarg I L. Design with Nature. New York：The Natural History Press，1969：1-3.

[72] 辞海编撰委员会．辞海 [M]. 彩图版．上海：上海辞书出版社，1999：3777.

[73]《建筑 园林 城市规划名词》审定委员会．建筑　园林　城市规划名词 [M]. 北京：科学出版社，1997，Ⅳ，80.

[74] Melanie S. The Coalescing of Different Forces and Ideas A History of Landscape Architecture at Harvard 1900-1999.Harvard University Graduate School of Design，2000：1-3.

[75] 宋艺．国际景观设计师联盟联合国教科文组织关于景观设计教育的宪章 [J]. 城市环境设计，2007（1）：16-17.

[76] 丁瑜．教育学原理 [M]. 上海：上海交通大学出版社，1998：1-388.

[77] 傅树京．高等教育学 [M]. 北京：首都师范大学出版社，2007：1-256.

[78] 杨树勋．现代高等教育学 [M]. 北京：化学工业出版社，1994：1-357.

[79] 鲍荣．学科制度的源起及走向初探 [J]. 高等教育研究，2002，23（4）：102-106.

[80] 卢晓东，陈孝戴．高等学校“专业”内涵研究 [J]. 教育研究，2002，24（7）：47-52.

[81] 教育部高等教育司．普通高等学校本科专业目录：1998 年颁布 [M]. 北京：高等教育出版社，1998：1-265.

[82] 唐茂华．中国不完全城市化问题研究 [M]. 北京：经济科学出版社，2009：1-279.

[83] 李雄．北京林业大学城市规划（风景园林规划设计）学科硕士研究生培养体系的设置与探讨 [J]. 中国园林，2009（1）：15-18.

[84] 国务院学位委员会办公室，教育部研究生工作办公室．授予博士硕士学位和培养研究生的学科专业简介 [M]. 北京：高等教育出版社，1999：263-264，394.

[85] 中华人民共和国教育部高等教育司．中国普通高等学校本科专业设置大全（2005 年版）[M]. 北京：高等教育出版社，2006：前言，1-739.

[86] 北京翰林苑教育数据中心．全国高等院校及专业介绍 [M]. 北京：中国标准出版社，1999：609，621.

[87] 林广思，王向荣．北京林业大学风景园林规划与设计学科的研究生教学体系 [J]. 风景园林，2006（5）：10-15.

[88] 杨锐．人居环境科学框架内的清华景观学教育 [C]// 全国高等学校景观学（筹）专业教学指导委员会（筹），2005 国际景观教育大会学术委员会．景观教育的发展与创新：2005 国际景观教育大会论文集．北京：中国建筑工业出版社，2008：46-51.

[89] 刘滨谊．培养面向未来发展的中国景观学专业人才：同济大学景观学专业教育引论 [J]. 风景园林，2006，2（5）：36-39.

[90] 胡建华．现代中国大学制度的原点：50 年代初期的大学改革 [M]. 南京：南京师范大学出版社，2001：254，260，270.

[91] 赫维谦，龙正中．高等教育史 [M]. 海口：海南出版社，2000：198.

[92] 哈尔滨工业大学高等教育研究所．苏联高等学校专业设置培养规格教学计划选编 [M]. 哈尔滨：哈尔滨工业大学出版社，1987：1-3.

[93] 陈俊瑜．园林教育 [K]// 中国大百科全书出版社编辑部．中国大百科全书：建筑・园林・城市规划．北京：中国大百科全书出版社，1988：521.

[94] John K F，Merle G. China：A New History.Cambridge，Massachusetts：Belknap Press of Harvard University Press，2006：366.

[95] 林广思．中国风景园林学科的教育发展概述与阶段划分 [J]. 风景园林，2005（2）：92-93.

[96] 李嘉乐，刘家麟，王秉洛．中国风景园林学科的回顾与展望 [J]. 中国园林，1999，15（1）：40-43.

[97] 汪菊渊．园林学 [K]// 中国大百科全书出版社编辑部．中国大百科全书：建筑・园林・城市规划．北京：中国大百科全书出版社，1988：9-13.

[98] 朱有玠．“园林”名词溯源 [J]. 中国园林，1985，1（2）：33.

[99] 王冀生，梁森．修订高等学校工科本科专业目录 [G]//《中国教育年鉴》编辑部．中国教育年鉴（1982-1984）．长沙：湖南教育出版社：134-142.

[100] 袁熙旸．中国艺术设计教育发展历程研究 [M]. 北京：北京理工大学出版社，2003：1-325.

[101] 纪宝成．中国大学学科专业设置研究 [M]. 北京：中国人民大学出版社，2006：177.

[102] 中华人民共和国文化部教育科技司．中国高等艺术院校简史 [M]. 杭州：浙江美术学院出版社，1991：1.

[103] 中国风景园林学会 . 关于申请以“风景园林（Landscape Architecture）学科”统一规范国内相关专业并作为工学类一级学科的报告 [J]. 中国园林，2006，22（增刊）: 15.

[104] 中国风景园林学会 . 关于要求恢复风景园林规划与设计学科并将该学科正名为风景园林（Landscape Architecture）学科作为国家工学类一级学科的报告 [J]. 中国园林，2006，22（增刊）: 10-12.

[105] 国务院学位委员会 . 关于下达《风景园林硕士专业学位设置方案》的通知（学位 [2005]5 号）[Z]. 2005 - 3 - 1.

[106] 高等学校景观学（暂定名）专业教学指导委员会（筹）. 全国高校景观学（LA）专业教学研讨会会议纪要 [Z]. 2004 - 12 - 06.

[107] 中华人民共和国国民经济和社会发展第十一个五年规划纲要 [Z]. 2006 - 03 - 14.

[108] 刘家麒 . Landscape Architecture 译名探讨 [J]. 中国园林，2004，20（5）: 10-11.

[109] 金柏苓 . 中国园林学的基础和领域 [J]. 中国园林，2004，20（3）: 1-4.

[110] 林广思 . 景观词义的演变与辨析（1）[J]. 中国园林，2006（6）: 42-45.

[111] 林广思 . 景观词义的演变与辨析（2）[J]. 中国园林，2006（7）: 21-25.

[112] Meto J V . Landscape Architecture and Landscape Planning in Europe：Development in Education and The Need for A Theoretical Basis.Landscape and Urban Planning，1994，30（3）: 113-120.

[113] Colvin B. Land and Landscape.London：John Murray，Council of Europe，1979：1-3.

[114] Miller E L，Pardal S.The Classic McHarg. An Interview.CESUR：Technical University of Lisbon，1992：1-3.

[115] 西蒙兹，著 . 大地景观规划：环境规划指南 [M]. 程里尧，译 . 北京：中国建筑工业出版社，1990：1-203.

[116] 麦克哈格 I.L.，著 . 设计结合自然 [M]. 芮经纬，译 . 北京：中国建筑工业出版社，1992：1-283.

[117] 李嘉乐 . 现代风景园林学的内容及其形成过程 [J]. 中国园林，2002，18（4）: 3-6.

[118] Ervin H Z. Landscape Planning Education in America：Retrospect and Prospect.Landscape and Urban Planning，1986，13（5-6）: 359-366，367-378.

[119] 梁思成 . 清华大学营建学系（现称建筑工程学系）学制及学程计划草案 [C]// 梁思成 . 建筑文萃 . 北京：生活・读书・新知三联书店，2006：230-237.

[120] 赖德霖 . 中国现代建筑教育的先行者 [J]. 建筑历史与理论，第五辑，1997：1-3.

[121] 陈植 . 造园学概论 [M]. 上海：商务印书馆，1935：7-8，80，134，241.

[122] 张宪文 . 金陵大学史 [M]. 南京：南京大学出版社，2002：331.

[123] 园艺系 . 解放后概况 [J]. 复旦农学院通讯，1950，1（7）: 9.

[124] 林广思 . 回顾与展望：中国 LA 学科教育研讨（1）[J]. 中国园林，2005（9）: 1-8.

[125] 林广思 . 回顾与展望：中国 LA 学科教育研讨（2）[J]. 中国园林，2005（10）: 73-78.

[126] 鞠恩功 . 沈阳农业大学校史：1907-2002[M]. 沈阳：辽宁人民出版社，2002：60.

[127] 同济大学建筑与城市规划学院编 . 四十五年精粹：同济大学城市规划专业纪念专辑 [M]. 北京：北京建筑工业出版社，1997：1-14.

[128] 董鉴泓，吴志强 . 50 年艰辛创业 新世纪再创辉煌：贺同济大学城市规划专业成立 50 周年 [J]. 城市规划汇刊，2002（3）: 1.

[129] 董鉴泓 . 同济建筑系的源与流 [J]. 时代建筑，1993（2）: 3-7.

[130] 李德华，董鉴泓，邓述平 . 深切怀念冯纪忠教授 [J]. 城市规划学刊，2010（1）: 1-2.

[131] 陈有民 . 纪念造园组（园林专业）创建五十周年 [J]. 中国园林，2002，18（1）: 4-5.

[132] 教育部高等教育司，全国高等学校教学研究中心 . 环境生态类专业教学改革研究报告 [M]. 北京：高等教育出版社，2000：75-81，96，101.

后 记

至此，在本书即将付梓出版之际，对于改革开放三十年来的景观教育发展研究只是做了一个粗线条的勾勒。由于社会经济的转型、行业发展的影响以及学界存在的分歧，使得对相关话题的讨论仍然有待持续、深入。这些内容将在今后的研究实践过程中加以完善。

感谢过伟敏教授对于全书的指导和给予的帮助，在写作过程中，过教授敏锐的思维方式、博大精深的学术思想、开放严谨的治学态度一直影响着我，引导我在学术领域不断进步。特别是在全书后期的评阅和修改中，过教授善于发现问题和总结、凝练的能力再次让我感到由衷地钦佩。

全书撰稿期间得到张福昌教授、张凌浩教授、王安霞教授、顾平教授、李亮之教授、李世国教授等专家的关心和帮助，各位老师的指点和意见对于论文的进一步修改及完善起到了明灯作用;感谢鲁政、陈雨、吴志军、罗晶、王筱倩、刘佳和黄颖等博士同窗，与你们一起学习和讨论是值得回忆的愉快经历；感谢我的父母、妻子和家人，特别是女儿的诞生，家庭的温暖始终是我坚持的动力。

最后，全书引用了多位国内外专家学者的资料和研究成果，在此一并表示衷心的感谢！因笔者学识水平有限，文中难免存在一些疏漏，不足之处敬请大家指正。